GENÈSE PARADOXALE DE L'INNOVATION

LES EMBÛCHES DE LA CRÉATION

MARCEL KADOSCH

N.B. Ce livre est une réédition, corrigée et augmentée d'une précédente édition publiée en septembre 2015 par CreateSpace sous le titre : ILLUSIONS CRÉATRICES, avec une autre couverture, sous le numéro **ISBN 978-2-9541573-9-9**. Les chapitres I à VII sont inédits. Les chapitres VIII à XII de ce livre reprennent avec des modifications mineures les chapitres 9 à 15 du précédent ouvrage, dont le chapitre 8 : Coandă et le jet qui soulève les aéronefs, a été supprimé, et reporté dans le livre : Avatars de la vérité (ISBN **978-2-9541573-6-8)** sous le titre : Trop plein vs trop vide.

Couverture :

Eternal Changing- © **Phang**

Photographie : © Dimitris Kad 2016

© KADOSCH, Arcueil, 2016

ISBN 978-1539604686

M A D E : *THE MEANS ALWAYS DETERMINE THE ENDS*
Aldous Huxley
LES MOYENS DETERMINENT TOUJOURS LES FINS

P O S I W I D : *THE PURPOSE OF A SYSTEM IS WHAT IT DOES*
Stafford Beer
LE BUT D'UN SYSTEME EST CE QU'IL FAIT

W Y W I N W Y G : *WHAT YOU WANT IS NOT WHAT YOU GET*

Une illusion conçue par l'imagination d'un créateur guide sa création d'un appareil, d'un système, d'une théorie adaptée à des fins déterminées, qui fonctionne en participant à son environnement interne.

L'objet créé est une création illusoire, une illusion perdue, si l'information attendue de l'environnement externe n'est pas parvenue, s'il ne sert pas les buts assignés, s'il n'est pas adopté par le public visé.

Mais il sert le but défini par ce qu'il sait faire

I

La fin et les moyens

Un inventeur, isolé ou en groupe, tente de créer un objet *technique* : conçu pour voler dans les airs, ou au ras des pâquerettes ; ou pour transporter d'un endroit à un autre des gens, et non des choses. Ou bien de créer un objet que les gens désirent simplement *posséder*, pour *faire* comme tout le monde, dans leurs relations, pour *être* à la mode, dans leur apparence.

Un artiste tente d'élaborer une œuvre d'art, pour faire partager sa vérité.

Ce livre traite de ces tentatives de création *d'objets artificiels*[1] : par définition ceux qui sont conçus par des êtres humains, pour atteindre une fin susceptible d'intéresser des êtres humains, par opposition à des *objets naturels* créés par la nature ; et des *embûches* survenant sur le chemin de ces créations, ainsi que de quelques moyens de les éviter.

Au cours de telles tentatives, des idées sont exprimées, échangées au cours de conversations sur les moyens à utiliser, des théories sont échafaudées à leur propos, des expériences sont entreprises pour savoir si le résultat escompté sera obtenu, pour s'assurer qu'on cherche dans une bonne direction. Toutes ces recherches : idées, calculs, ébauches, expériences probatoires, conversations, discussions, prototypes pour tenter d'aboutir à l'objet artificiel, en termes impératifs autant que descriptifs, tendent de ce fait à entourer ces choses *d'un contour* estompé, incertain: est-ce nous qui l'avons dessiné en cherchant, ou est-ce qu'elles en possèdent vraiment un par nature, que nous l'ayons dessiné ou non ?

La plupart des embûches semées sur le chemin d'une tentative de création se présentent à ce contour. L'inventeur, l'artiste se heurte à un obstacle, à un manque de moyens, d'aides, à de l'incompréhension :

- Ils sont fous ces inventeurs, murmure l'un, hochant la tête ;
- Pourquoi vous obstiner ? Votre engin ne marchera jamais, dit l'autre, sans indulgence. Un ancien qui croit savoir conseille :
-Il faut faire ainsi, autrement vous n'arriverez à rien.

Il a peut-être raison, mais il est incapable d'expliquer pourquoi.

---

[1] SIMON H.A. : *Les sciences de l'artificiel,* Gallimard folio essais 2004, pp.29-31

Je me suis efforcé d'apporter à ces questions des réponses *techniques*. Leur lecture pourra paraître aride quand le sujet est difficile ; mais le récit des embûches est émaillé d'anecdotes pittoresques, évoquant des épisodes vécus par les personnages impliqués dans ces actions.

Ingénieur des mines, j'ai été dès l'origine un collaborateur très proche du polytechnicien Jean Bertin qui a réalisé de nombreuses innovations techniques dont la plus connue est l'Aérotrain, créé en 1965.

J'ai moi-même conçu et créé le premier inverseur de poussée des avions à réaction entre 1950 et 1952 et plusieurs autres inventions similaires, rapportées à titre d'exemple dans le livre.

Mais je dois évoquer dès à présent l'intervention inattendue d'une catégorie de témoins commentateurs qui ont joué un rôle comparable à celui du *chœur* dans le théâtre antique : il s'agit des *philosophes*.

Pour John le Sauvage, héros du *Meilleur des Mondes* d'Huxley, un philosophe est un homme qui rêve « *de moins de choses qu'il n'en existe dans la terre et le ciel* [2] ». Toutefois en me documentant sur mon sujet j'ai constaté que les philosophes ont rêvé à son propos de bien plus de choses qu'il n'en a existé dans *ma* terre et *mon* ciel : en remettant en cause les vues traditionnelles sur les objets dérivant de celles d'Aristote. Ils ont rêvé de tellement de choses qu'ils n'avaient pas assez de mots : le philosophe allemand a pu forger un grand nombre de mots composés pour les désigner dans sa langue qui s'y prête assez facilement, tandis que le philosophe français, forcé d'utiliser dans sa langue chaque mot d'un stock existant limité, pour désigner des choses vraiment différentes dans le domaine scientifique, a laissé au lecteur le soin d'en deviner le sens souvent difficile à comprendre en se référant au contexte, ou à des notes en bas de page.

N'étant pas philosophe, je n'ai quand même pas voulu contourner cette embûche survenant sur ma route, et j'ai apporté des réponses techniques aux philosophèmes rencontrés, forcément à la limite de mon niveau : « *Savetier, pas plus haut que la chaussure*[3] !» enjoignait le peintre Apelle, contemporain d'Alexandre et d'Aristote, à son savetier qui levant les yeux critiquait sa peinture après avoir réparé son cothurne défait, sans penser comme moi : « *Ces choses-là sont rudes, il faut pour les comprendre avoir fait des études.* »

En évitant au contraire de « me mêler de ce qui ne me regarde pas » dans une vue philosophique, j'encours délibérément le risque d'être taxé de réductionnisme : mais n'est-ce pas un effet de perspective, l'ombre

---

[2] SHAKESPEARE W. : *Hamlet*, Act 1, Sc V, v. 165
[3] Citations de Pline l'Ancien et de Victor Hugo.

involontaire des zones obscures de mon entendement ? Et si le peintre Apelle ou le philosophe Aristote s'étaient avisés de visiter l'atelier du savetier, et de critiquer son art de couvrir l'endroit où le corps humain prend appui sur le sol par un objet artificiel, conçu et créé pour s'y tenir debout, marcher, courir, sauter, alors qu'ils n'avaient aucune idée de la manière dont les matières et les formes parfaitement artificielles qu'il utilisait à cet effet ont été élaborées au cours des âges passés (cf. p. 75) ? De nos jours le philosophe soutient que « *l'essence technique n'est rien de technique* », qu'elle est la technocratie, qui n'est pas mon propos ; la technique est le moyen de répondre en termes *descriptifs* aux termes *impératifs* d'aboutissement de l'objet artificiel. J'ai donc largement donné en toutes occasions la parole au savetier, et à ses successeurs.

Les êtres humains se sont entourés d'objets artificiels dans un environnement aménagé dans le but de vivre mieux : pour protéger leur corps des variations météorologiques ; s'alimenter à l'aide de nourritures artificiellement préparées ; soigner leurs maladies à l'aide de médicaments artificiels ; respirer un air conditionné dans des logements dont des objets artificiels maintiennent la température entre des limites qu'ils commandent.

Ils communiquent avec le monde et entre eux de bouche à oreille et par les yeux et les mains à l'aide d'un *langage parlé et écrit,* de *dessins* et de *l'écriture* : autres objets artificiels qu'ils ont créés pour communiquer à l'aide de *messages* régis par des *codes* artificiels.

Une attention spéciale est accordée aux *moyens*, dont ceux qu'on vient d'évoquer : moyens qui d'après Aldous Huxley cité en tête de ce livre détermineraient toujours les *fins*, auxquelles ils seraient donc supérieurs, affirmant leur *rôle structurant*, interagissant avec une *fin* dont Stafford Beer également cité souligne l'aspect *procédural* : « la *fin* d'un objet, celle d'une machine *est* ce qu'elle *fait* », soutient-il. Son fonctionnement, découvert après coup, en est aussi la *cause*. S'il *n'est pas* le résultat recherché, il introduit alors une correction pour s'en rapprocher : une cause efficiente *a posteriori*, rétroaction que les cybernéticiens appellent *feedback*. La fin recherchée sera le résultat d'une *causalité circulaire :* la suite convergente des corrections nécessaires.

Domaines explorés

Artificiels par leur finalité, les objets évoqués seront souvent des objets matériels *techniques* comme ceux qu'on vient d'évoquer, mais quelques-uns seront immatériels, comme les objets que nous nommerons *culturels,* ayant pour fin de participer à la construction d'une forme de *vérité*.

Si ce sont des innovations proposées par des chercheurs, des inventeurs, pour rendre un service présumé utile, ou désirable, alors l'origine, la motivation qui en a fait naître l'idée dans l'esprit du concepteur sera recherchée et exposée : a-t-elle aidé à son développement, à la résolution des problèmes rencontrés, ou n'a-t-elle été qu'une étincelle initiale suivie d'un travail de routine ? Des exemples décrits d'innovations de genèse parfois paradoxale, et de création par imitation, ainsi que les obstacles rencontrés par ces inventions, et les leçons à tirer de ces expériences, ont été repérés dans les domaines suivants :
- dans une *entreprise mondiale* (l'industrie mécanique à la recherche de nouveaux programmes après Apollo et la fin de la guerre du Viet Nam) ; ou *grande* (société de moteurs d'aviation, société de chemins de fer) ; ou *moyenne*, consacrée à l'innovation (BERTIN et Cie) ; ou une candidate *start-up* (CYTEC) , cherchant à réaliser ce genre de création ;
- chez des *personnes*, appartenant à trois générations : *mon père*, instituteur, inspiré par les Lumières ; *moi-même,* inspiré par des rencontres insolites ; *mon fils*, compositeur, cherchant des sons parmi les vestiges de langues disparues, ou en voie de disparition ; et chez quelques personnages auteurs de créations célèbres.

Ils ont eu lieu au cours du demi-siècle allant du krach de 1929 à la veille de la révolution numérique, des NTIC: des faits déjà anciens, mais réels et significatifs, et des embûches oubliées, mais de nature semblable celle des rêves des inventeurs de tous les temps, aux illusions perdues racontées par Balzac. Leur histoire est donc en grande partie celle d'échecs instructifs.

Le but était de dégager des caractères communs aux objets conçus et créés par l'homme pour atteindre des finalités humaines variées dans des environnements divers. Quelques objets dans des domaines touchant aux relations humaines, à la culture, seront également évoqués : des témoignages significatifs ont fourni des indications sur le but qui leur était assigné.

Les objets artificiels particuliers évoqués seront ceux dont je crois pouvoir décrire utilement la finalité première, la genèse, la conception, la création et la destination finale pour y avoir participé moi-même de manière positive ; ou parce que je me suis trouvé spectateur ou acteur externe dans l'environnement où ils étaient développés par d'autres ; ou encore dont j'ai pu suivre le développement dans mon environnement parce qu'il interférait avec mon propre travail.

Je ne prétends pas que ces analyses soient fondatrices de quoi que ce soit d'autre que de commentaires des exemples illustratifs de phénomènes observés, en nombre limité. En particulier je n'aborderai qu'en étranger profane la question de la création d'êtres humains, dont on a découvert qu'ils étaient des systèmes dynamiques auto-organisés parmi d'autres.

J'accepte de confiance l'analyse des éminentes personnalités qui explorent ces aspects mais ne sont pas toujours du même avis, ce qui est réconfortant : les discours qu'elles tiennent présentent une ressemblance formelle rassurante avec ceux des maîtres instructeurs du Bourgeois Gentilhomme, qui a eu le bon sens de leur demander qu'on lui enseigne la grammaire, *structure qui relie* noms, adjectifs et verbes, ou images, mais ne prétend pas expliquer comment s'en servir ; la structure d'une métaphore différente de celle d'un syllogisme[4] sera souvent sollicitée, sans recours au quantificateur universel, et parfois en questionnant le tiers exclu.

Il sera beaucoup question de *moteurs d'aviation*, et plus généralement d'objets susceptibles d'aider un être humain à évoluer dans le sens de la verticale de bas en haut et des tentatives de réalisation de cette finalité.

Né en 1921, je n'ai pu connaître Clément Ader (1890), ni approcher des frères Orville et Wilbur Wright (1903). J'ai cotoyé à Saint Chamond en 1941 le baron d'Ambly, de la famille Montgolfier, célèbres papetiers d'Annonay, mais nous n'avons parlé que de hauts-fourneaux. J'ai très bien connu un ingénieur russe blanc qui a suivi les cours du professeur Joukovski à Moscou en 1910, mais il n'en gardait que le souvenir d'un homme coléreux.

En revanche j'ai eu le privilège de travailler à la fin des années 1950 pendant quatre ans à coté de Gabriel Voisin, qui nous avait hébérgés dans le local où il effectuait ses derniers travaux (un « biscooter »à moteur Gnome et Rhone 2 temps de 125 cm^3, encore plus rustique que la 2 CV Citroën, qu'il a pu vendre dans l'Espagne fort peu évoluée de Franco) avant de prendre sa retraite ; il me parlait de ses voitures avec plus de nostalgie que de ses « cerfs volants », et m'appelait : « Professeur », parce que je m'occupais d'objets qu'il jugeait abstraits. Le local était chauffé par un gros poêle, où il brûlait son courrier aussitôt après en avoir pris connaissance : — « Mes archives », commentait-il en désignant le poêle. Mais il se plaignait avec amertume de commencer à perdre la mémoire des noms.

Ce chapitre introductif attire l'attention sur la *genèse d'objets artificiels*, décrit leurs propriétés générales, et débute par un exemple d'embûche tendue à la création d'un objet, par une *illusion créatrice* de l'auteur, confrontée à la réalité : l'objet a été conçu et créé pour atteindre une fin *imaginée* par ses auteurs, fin qui a bien été atteinte, mais qui à l'usage ne s'est pas révélée susceptible de répondre à un besoin ou un désir des destinataires, confrontés à une réalité hostile créée par cet usage même.

---

[4] BATESON G. & M.C. : *La peur des anges*, Seuil, 1989, pp. 44 &237

LA RUE DE L'AVENIR

Les êtres humains adultes valides sont des animaux qui se déplacent usuellement sur deux pieds, à des distances petites ou moyennes, sur des terrains plats ou à pente peu élevée ; ou occasionnellement à quatre pattes pour escalader une grande pente. Ils peuvent aussi nager sur l'eau, et sauter en l'air à une hauteur d'une fraction de leur taille : trop lourds et inadaptés pour voler par leurs propres moyens, ils se sont longtemps contentés d'en rêver. Nous nous intéressons ici aux possibilités d'une *population* de gens, sauf des personnes à mobilité réduite nécessitant un traitement spécial.

Les plus imaginatifs d'entre eux leur ont proposé de nombreux *moyens de locomotion ou de transport*, pour leur permettre, soit individuellement, soit en groupes, de franchir sans trop de fatigue de grandes distances, de grimper à une grande hauteur, de franchir des obstacles, et enfin de voler.

De tels *moyens* « *finalisés* », conçus et créés pour atteindre un but « *intéressant des êtres humains* », sont des exemples d'*objets artificiels*.

Les êtres humains sont aussi des animaux sociaux qui aspirent à vivre ensemble en société, ayant constaté que cette situation augmentait leur capacité d'action et leur pouvoir sur la nature. La nécessité de vivre ensemble sans s'entre-tuer et de se protéger de leurs ennemis les a conduits à imaginer des types de sociétés en vue d'atteindre ce but humain : autres exemples d'objets ou plutôt *systèmes artificiels*.

Mais revenons à notre premier exemple simple. Aux yeux d'un physicien, un homme adulte qui marche est un pendule composé *:* un métronome ambulant, muni de deux pieds, qui tourne autour d'un pied puis l'autre, à la voûte plantaire agrandie par l'évolution, pour balancer son nombril autour d'une verticale. En utilisant son énergie pour s'écarter de l'équilibre où il était immobile, il a transmis au balancier de cette horloge une énergie cinétique amorçant des oscillations dont il ne lui reste plus qu'à entretenir l'amplitude à sa base par un pas répétitif. Sa période propre, c'est-à-dire le temps qu'il met pour avancer le pied droit et s'y appuyer pour avancer le pied gauche et se retrouver dans la même situation en ayant progressé de deux pas, le tout avec un minimum de fatigue et de dépense d'énergie, est d'environ deux secondes : elle mesure sa « *résonance interne* », à peu près dans le sens où semble l'entendre le philosophe qui se sert de cette expression[5], car en même temps que l'accumulation initiale d'énergie pour remplir une fonction d'*horloge*, l'homme remplit une fonction de *déplacement* en changeant de pied. Sa *masse* active simultanément deux

---

[5] cf. ch. III p.91

potentiels sur la Terre qui tourne sur elle-même : la *gravitation* et l'*inertie*. Ses ancêtres très lointains accomplissaient ces fonctions à l'aide de pseudopodes, déformations de leur contour corporel, transformées par évolution en quatre membres inférieurs dont ils ont conservé les deux postérieurs pour se déplacer ; choix plus heureux que celui d'autres animaux, comme l'ont chanté les Mexicains révolutionnaires, deux fois comme le coq de Saint Pierre :

La cucaracha, la cucaracha	Le cafard, le cafard,
ya no puede caminar	ne peut pas marcher,
Porque no tiene, porque le falta	Car il lui manque, car il n'a plus
los paticas de detraz	les petites pattes de derrière

Si l'homme fait en chaque demi-période d'une seconde un pas de 80 centimètres, il marche à la vitesse de 0,80 mètre par seconde : c'est la vitesse à laquelle il lui est proposé, dans les pays d'Europe de l'Est, de monter sur un escalator ou un trottoir roulant, en tenant une main courante synchronisée pour ne pas perdre l'équilibre. En Europe de l'Ouest et en Amérique, la vitesse est limitée à 0,70 mètre par seconde.

Cette vitesse limite est imposée à l'objet artificiel pour qu'il fonctionne en satisfaisant au but humain qu'il lui a été proposé de réaliser : transporter des gens, tels que l'inventeur les a imaginés, un peu moins lestes à l'ouest.

Si au lieu de monter sur un trottoir roulant à son extrémité dans le sens de la marche, l'usager doit monter sur une plateforme mobile qui défile devant lui, comme un train qui vient de démarrer, il y arrive en suivant la marche du train et en saisissant une poignée pour ne pas tomber : jusqu'à 1 mètre par seconde sans grand danger. Mais si le quai est encombré sur toute sa longueur par des usagers qui attendent, ils ne pourront monter sur la plateforme que perpendiculairement à sa marche : des expériences réalisées dans les années 1960 montrent que la vitesse limite à laquelle un public nombreux peut monter dans ces conditions est réduite à 0,35 mètre par seconde, et qu'il « vaut mieux » se saisir d'un appui sur la plateforme mobile. C'est la vitesse à laquelle on peut monter dans une télécabine de montagne qui défile dans une station d'accès sans s'arrêter, caractéristique imposée à ce moyen de transport.

Nous sommes en 1900 : la *Rue de l'Avenir* est le nom qui a été donné au *trottoir roulant* utilisé par les visiteurs de l'Exposition Universelle de Paris (fig 1) : composé de deux plateformes mobiles et une fixe parallèles, il parcourt de l'esplanade des Invalides au Champ de Mars un circuit de 3,5 kilomètres en une demi-heure en reliant 9 stations.

Fig1. Trottoir roulant de l'Exposition de 1900 à Paris.

Sur un film tourné par Thomas Edison, on voit les usagers passer aisément d'un trottoir fixe non encombré à une première plateforme à la vitesse relative plutôt élevée d'un mètre par seconde (4 kilomètres à l'heure), en s'appuyant sur un poteau vertical comme ceux qu'on voit sur la figure 1 ; puis marcher d'une plateforme à la seconde à cette vitesse relative d'un mètre par seconde, pour atteindre sur la deuxième plateforme une vitesse double de 2 mètres par seconde ou 8 kilomètres à l'heure. Beaucoup d'hommes franchissent l'espace sans chercher un appui.

Mais la figure 1 montre une femme qui perd l'équilibre en voulant monter sur le premier trottoir mobile, et un homme qui descendant sur le trottoir fixe est précipité vers la barrière par sa vitesse d'un mètre par seconde.

Le trottoir roulant est un objet qui a été *conçu* en 1880 par les inventeurs américains Schmidt et Silsbee, et *réalisé* pour la première fois à l'exposition Universelle de Chicago en 1893, dans le *but* d'éviter une marche à pied fatigante à un public nombreux dans un espace où il est amené à effectuer de nombreux déplacements. Dans cette réalisation représentée figure 2, l'usager avait la faculté de rester debout, ou de s'asseoir sur un banc à deux places installé sur la plateforme roulante : ce détail a son importance. Les bancs étaient retournés aux deux extrémités du trottoir progressivement sur deux plateformes tournantes de grand rayon.

Dans les espaces urbains où l'activité est dense, ou dans les aéroports qui desservent le monde entier, fréquentés par un public nombreux, chargé de bagages, astreint à parcourir de longs couloirs obligatoires en raison de la dimension et du nombre des avions, le besoin s'est fait sentir de mettre à la disposition de ce public *des trottoirs roulants plus rapides.*

Un *trottoir roulant accéléré* matérialise le chemin parcouru à vitesse variable par l'usager, identifié ici à un véhicule se transportant lui-même : on accélère son parcours en allongeant le plancher sous ses pieds, et on le décélère en ramenant le plancher à sa longueur primitive ; dans le parcours initial accéléré on multiplie la vitesse originale de 0,8 mètre par seconde de cette route active par 5, soit 4 mètres par seconde ou 15 kilomètres à l'heure, en modifiant sa forme et sa motorisation, et on la redivise par 5 sur le parcours final décéléré, de telle sorte que la vitesse et l'accélération changeant à chaque position sur la route, la distance qui sépare des usagers successifs est modifiée par le système : elle augmente dans les parcours accélérés et diminue dans les parcours décélérés.

Fig 2. Trottoir roulant de l'Exposition de Chicago en 1893

De nombreux inventeurs imaginatifs ont réussi à en faire fonctionner : ils se sont fixés le but matériel qu'on vient de décrire et ont réalisé de belles mécaniques de précision, synchronisées avec une main courante servant d'appui à une charge éventuelle. Ces systèmes fonctionnent très bien en transportant un objet d'assise stable, qu'on dépose à l'entrée en le fixant à la main courante et qu'on détache et retire à la sortie, ou à titre d'essai une troupe de militaires disciplinés agissant comme des robots. Mais ils se révèlent difficiles à utiliser dans une exploitation ouverte à un public ordinaire : l'inventeur demande alors à l'usager de « jouer le jeu » en restant *immobile* pour être synchronisé, de ne pas ajouter sa vitesse à celle de la route. En agissant ainsi, il s'est fixé comme but de transporter non pas un public en chair et en os, qui bouge pendant le trajet, mais un robot programmé pour « jouer le jeu » : les incidents et les accidents se multiplient, le diable se manifeste dans les innombrables détails de la vie qui changent la distance séparant des gens qui bougent, ils ne se retrouvent pas à l'arrivée avec la même distance entre eux, d'où des bousculades, des accidents, et la « *disponibilité* » du système tombe au dessous de la limite tolérable. La précision imposée par le créateur à sa mécanique pour cet emploi robotisé se révèle inadaptée au but de transporter une population d'humains ordinaires.

Le trottoir roulant accéléré le plus perfectionné construit, le TTR utilisé à la gare Montparnasse à Paris de 2002 à 2009 a atteint la vitesse en service record de 11 kilomètres à l'heure (3 mètres par seconde), mais on a dû la réduire à 9 kilomètres à l'heure en raison des accidents multiples, et il a été finalement abandonné parce que sa disponibilité s'est révélée insuffisante (60%) de ce fait : trop d'accidents, de chocs, de chutes.

L'objet artificiel conçu et créé pour atteindre un but tel que le concepteur-créateur se l'était représenté et fixé, s'est révélé une *création illusoire* : l'imagination des concepteurs a engendré ce que nous avons nommé une *illusion créatrice*. Le système a bien fonctionné, mais le but recherché : transporter des humains, défini trop sommairement, n'a pas été atteint ; le « schème hylémorphique » aristotélicien, souvent évoqué dans la suite de ce livre : rencontre d'une *matière* (humaine) et d'une *forme* (mécanique), s'est révélé inadapté à une demande de « jouer le jeu ».

Pourtant le but d'accélérer puis de décélérer sur une voie des usagers qui restent maîtres de la distance qui les sépare est réalisé sans grand problème dans tous les véhicules terrestres : automobile, autobus, rame de métro, train : leur plancher ne se déforme pas sous leurs pieds, la voie n'est pas élastique. On aurait pu le réaliser même avec un trottoir rapide : en se fixant comme but de transporter non des personnes, mais des *sièges immobiles*, comme on l'avait fait dès 1893 sur le premier trottoir roulant (fig 2) à vitesse constante, à condition cette fois d'accélérer au départ puis de décélérer à l'arrivée le plancher les supportant ; les usagers admis seraient restés assis sur ces sièges, ou debout, autorisés à se déplacer latéralement, mais pas devant ni derrière le siège, la solution la plus simple étant de placer ces sièges dans des cabines, « robots » agencés pour « jouer le jeu » ! Les réalisations correspondantes seront examinées en détail dans ce livre au chapitre IX.

Sautons jusqu'à 1970. Le programme Apollo touche à sa fin. Que faire du personnel pléthorique de la NASA ? Le président Nixon tente aussi de se débarrasser de la Guerre du Viet Nam. Le complexe militaro-industriel est donc sur le point de perdre ses deux principales sources de revenus. Les profits exceptionnels de ses dirigeants sont taxés à 91 % pour quelques années encore, à moins d'être investis dans la recherche, niche fiscale.

Il est urgent de trouver une activité nouvelle, utilisant ou non de nouvelles technologies, mais surtout les capacités de cette industrie en crise. La mode est à la recherche de la vitesse par des hommes pressés, pour quelques années encore. La recherche de solutions technologiques pour atteindre ce but demeurera rentable pendant quelque temps.

Le programme Apollo a produit le circuit intégré et les puces dont on sait quel a été le fulgurant avenir quelques années plus tard : l'essor de la Silicon Valley dans une toute autre direction, vers une autre civilisation ; mais Intel en 1971 ne savait que faire de son microprocesseur dont on ne voyait pas d'applications : c'était une solution qui cherchait des problèmes.

Une diversification a paru prometteuse à l'époque : beaucoup d'efforts ont été consentis par l'organisme UMTA (Urban Mass Transit Administration) pour le développement de systèmes de transport guidé automatique (AGT Automated Guided Transit) destinés au transport en masse des personnes dans les villes moyennes et les grandes banlieues des mégalopoles.

Deux concepts d'AGT ont connu à ce moment un grand succès auprès des industriels intéressés, mais aussi auprès des medias et des politiques.

1) le *People Mover*, convoyeur automatique de personnes pour leur éviter une marche à pied jugée pénible, conçu soit comme un perfectionnement du trottoir roulant dont la vitesse est augmentée, soit sur le modèle des télécabines de montagne adapté à la ville et informatisé.Il a été affligé en français du nom ridicule de « transport hectométrique ». Nous utiliserons plutôt le nom anglo-saxon.

2) le *Personal Rapid Transit*, ou PRT, système automatique de transport dans un réseau de station à station sans arrêt intermédiaire, censé imiter l'automobile ou le taxi en fournissant « *une alternative valable à leur usage dans une zone urbaine dense* », lequel se ferait prétendument sans arrêts intermédiaires. Nous discuterons ce qu'il en est en réalité (ch IX).

Mis au courant, Nixon déclara : — «Si nous pouvons envoyer 3 hommes sur la lune à 400000 kilomètres, nous devrions pouvoir envoyer 400000 hommes à leur lieu de travail à 3 kilomètres.»
En quoi il se trompait lourdement : l'expérience montra que c'était beaucoup plus difficile : illusion créatrice qui allait connaître un grand développement technologique, distraitement suivi par les usagers potentiels qui avaient d'autres soucis. Faute de réalisations opérationnelles, il a paru prématuré de mettre au courant le public : il les attend toujours (ch. IX).

Aux dernières nouvelles le public vient d'être mis au courant d'un véhicule sur coussin d'air dans un tube où l'on fait le vide, qui relierait Paris à Marseille (800 kilomètres) en une demi-heure (à la vitesse du son !), dont le promoteur demande aux candidats inventeurs de bien vouloir inventer la réalisation, rémunérée par des actions (*stock options*) : cela rappelle l'histoire racontée par Jules Romains de Donogoo-Tonka, la ville-qui-n'existe-pas, qui finit par être créée en marchant, par ses futurs habitants, mus par le pouvoir des désignations sur l'imaginaire[6].

---

[6] ROMAINS J. *Donogoo-Tonka ou Les miracles de la science*. Conte cinématographique, Gallimard, 2015

LA FIN DU MARTIN PÊCHEUR

Nous abordons à présent un exemple significatif d'objet artificiel qui a réussi à atteindre un objectif, et dont il semble que les usagers soient satisfaits. Des objectifs très voisins ont donné lieu à des commentaires de philosophes éclairants pour la suite.

Cet exemple a été réalisé avec succès par le train rapide japonais Shinkansen : son point de départ est la finalité non humaine d'un martin pêcheur qui est de survivre. À cette fin il doit déjouer une embûche tendue par la nature : pour atteindre le poisson, moyen de survivre, il doit passer d'un environnement : l'air, à un autre : l'eau, où, pourrions-nous imaginer dans une direction oblique, il voit le poisson là où il ne se trouve pas. Son cerveau trop petit ne contient pas assez de neurones et sa situation dans l'évolution des espèces ne lui permettrait pas d'utiliser comme moyens la loi de réfraction de Descartes-Snell[7], la mesure d'angles par le moyen auxiliaire de la vision, et depuis la dernière guerre mondiale la prise en compte du déplacement du poisson visionné à la vitesse de la lumière pour corriger sa trajectoire par la rétroaction négative dite : *feedback*. En réalité Il ne sait pas ce qu'est une trajectoire et n'en a rien à faire : ça ne se mange pas. Et pourtant il survit ! Comment fait-il ? Et comment fait le pêcheur humain au lancer, même s'il a entendu parler de Descartes, Snell, de cybernétique et de trajectoires ?

Il fait comme le martin pêcheur, que les créateurs du Shinkansen ont imité avec succès. Confrontés à une embûche créant un obstacle *analogue* en apparence, mais satisfaisant en vérité à une loi très différente, ils ont donné au train le profil de cet oiseau[8] et l'embûche a été évitée à la satisfaction des usagers. L'obstacle était en réalité le grand nombre de tunnels japonais faisant beaucoup de bruit à leur entrée et sortie : aucun rapport avec la loi de réfraction de la lumière, et en France où il y a beaucoup moins de tunnels, le TGV a adopté un autre profil sans problème. L'analogie réelle n'a rien à voir avec la direction de la lumière, mais avec la dureté des matières traversées. Si nous regardions l'oiseau de plus près ? Il part d'un perchoir au dessus de la surface aquatique, repère une proie *sous lui* et plonge sur elle presque à la verticale, sans considération pour Descartes-Snell : il a pris de la hauteur, obtenu de la vitesse pour ne pas

---

[7] Loi découverte bien avant par le persan Ibn Sahl en 984, exploitée aussitôt par le persan Ibn Ahaytham, qui déclara qu'on ne « jette pas »un œil sur l'objet, que c'est l'objet illuminé par la lumière du jour qui l'envoie sur l'œil en ligne droite, et dans toutes les directions.
[8] cf. ch. VIII p.211

laisser la proie s'échapper, et la poussée d'Archimède sur le volume d'air engouffré sous ses plumes l'a fait rebondir hors de l'eau la proie au bec.

Stafford Beer rapporte qu'une méprise *analogue* a égaré la marine britannique au début de la dernière guerre autour de 1941 : les sous-marins allemands faisaient des ravages ; ne connaissant que la profondeur la plus grande à laquelle ils pouvaient plonger, autour de cent mètres, la Royal Navy a cru d'abord pouvoir s'en protéger par des mines calibrées pour sauter à une profondeur « moyenne statistique» supposée : cinquante mètres, emplacement présumé à tort le plus probable parmi tous ceux possibles, mais aussi explosion facile à produire par la pression de l'eau. Il a fallu assez longtemps pour réaliser, ce qui nous paraît évident, que les sous-marins étaient dangereux au voisinage de la surface, surtout quand ils étaient en situation de torpiller, et qu'en plus des grenades il fallait chercher, c'était plus difficile, un moyen pour calibrer des mines explosant à faible profondeur. Le vrai martin-pêcheur était la bonne analogie.

Le philosophe Gilbert Simondon doute que le *feedback,* causalité circulaire, soit animé par une vraie finalité[9] : selon lui il a fait sortir d'un domaine magique la fin, de cet endroit où elle était jugée supérieure aux moyens, et empêchait l'émergence par d'autres moyens de formes nouvelles qui produisent leur propre fin, à l'aide de la procédure résumée par Stafford Beer dans l'épigraphe, qui tend à inverser les priorités.

L'anthropologue Gregory Bateson[10] observe qu'on peut obtenir de la précision pour s'adapter à un environnement variable par une autre méthode que le *feedback*, si on n'a pas le temps ni le moyen de corriger la visée de la fin : méthode qu'il appelle *calibrage* des yeux, des muscles des mains et du cerveau pour viser en avance sur le déplacement de la proie ; à condition de s'être entraîné au préalable pendant le temps nécessaire pour obtenir une information « *antérieure* », forme d'*apprentissage* discontinue, contrairement au feedback continu d'information récurrente « *postérieure* » : c'est ce que fait l'enfant déguisé en cow-boy qui s'entraîne à imiter le cow-boy Steve Mac Queen et son fusil à canon scié en tournant le dos à une glace, le revolver en plastique dans l'étui, puis en se retournant brusquement pour tirer au jugé sur son image dans la glace.

Mon ami Louis Duthion, inventeur du *coussin d'air* [11] et philosophe occasionnel, aimait raconter l'histoire du lion poursuivant à grands bonds un zèbre fuyant en zig-zag, sans succès parce qu'il le dépassait à chaque fois et devait se retourner, mais le zèbre aussi. Finalement il disparut dans un

---

[9] SIMONDON G. : *Du mode d'existence des objets techniques*, Aubier 1958 et 2012, p. 149
[10] BATESON G. : *La Nature et la Pensée*, Seuil 1984, pp. 201-209
[11] cf. ch.VII p. 206.

vallon, et les curieux assez courageux pour y aller virent que le lion s'y exerçait peu à peu à faire des petits bonds, des petits bonds...

Les philosophes, selon Henri Bergson, « *s'accordent aussi à distinguer deux manières différentes de connaître une chose* » (de choisir comment tirer) :

« la première implique qu'on tourne autour de cette chose ; la seconde, qu'on entre en elle... : la première dépend du point de vue où l'on se place et des symboles par lesquels on s'exprime ; la seconde ne se prend d'aucun point de vue et ne s'appuie sur aucun symbole [12] ».

Le cow-boy et le martin-pêcheur adoptent la première manière. Descartes semble plutôt tenté de rentrer dans l'objet : « *diviser chacune des difficultés que j'examinerois, en autant de parcelles qu'il se pourroit, et qu'il seroit requis pour les mieux résoudre...* »

Les médecins qui consultés par un patient cherchent à établir un *diagnostic*, à classer le patient dans une catégorie débouchant sur une mise en rapport avec un traitement et des médicaments spécifiques, sont confrontés au même dilemme : le diagnostic est une forme de tir dont l'efficacité peut donner lieu à débat interprétatif. Une praticienne que j'ai consultée un jour m'a affirmé que les femmes diagnostiquent en faisant appel à leur apprentissage cumulé, comme le cow-boy avec le fusil à canon scié : elles tournent autour du patient, et soudain elles foncent... en se trompant quelquefois, quittes à modifier le traitement par feedback discontinu. Il en est de même des médecins pressés par l'affluence d'une file d'attente de patients, qui peuvent revenir en cas d'échec du traitement initial prescrit.

Le chapitre se poursuit par le rappel des premiers objets artificiels qu'il m'ait été donné personnellement de rencontrer depuis ma naissance, et la nature des embûches rencontrées lors de leur création, par ces objets précurseurs d'une genèse paradoxale d' innovations.

Comme j'aborderai à l'occasion des domaines hors de ma compétence, par exemple l'origine préhistorique des objets, ou la musique, je crois utile de me situer moi-même en commençant par exposer à mon lecteur potentiel mes propres relations les plus anciennes avec des objets, qui ont forcément dû m'influencer. S'il n'est pas intéressé par ces considérations archéologiques hétéroclites, il pourrait sauter ce sous-chapitre en première lecture, puis y revenir car elles sont instructives pour la suite.

---

[12] BERGSON H. : *La Pensée et le Mouvant*, PUF, 1934, p.177.

PREMIÈRES RENCONTRES D'OBJETS

Je n'ai conservé la trace d'aucun souvenir de mes tout premiers contacts avec des objets dans un milieu extérieur à mon corps, excepté la marque toujours visible sur mon front d'une arcade sourcillière ouverte en butant contre un portail en fer à l'âge de deux ans[13].

J'ai dû voir et goûter ce que j'ai bu et mangé, ou expulsé, respirer des odeurs, me cogner, mais c'est par le sens de l'ouïe que j'ai acquis la connaissance primitive d'objets dont une trace subsiste en mémoire sinon dans ma peau : des objets temporels plutôt que spatiaux. Le français et l'espagnol sont mes langues maternelles, et au dire de mes géniteurs, « Au clair de la lune » et « Frère Jacques» auraient été les premières chansons qu'on m'ait fait entendre ; mais la plus ancienne dont la trace musicale reste gravée dans ma mémoire est : « mademoiselle Emma, *la figli'al estama ... chi la rota la rota la rota la casserola.. chi la rota la rota la rota la pagara* ». Une répétition à l'identique semblable au tam tam a dû faciliter la mémorisation. J'ai mis du temps à réaliser que ce n'était pas l'accident redondant d'une même casserole mais celui d'une suite d'ustensiles apportés par mademoiselle Emma à son père rétameur qui engendrait le *cash flow*.

Je suis issu d'une famille d'enseignants : mon père, ma mère et mon grand père maternel étaient instituteurs, dans une institution privée où règnait une parfaite égalité entre hommes et femmes qui exerçaient le même métier, et recevaient le même salaire médiocre, de moitié inférieur à celui versé aux instituteurs hussards de la République rétribués par l'Éducation Nationale, qui ne roulaient déjà pas sur l'or : ce salaire ne dépassait donc pas beaucoup le seuil de pauvreté.

J'ai d'abord habité au Maroc Espagnol à l'âge de cinq ans. Nous logions à petite distance des lieux où habitaient les autochtones, à la lisière entre un commencement de monde moderne et celui qui existait juste avant Edison, Pasteur et les frères Lumière. Nous avions l'eau courante, mais dehors des marchands ambulants portant une outre en peau de chèvre vendaient l'eau présumée potable d'une fontaine dans un gobelet de cuivre retenu par une chaîne ; nous étions éclairés à l'électricité, mais les parents des élèves de mes parents nous invitaient dans un logement éclairé à la bougie ; notre logement contenait un lavabo, et les toilettes à l'intérieur : luxe qui à cette époque n'était pas donné à tous, loin de là, même en France métropolitaine et en Espagne.

---

[13] J'ai revisité l'adresse : 2, rue Van Vollenhoven, Casablanca. Le portail n'existe plus. Il reste la cicatrice.

Le premier objet finalisé que j'ai vu entrer dans la maison, la première « machine », a été une femme de ménage : au Maroc, mes parents pouvaient aisément trouver plus pauvres qu'eux ; elle n'était pas une esclave : elle recevait un salaire, de misère évidemment. Elle fonctionnait en *porteuse d'outils :* balai, seau d'eau, comme ceux de *l'apprenti sorcier* de P. Dukas joué plus tard par Mickey Mouse, mais sans le fonctionnement magique ; la machine à laver le linge était une planche rainurée de la largeur des deux mains qui frottaient.

Les aliments étaient cuits dans un *kanoun*, poterie en terre cuite, sur du charbon de bois dont les braises étaient activées à la main par un *soufflet*. Puis j'ai vu arriver le réchaud à pétrole pressurisé *Primus* : je me rappelle, comme mon premier rendez-vous technique, ma mère aux prises avec le *joint* du piston de la pompe. Le pétrole a donc précédé la houille de quinze ans dans ce pays.

Un jour mon père s'est rendu à Tanger pour acheter dans le magasin Benbaron et Hazan un *gramophone* à manivelle et aiguille pour disques en cire 78 tours de la marque *RCA, La voix de son maître :* j'avais six ans, je me souviens du petit chien écoutant cette voix devant un gros pavillon, et comme si c'était hier de disques que j'ai dû écouter mille fois en remontant la manivelle, par exemple : *you're giving me crazy, what did I do*, les premiers mots anglais que j'ai entendus, avec la voix de Louis Armstrong l'homme à la bouche en sac ; *Ramona,* chanson à la mode, mais chantée en hongrois, avec au dos du disque : *Engem Szeress* : « je t'aime » en hongrois, mais je ne l'ai su que bien plus tard lors d'un voyage à Budapest.

Nous allions voir au cinéma muet les aventures de Buster Keaton, d'Harold Lloyd ; j'allais jouer au domicile d'un petit voisin d'une famille plus riche qui disposait de nombreux jouets ; mes parents n'avaient pu m'en offrir qu'un seul, mais c'était un *automate* assez perfectionné, mu par un ressort bandé en tournant une clef, représentant le vagabond Charlot : il marchait comme un canard avec ses gros souliers à 45 degrés du chemin, caractère chaplinesque utile au concepteur en participant à la stabilité verticale de cet objet mouvant ; il tournait une badine avec la main gauche en soulevant son chapeau rond de la main droite ; en le poussant avec l'index nous pouvions le diriger de l'un vers l'autre ou lui faire parcourir le tour de la table.

En 1929 nous avons émigré au Maroc Français : il y avait en plus une salle de bains avec une baignoire mais pas de douche, et des prises de courant, où l'on pouvait brancher un *fer à repasser*. En 1931, mon père s'est rendu à Paris pour soigner un astigmatisme à l'hôpital Rothschild et en a ramené en plus de ses lunettes un *appareil photographique* à soufflet

Kodak avec objectif *Berthiot*, et une pellicule de photos prises à l'Exposition Coloniale, bientôt suivies des premières photos familiales ; c'est grâce à lui que j'ai appris, très tôt, que *l'infini* se trouvait à trois mètres cinquante, cinq pas d'homme occidental, au bout de l'appartement ou du jardin, qui avaient donc un bout : mon premier acquis de technique théorique, actualisant l'existence d'une interface séparant un intérieur d'un extérieur, une *figure* magique de la réalité, détachée d'un *fond* invisible par l'œil de l'objectif.

Enfin le gramophone a été supplanté en 1933 par un *poste de TSF* superhétérodyne *Philips* à octode qui a envahi la maison de réclames ; l'une d'elles : « 2033, 2033, 2033 » vantait la durabilité centenaire d'une lessive qui a disparu depuis longtemps. Je n'ai pas compris comment cet appareil magique fonctionnait et n'avais pas les moyens de suivre les conseils de l'abbé Moreux pour devenir sans-filiste sans comprendre. Plus tard au lycée on m'a bien enseigné les expériences de Faraday, le champ magnétique, et l'induction : cela m'a permis de comprendre les moteurs électriques, mais les ondes hertziennes sont restées un mystère, personnifié par le speaker Jean Roy de Radio Toulouse Saint-Agnan, qui était entendu au Maroc.

J'ai appris à force de chutes à rouler sur une bicyclette en *équilibre instable* en pédalant ou non, mais en ignorant que le roulement sans glissement sur le sol réalisait une *liaison non holonome* conférant à l'ensemble une sorte de stabilité dynamique approximative si l'objet était en mouvement ; et depuis que j'ai appris la mécanique rationnelle, je n'ai plus roulé en bicyclette : dans cette circonstance l'interprétation selon Lagrange d'une *machine abstraite*[14] ayant suivi à distance l'usage pratique d'une *machine concrète* au fonctionnement conditionnel s'est révélée sans emploi.

Plus tard élève ingénieur des mines, j'ai découvert à Saint Etienne en 1941 qu'on s'y chauffait avec des boulets de charbon livrés par le « bougnat » ; puis à quelques centaines de mètres sous terre au puits Couriot une première machine-outil d'extraction : la *haveuse*, chaîne sans fin de pics abattant ce charbon ; j'y ai appris à me servir d'un *marteau-piqueur Ingersoll Rand* pour me faire une idée concrète d'un travail de mineur dans les charbonnages, et à me diriger sous terre dans un réseau de boyaux en y effectuant un lever de plan souterrain avec les instruments de mesure requis. En revanche je ne me suis servi d'un *téléphone* pour la première fois qu'à vingt-deux ans en 1943 : à l'ébahissement de l'entourage j'ai tenu l'écouteur à dix centimètres de distance du pavillon de mon oreille, comme le petit chien, avant de regarder les autres et de les imiter.

---

[14] SIMONDON G. : *op.cit.*, pp. 21-24.

Au cours d'un stage de sidérurgie aux *Aciéries de la Marine* à *Saint Chamond*, j'y ai découvert la présence d'une main d'œuvre que le Comité des Forges avait fait venir d'Afrique du Nord pour affecter ces ouvriers à des travaux pénibles : ils exerçaient un emploi d'*ouvrier* dit *spécialisé*, c'est-à-dire qu'il leur était demandé de s'adapter au rythme d'une *machine concrète spécialisée*, réglée par des techniciens, en l'espèce un haut-fourneau, un four Martin et un laminoir. Ils étaient coupés de leur famille. Longtemps après, j'ai appris que la Poste se glorifiait d'avoir réussi à faire parvenir à son destinataire une lettre en provenance d'Algérie : l'adresse « Ahmed ben Larbi, *Zizine 5 Chameaux* France » transcrivait un message émis sur canal avec bruit d'origine vocale, dont le code était déchiffrable par le récepteur postal pourvu d'une connaissance du contexte.

Mais il n'y avait au Maroc même aucune industrie de fabrication : l'un des rôles dévolus aux colonies et protectorats était d'importer les produits fabriqués en série dans la métropole, mais dont beaucoup provenaient d'ailleurs. Après la grande crise de 1929, le pays a été envahi de produits d'usage courant de très bas prix fabriqués en série dont certains comme les chaussures *Bata* d'origine tchèque étaient d'une qualité acceptable tandis que d'autres très fragiles et de très faible durée de vie étaient disqualifiés comme camelote japonaise : cela s'est passé des décennies avant que ce pays d'Extrême-Orient ait retourné le compliment à l'Occident en découvrant et imposant à toute la planète le modèle du *management par la qualité totale*, effectué par des *cercles de qualité*, qui est l'aboutissement final de ce que Gilbert Simondon appelle la *concrétisattion d'un objet technique*[15], assemblage évolutif d'éléments à multitâches intégrées.

Une fabrication locale artisanale se trouvait alors à un stade primitif qualifié plus tard d'*abstrait*, parce qu'entièrement finalisé par la seule réalisation du fonctionnement qui lui est assigné : elle proposait l'objet *sur mesure* comme alternative au produit concret mais de très basse industrie de l'époque, qualifié avec mépris de *confection*.

Je suis vêtu d'habits de confection, mais à l'occasion de mon envoi à Paris en 1939 pour poursuivre mes études, on décide de me faire habiller sur mesure avec du drap d'Elbeuf par un tailleur du voisinage : ma première expérience du « schème hylémorphique » ; l'adéquation de cette matière avec une forme : la mienne, s'est révélée beaucoup plus compliquée à obtenir que ce qu'en disent Aristote et les théoriciens de la Forme, bien que je me sois prêté avec docilité à « jouer le jeu » pendant les essayages.

---

[15] SIMONDON G. *ibid.*

Mais je retiens un souvenir très différent de ce tailleur. C'est un réfugié d'Europe Centrale : il parle à peine le français, mais assez pour comprendre mon projet ; la perspective l'épouvante, il prononce un discours difficile à suivre, nous comprenons :

— « Non, pas Paris, trop près, ce sont des monstres, à Paris dans un an, vous ne savez pas, restez ici ! » L'homme impressionne, je le rassure, je ferai attention. Cette inconscience de la situation réelle a gravé dans ma mémoire une association du *sur mesure* avec Hitler : un malheureux exilé, raisonnant par *abduction*[16]*,* en savait plus sur l'avenir très proche de la France que son gouvernement et ses habitants, raisonnant par *déduction* à partir d'un passé révolu.

Nous voyagions en ville en autobus et entre villes en train ou autocar. Au Maroc je ne suis monté qu'une fois comme passager dans une *automobile* en 1932 : la Peugeot de l'infirmière Josette Arnaud, née Sabatier[17], mère de mon ami d'enfance et camarade de classe Jean Arnaud, qui nous conduisit à l'internat du lycée de Meknès. J'y suis monté pour la première fois en France dans la voiture de service Voisin 17 CV de mon employeur à Paris en 1946 : invité en janvier 1945 à me rendre à Paris, j'y étais arrivé une semaine avant la fin de la guerre, et m'y suis présenté au concours d'agrégation de mathématiques, puis j'ai terminé mes études à l'École des Mines et trouvé du travail dans la recherche aéronautique.

Au cours de ma vie je n'ai eu affaire qu'à un seul Directeur de Ressources Humaines, également responsable de Relations Humaines, donc de communications entre humains, en 1946 : le Directeur du Personnel de la SNECMA, Société Nationale d'Études et de Construction de Moteurs d'Aviation, créée au lendemain de la guerre en janvier 1946 par le Ministre communiste Charles Tillon, pour reconstituer cette activité autour de la Société Gnome et Rhone, et aussi pour avoir sous-la-main une masse ouvrière à-disposition, susceptible d'être mobilisée en cas de besoin.

Ce Directeur est surtout connu dans l'histoire par une dactylo de son service : Henriette Ragon, devenue célèbre par la suite sous le nom de Lady Patachou quand elle quitta l'usine, entre autres pour chanter.

Une seule question me fut posée : — *Avez-vous eu une activité de collaboration pendant l'occupation ?* On ne voulait pas de *collabos*. Cela m'a rappelé une histoire de notre médecin de famille, le docteur Roublev[18], père de Valentine Roublev qui a épousé mon ami et camarade de classe

---

[16] cf. ch. III p. 81
[17] Josette Arnaud Sabatier était la fille de Paul Sabatier, Prix Nobel de chimie en 1912.
[18] Valentine Haroche Roublev était la mère de Serge Haroche, Prix Nobel de physique en 2012.

Albert Haroche. Il avait réussi à quitter l'U.R.S.S. en 1920 pour le Maroc, et avait dû remplir un questionnaire inverse demandant : — *Avez-vous été emprisonné sous le régime tsariste ? (Répondre : oui, ou : non). Si : non, Pourquoi ???*

En 1946, tout le monde en France était *résistant*, sauf les collabos. Peu de temps auparavant, tous les français étaient *aryens*, sauf les juifs.

Le quantificateur quasi-universel divisant le monde en bons, et mauvais moins nombreux, était florissant : mais sur un mode mineur, le cinéaste René Clair déclarait : — *Tous les critiques de cinéma sont des cons, sauf Charensol.*

Le CV que j'ai remis indiquait que j'étais diplômé de l'École des Mines et de l'agrégation « au titre étranger ». Le DRH guidé par la toute nouvelle Convention Collective de la Métallurgie ne tint aucun compte de mon agrégation qui n'y figurait pas, et dont il a dû penser qu'il s'agissait de quelque chose comme « l'intégration » d'étudiants étrangers. Je fus donc embauché comme ingénieur débutant position 1, coefficient 350. Exactement au même moment la Métallurgie créa l'IRSID, Institut de Recherches Sidérurgiques, qui embaucha une jeune femme de mon âge sans diplôme d'ingénieur mais ayant passé le concours d'agrégation de mathématiques la même année, au coefficient 650, pour faire des statistiques : mathématique méritant certes de la considération, mais quand même pas le double de celle utilisée en recherche aéronautique ! J'en ai conclu que l'agrégation était moins que sous payée, pas payée du tout dans la branche de la Métallurgie où j'avais atterri par malchance, et surpayée dans la branche des Hauts Fourneaux et Aciéries : donc que ni les uns ni les autres n'avaient aucune idée de ce qu'en valait l'aune, que je vais essayer de définir parce qu'elle jette un éclairage instructif sur la suite.

Pour être admis à se présenter au concours d'agrégation de l'enseignement secondaire qui est censé recruter des professeurs de lycée, il faut être titulaire d'une licence d'enseignement et d'un diplôme d'études supérieures. J'ai obtenu ces diplômes à l'Université de Lyon, le dernier à la date du 23 Août 1942, et suis reparti dès le lendemain vers mon domicile à Casablanca via Marseille et Alger. J'ai vécu de façon très dramatique dans ces trois villes les événements tragiques de l'époque, mais ne nous écartons pas du sujet : j'ai survécu, et le corps expéditionnaire du général Eisenhower y ayant débarqué le 8 Novembre 1942, je fus coupé de la France entièrement occupée, pendant près de trois ans. J'ai préparé un concours d'agrégation hypothétique dont j'ai étudié le programme en autodidacte, dans des vieux livres que j'ai pu trouver à Casablanca, qui décrivaient des mathématiques du dix-neuvième siècle. Appelé à me rendre à Paris, où je suis arrivé le 2 mai 1945, j'y ai passé l'écrit du concours pendant la semaine de la victoire en Europe, et l'oral au moment des bombes atomiques sur le Japon.

Les autres candidats m'ont appris le discrédit dans lequel était tombé ce concours qui perpétuait des épreuves portant sur des matières obsolètes : celles que j'avais assimilées pendant mon isolement au Maroc, et qui me valurent quelques bonnes notes et un rang de troisième au concours.

En particulier, l'opprobre était jeté sur l'épreuve de *géométrie descriptive* qui en était restée au cas qu'on faisait depuis le dix huitième siècle *d'objets imaginaires*, *concepts* immatériels dont le *mode d'existence* n'a pas le moindre rapport avec celui des *objets techniques abstraits ou concrets,*[19] tels qu'ils sont représentés par le *dessin industriel*, qui est le langage visuel codé par lequel le concepteur d'un objet technique arrive à communiquer avec les divers techniciens participant à sa fabrication.

La tentative de représentation d'un objet réel ou imaginaire par ses *contours apparents* mérite en elle-même un petit développement, même réalisée pour une fin contestable.

L'épreuve du concours consistait à représenter en plan et en élévation l'intersection de deux surfaces du second degré : des *quadriques*, qui n'avaient pas d'autre existence que l'équation du second degré les définissant, les rendant *isomorphes* avec quelques objets réels : un toit de l'architecte Gaudi, une planche à dessin déformée par l'humidité, une selle de cheval ; mais au plus bas degré, n'ayant rien d'autre de commun avec eux que de persévérer dans leur être. L'intersection était une courbe du quatrième degré, dont il fallait prouver qu'elle se décomposait en deux coniques du second degré : exercice de mandarin s'il en fut, que j'ai pratiqué avec bonheur.

Le résultat désastreux fut que victime d'un blocage, je n'ai jamais pu apprendre ensuite le dessin industriel : j'avais atterri dans un bureau d'études réunissant des spécialistes du moteur d'aviation de très grand talent, qui avaient conçu, étudié et construit toute une lignée de moteurs d'aviation parfaitement concrets ayant fait leurs preuves parfois avec éclat : ils crurent bon de me confier d'autres tâches que de dessiner des objets, tâche que je n'ai réussi à accomplir que très tardivement au siècle suivant (les figures de ce livre), sans planche à dessin mais avec une souris, à l'aide de logiciels spécialisés pour microordinateurs.

---

[19] SIMONDON G. : *op.cit.*, p. 21.

GENÈSE D'UN OBJET ARTIFICIEL

Le thème principal abordé dans ce livre est en rapport avec la *conception*, suivie de la *création* d'un *objet artificiel*, qui pourrait être *matériel ou immatériel*.

L'être humain ressent quelques besoins vitaux et une multitude de désirs, dont la satisfaction constitue l'aboutissement de fins humaines et une justification des moyens employés.

Mais il n'y a pas de rapport évident entre l'objet artificiel vu au départ comme l'aboutissement d'une fin humaine et les moyens de cette fin : une fin n'est pas associée à une structure, une forme, des fonctions déterminées ; les moyens prérequis pour l'atteindre ne découlent pas d'une définition de l'objet artificiel par sa fin originelle : l'essence d'un objet artificiel en gestation est la forme de son état présent, qui évolue avec le temps pour s'adapter à lui-même ; à l'origine il est un objet abstrait, conçu, puis créé : soit en lui-même pour une fin *culturelle* ; soit pour être concrétisé de manière à répondre à une fin, de préférence multiple, car le nombre d'objets qui font quelque chose de valable est limité et très inférieur au nombre incalculable des désirs humains ; si l'on aboutit en bout de parcours à un objet concret dont le but « n'est que ce qu'il fait », il « vaut mieux » que ce but *a posteriori* ait suffisamment de souplesse pour s'adapter à la satisfaction du plus grand nombre possible de désirs.

Comme l'indique le sous-titre du livre, l'accent est mis sur la *genèse d'une innovation* : son apparition comme *invention*, puis son devenir après la phase abstraite, soit par constitution d'un *objet technique* s'il s'agit d'un objet matériel, soit par celle d'un *objet culturel* qui est souvent immatériel ; le mot « phase » étant compris dans son sens temporel de période, suivie d'une évolution des formes, des structures par résolution successive de problèmes spécifiques : l'ensemble des faits et causes contribuant à son adaptation à lui-même par unification intérieure selon un principe de *résonance interne*[20].

Les embûches rencontrées, les échecs essuyés au cours de ces phases pour arriver à le faire fonctionner, puis pour tenter d'y intéresser des utilisateurs seront largement évoqués. Mais me limitant à mon expérience de chercheur je n'ai mentionné que dans les grandes lignes les processus d'industrialisation, de concrétisation d'objets techniques finis, auxquels je n'ai participé que sous la forme d'expériences probatoires, de calculs, cités en note, pratiquement jamais de dessins.

---

[20] SIMONDON G. : *op.cit.*, p. 23

Extension et limites des finalités

L'objet artificiel est apparu depuis qu'il y a des hommes et existera tant qu'il y aura des hommes. Il a été fait à l'origine de *matières* immédiatement disponibles dans la nature : éclat de pierre coupant, bois, terre, puis de la matière par laquelle on a désigné des âges de l'humanité : bronze, fer : pour servir d'ustensile, ou d'outil permettant de produire les objets autrement qu'à l'aide des seules mains, afin de leur donner la *forme* voulue pour rendre le service recherché.

La *technique*, née il y a fort longtemps, s'est développée dès après qu'un animal à pattes voyant, entendant, sentant, goûtant, touchant tout autour, peut-être moins bien que d'autres animaux, ait posé ses deux pattes de devant sur une branche d'arbre pour mieux voir, plus loin, regardé le ciel, appréhendé avec ces pattes des pierres qu'il a peut-être utilisées d'abord pour se défendre : finalité naturelle. Leroi-Gourhan a montré que le redressement debout est la cause dont l'effet a été l'agrandissement de la boîte crânienne en même temps que la main et la face autorisaient le geste et la parole[21]. Puis quand ses capacités de reconnaissance du monde se sont élargies, l'animal est devenu un être pensant, poussé un jour à casser avec cette pierre une autre, en tirant un éclat dont le bord tranchant l'a aidé à couper la chair de ses proies comestibles plus commodément qu'avec ses dents : première finalité humaine identifiée qui ait laissé une trace parvenue jusqu'à nous sans être dégradée : trace d'un Homo Faber ? Mais nous voyons que des animaux comme les chimpanzés semblent capables d'en faire autant, et l'être humain avait peut-être déjà fabriqué d'autres objets, détruits depuis : outils ou parures, à l'aide de peaux animales, de végétaux, semblables à ceux qui nous sont donnés à voir dans un musée d'arts primitifs ; des objets de désir, des objets sacrés.

Le philosophe Bergson, estimant aussi que Homo Faber s'est manifesté bien avant Homo Sapiens, en déduit que :

« l'intelligence envisagée dans ce qui paraît être la démarche originale, est la faculté de fabriquer des objets artificiels, en particulier des outils à faire des outils et d'en varier indéfiniment la fabrication[22] ».

L'instinct et l'intelligence peuvent être vus comme deux méthodes différentes d'agir sur la matière inerte. L'instinct, qui se fabrique et se répare lui-même, est parfait pour ce qu'il est appelé à faire, mais ne peut admettre

---

[21] LEROI-GOURHAN A. : *Le Geste et La Parole*, Albin Michel, 1964
[22] BERGSON H. : *L'Évolution créatrice*, PUF, 1969, p.140

aucune modification, sans modifier l'espèce. L'intelligence au contraire fabrique et utilise un instrument *inorganisé, indéterminé, imparfait*, difficile à employer, mais qui peut servir à n'importe quel usage, tirer l'être vivant de bien des difficultés nouvelles et lui conférer un nombre illimité de pouvoirs. Homo Faber n'a pas manqué d'utiliser cette faculté pour accumuler de l'expérience sur les gestes à accomplir pour fabriquer des objets artificiels destinés à ses fins. Mais avait-il une connaissance innée de choses, comme celles que connaît l'instinct animal ? Par ce qu'il lui restait d'instinct peut-être, mais pas par l'intelligence : « *elle n'apporte la connaissance innée d'aucun objet*[23] », mais de propriétés appliquées à l'objet, de *relations*, de ressemblance, de contenu à contenant, de cause à effet, etc. Si nous passons d'Homo Faber à Homo Sapiens, pour estimer les finalités du point de vue de la *connaissance* et non plus de l'action, « *son intelligence innée est la connaissance d'une forme, tandis que l'instinct implique celle d'une matière* » : de ce qu'il observe il tire des *hypothèses* ; la limitation de ses potentiels se porte sur l'*extension* de sa connaissance instinctive, restreinte à *un objet déterminé*, et sur la *compréhension* de la connaissance intellectuelle d'une forme sans matière, donc applicable à *tout objet*[24].

Les objets artificiels pour êtres humains ne sont pas les seuls à être finalisés par des buts : non seulement les êtres humains, mais tout être vivant fait l'effort de persévérer dans son être, expression créatrice de la nature naturante de Spinoza, dont l'objet produit est la nature naturée.

Distinguons l'*objet artificiel*, conçu et créé pour un but humain, dans ce contexte restreint, de tout objet ayant une *finalité non humaine*, et/ou pouvant avoir une autre destination, que nous qualifierons de *naturel* :

- un « étant » généré par les lois de la nature, éventuellement perçu et utilisé par l'homme : un rocher, un étang, une caverne ;
- tout objet naturel existant, visé par la tendance d'un être vivant *non humain* à survivre, à modifier son espèce par sélection naturelle : ce qui se mange, proie d'un être prédateur ; celui qui veut le manger, prédateur que l'être proie fuit ; ce qui abrite, protège, un nid ; mais les hommes aussi cherchent à manger, s'abriter, se protéger : ces objets de la nature non conçus ni créés par l'homme chasseur-cueilleur ne sont pas artificiels, si l'on met à part ceux qu'il va génétiquement modifier.

L'être humain conçoit et crée des objets qualifiés d'abstraits tant qu'ils n'ont été que pensés ; qui deviennent concrets quand ils ont été adaptés finement à leur environnement : ils tendent alors à ressembler aux objets

---

[23] *Ibid.* pp. 148-149
[24] *Ibid.* pp. 150-151

que la nature a créés sans les hommes, les uns et les autres en obéissant à ses lois ; mais nous éviterons de les qualifier de *naturels* pour ne pas les confondre avec le naturel sans but, opposé à l'artificiel.

Exemples d'apparition d'objets artificiels

La notion d'objet artificiel peut être étendue à toutes sortes d' « objets » matériels ou non, simples ou complexes, et sa production pour une fin humaine aura impliqué nécessairement l'usage d'une forme de *technique* comme moyen de réaliser cette fin : que ce soit un *moyen technique,* matériel comme un *outil,* ou immatériel comme une *technique d'emploi, un logiciel, un algorithme* appliqué à un modèle de l'objet ; ou bien une *fin technique* : l'objet artificiel lui-même, *objet technique,* élément, ou machine, ou *ensemble technique* d'éléments interagissants.

Citons quelques exemples significatifs de leur mode d'apparition.

- Une *écuelle* est un objet artificiel matériel très simple, un objet technique créé par l'homme, alors qu'il pouvait boire dans le creux de ses mains, objets de l'évolution de deux pattes quand il a acquis la station debout du bipède pour voir plus loin ; mains qui n'ont pas été créées pour boire, mais dont il a découvert après coup qu'elles répondaient à cette fin ; objet technique inventé pour boire, créé dans une matière retenant l'eau, à laquelle il a donné la forme d'une main pour qu'elle retienne cette eau...

- Il y a peu d'objets matériels chez les animaux dépourvus de mains, en dehors de constructions habitables pour se protéger. Certes la technique remonte dans la nuit des temps ; les singes, les corbeaux ont des techniques, qu'ils apprennent, objets répondant à un besoin animal de mieux-être, ou d'envie : on cite la macaque japonaise qui a eu « l'idée » astucieuse de laver des pommes de terre pour les rendre plus appétissantes, de jeter dans l'eau du blé mélangé à du sable pour les séparer par gravité, et qui a été aussitôt imitée par les autres qui l'ont vue [25] ; de même les oiseaux ont appris à communiquer par le son, en entendant les modulations du chant de leurs congénères, mais ils n'ont pas d'objets à proprement parler.

---

[25] MATURANA H. et VARELA F. : *L'arbre de la connaissance*, Addison-Wesley France, Paris, 1994, p. 194

Objet technique et objet culturel

L'objet technique commence par être défini par sa genèse, qui est son être en somme, et il en sera sans doute de même des objets culturels évoqués, toute entité susceptible d'être créée pour satisfaire un désir ou un simple besoin subissant une évolution analogue.

L'objet technique est vu différemment suivant son stade d'évolution. Il apparaît au premier abord comme *élément,* porteur de la technicité ; puis comme *machine* composée d'éléments ; puis comme population composée de machines. Dans une deuxième étape plus constructive : apparaissant en tant qu'*élément,* matériau, composant, ou bien outil, il a pour but de remplir une fonction et l'on croit qu'on peut toujours le perfectionner, améliorer les outils. *Individualisé* sous la forme d'une *machine*, l'objet prend la place de l'homme (de la ménagère, des esclaves) qui jouait son rôle comme porteur d'outil en attendant que la machine arrive et s'installe (au 19ème siècle). Si l'objet n'est pas une « population » mais un *ensemble technique* complexe d'éléments et de machines individualisées interagissants en nombre quelconque, qu'on appellera *système*, les composants fonctionnels sont astreints à des échanges adaptatifs avec les autres éléments, pour résoudre des problèmes de compatibilité : pas forcément un compromis entre fonctionnalités contraires, mais une « architecture heureuse[26] » si le nouvel élément conforte les fonctionnalités du précédent. L'*organisation* d'un *ensemble* tend à former des objets complexes régulateurs, stabilisateurs, des machines augmentant l'information, s'opposant à la dégradation de l'énergie, imitant la vie. Plus généralement *l'organisation d'un objet* quelconque est l'ensemble des relations qui doivent être réalisées pour que l'objet existe et remplisse sa fonction. À ce niveau, non seulement la technique ne s'oppose pas à la culture, mais bien au contraire elle y participe et peut même prétendre devenir fondement d'une culture.

L'objet culturel proprement dit fait son apparition sous de nombreux aspects du fait que la finalité de l'objet dépasse le domaine des inventions pratiques : prise à la lettre elle peut couvrir au delà des objets artificiels matériels beaucoup d'activités humaines exercées *en acte* qu'on peut considérer comme des objets « immatériels » *répondant à un but,* de nature culturelle, quand ils concernent une manière de penser pouvant conduire à une création : la science en acte, les arts appliqués, mais aussi la magie, les religions pratiquées, leur interprétation par des gourous de sectes ;

---

[26] TRIVOUSS A. : Bureau d'études de la SNECMA, 1950.

l'économie, la psychanalyse, la politique, la théorie du complot, le racisme (liste non limitative) sont autant de systèmes artificiels, pouvant conduire à concevoir et créer un objet artificiel, matériel ou non : objet qui fonctionne en général très bien, et qui peut répondre parfaitement à un but souhaité par une proportion notable d'êtres humains tout en étant rejeté par les autres comme sans signification, voire totalement déplaisant et destructif du monde où ils vivent.

Chacun des domaines énumérés définit sa *forme particulière de vérité* : celle qu'il a fallu connaître et maîtriser pour réaliser un objet qui fonctionne, mais surtout celle dont l'atteinte est la destination qu'il se fixe, qui fait sens dans ce domaine limité : il rejette alors un objet qui fonctionnerait mais ne répond pas à cette forme de vérité, qui est alors considéré par les destinataires comme un objet créé *sans signification*.

Au fait, qu'est-ce qu'un objet, une chose ?

Quelqu'un après avoir affirmé qu'il était un homme, a dit : — *Rien de ce qui est humain ne m'est étranger*. Mais qu'est-ce qui est humain dans un objet ? Pourquoi et comment l'homme crée-t-il des objets, beaucoup plus d'objets que l'animal ? Et d'abord qu'est-ce qu'un *objet* ? Etymologiquement et depuis une origine latine, un *Ob-jet* est une *chose jetée devant*, définie par ses *relations* avec tout ce qui l'entoure, qui participe à un *environnement* extérieur ; une chose qui a une fonction ou plutôt un *fonctionnement*, avec laquelle l'homme entretient un rapport d'extériorité ; fonctionnement d'un *processus* qui est l'effet nécessaire d'une cause efficiente : l'ensemble des lois de la nature. Telle est la réponse à la question « comment ».

On aura donc à définir comment l'objet *artificiel* doit être :
-en son *intérieur* pour fonctionner, en prenant en compte ses propriétés et limites et celles des êtres humains extérieurs auquel on le destine ;
-et vers son *extérieur* pour atteindre le but recherché et attendu par des usagers éventuels[27], tel que l'imagine le créateur.

L'objet ou système artificiel a aussi été décrit : par Herbert Simon, comme une *interface* entre un *environnement externe* et un *environnement interne*, adaptés l'un à l'autre pour que l'interface serve le but assigné[28] ; et selon Claude Bernard, limité par une *frontière* séparant un *milieu intérieur* d'un *milieu extérieur*, à travers lesquels s'opèrent des échanges.

---

[27] SIMON H. : *Les sciences de l'artificiel*, Gallimard, Essais 2004, pp 18 et 31.
[28] *Ibid.*, p.33

De son coté la question « pourquoi » devient : qu'est-ce qu'un objet finalisé, chose avec laquelle un homme devrait entretenir un rapport d'extériorité, effet attendu d'une cause finale recherchée? En termes ordinaires : *à quoi ça sert ? qu'ai je à faire de ce que ça fait ?*

La chose est *jetée devant* quelqu'un qui la « voit » ou non, et qui comprend, prend ensemble (dans ses mains) ce dont elle est constituée, au propre ou au figuré : quelqu'un qui est donc parvenu à se tenir en équilibre sur deux pattes, à former des mains préhensives au bout des deux autres pattes, et dont la vue a supplanté dès lors l'odorat éloigné du sol : ce qui explique l'absence de cette chose, l'objet, chez la plupart des animaux.

Ce quelqu'un pourrait être l'homme qui conçoit l'objet pour le créer. Mais l'objet conçu par l'homme pour être créé est-il une *chose* ? Pas sous la forme du *concept*, qui n'est pas une chose, mais une *classe*, groupe d'objets ayant des propriétés ou caractères ou relations en commun : un objet culturel immatériel dans notre vocabulaire.

Ce quelqu'un peut être celui pour qui l'objet est créé.

L'homme apparaît dans cette perspective comme un être-au-monde, un Su-jet : *subjectum* en latin, un être jeté dessous, sous-mis ; et en anglais, *understood* : placé au dessous ; traduit en français par com-pris.

On oppose d'habitude un sujet-qui-pense à l'objet chose-qui-est-placée devant, affecte les sens et dont l'existence est supposée indépendante de l'esprit, ce qui présente ici l'inconvénient d'introduire les catégories de sens et de pensée prématurément : comment trancher entre le *solipsiste*, qui refuse l'objet et un autre sujet que lui-même, qui tient la communication pour une illusion ; le *réaliste* pour lequel il n'y a pas de sujet, il n'y a que des objets physiques, et la communication est une interaction enrichie entre objets ; l'*idéaliste* (britannique) pour lequel la réalité est composée d'objet et de pensée « qui s'entre-appartiennent » ; le *philosophe* Heidegger et ses disciples, pour qui l'objet et le sujet sont inséparables comme manifestations de *l'être-là jeté au monde* dont les interprétations proviennent de son histoire, de sa tradition, de sa culture d'être vivant et social ; et le *philosophe* Simondon, selon lequel à l'origine dans un état *pré-individuel* il n'y a ni objet ni sujet, car il faut expliquer l'apparition d'un être-devenir à partir de la genèse d'un sujet pensant et objet pensé compris dans un même processus d'individuation qui les réalise comme *individus* ; quelle attitude adopter ? si ce n'est que pour aborder le thème des objets artificiels la position réaliste paraît la mieux appropriée.

Les philosophes cités l'ont abordé à leur manière à l'aide « de mots difficiles et de concepts abstraits », dont selon le logicien Peirce il sera utile « d'établir la signification [29] » en termes aussi scientifiques que possible, par leur analyse logique.

On n'échappe pas non plus facilement à la question :

Qu'est-ce qu'une *chose* ? Ce qui se montre, et aussi ce qui ne se montre pas : le vent, la mort, tout ce qui est quelque chose plutôt que rien.

Qu'est-ce qui *n'est pas* une chose ? « *L'homme, le chevreuil dans la clairière, le brin d'herbe*[30] » : l'être humain et l'être vivant, mais aussi ce qui n'est pas « *une chose tout court : la cruche et le lait dans la cruche, le marteau, la hache* ».

L'objet artificiel, technique ou culturel, n'est pas une « chose », affirme le philosophe ; la chose tout court, c'est une pierre (mais pas un biface !), un morceau de bois[31] (attention, il a été un morceau d'être vivant !).

Par opposition à l'objet artificiel, appelons *objet naturel* un étant obéissant aux lois de la nature mais ne répondant à aucun but : par exemple un bloc de granit.

Pour Heidegger, l'objet naturel, la chose tout court, est ce autour de quoi on rassemble les « qualités marquantes de la chose » : *ta symbebikota*, données d'avance avec elle ; c'est elle qu'Aristote a voulu appeler : *hypokeimenon*, ce qui est placé dessous (mais non jeté), le substrat immuable de la chose, la matière originelle, mais que les Romains ont interprétée, à partir du synonyme *hypostasis* : base, fondement, par *substantia*, et *symbebikos*, par *accidens* : la chose n'étant plus représentée par le rassemblement dans un fond d'un sujet avec des prédicats, un simple ensemble, mais par une relation d'ordre, structurée en « l'union de la substance avec ses accidents » : cette interprétation n'est pas traduction, elle n'est pas ce que dit la parole grecque, et selon le philosophe elle « prive désormais de tout fondement[32] » la pensée occidentale, suspendue dans le vide. Le concept de chose n'étant pas une chose mais une *classe*, du rationnel, ne saisit pas l'être de la chose : « *il l'insulte* [33] ».

Comment l'éviter ? En laissant les choses exprimer leur *choséité* sans aucun barrage, sans interposer aucun concept, propose Heidegger : la chose comme « une multiplicité de sensations » par tous nos organes des sens. Mais est-ce bien la vérité des choses ?

---

[29] TIERCELIN C. : *C.S. Peirce et le pragmatisme*, PUF 1993, pp.9-10
[30] HEIDEGGER M. : *Chemins qui ne mènent nulle part*, Gallimard, 1962, p.18
[31] HEIDEGGER M. : *op.cit.* p. 19
[32] HEIDEGGER M. : *op.cit.* p. 21
[33] HEIDEGGER M. : *op.cit.* p. 23

Nous sommes assaillis par toutes sortes de bruits, mais nous avons perçu dès l'abord la chose qui les produit : « *c'est le vent que nous entendons gronder dans la cheminée, la Mercédès que nous repérons immédiatement* » dit Heidegger ; la chose vent, chose tout court, et non pas un son de telle fréquence intensité et timbre, ni un bruit ; la chose Mercédès qui n'est pas chose tout court, mais qui aurait manifesté une choséité envahissante avant toute intervention d'un concept insultant.

Voire, mais cette choséité manifestée par du *bruit* devient *immédiatement* information, et par là début d'insulte, Mercédès-concept et non plus Mercédès-chose, dès qu'elle varie de rythme, de fréquence, de timbre, altération des transitoires, mais pas avant : dès lors, dit Simondon« *les variations d'allure sont significatives et peuvent tenir compte de ce qui se passe en dehors de la machine*[34] » dans son environnement.

Finalement l'interprétation primitive de la chose comme support de qualités marquantes, ou comme substance ayant des accidents, tient la chose à trop grande distance, et celle par une multiplicité de sensations la serre de trop près. Il faut reconnaître que dans tous les cas on a laissé échapper la matière de la chose. D'où une troisième interprétation, qui remonte au moins à Aristote : l'être d'une chose consiste en « la rencontre d'une matière avec une forme » : la chose est une *matière informée*. Le marteau, la hache, la cruche et le lait dans la cruche sont des matières informées, des objets artificiels par leur fin, et non des choses tout court.

Il ne semble pas en être ainsi du bloc de granit, assemblage désordonné de silicates qui se présentent sous la forme de cristaux : quartz, mica, feldspath, réputés non vivants. Et pourtant les cristaux naissent, grandissent, bougent, ils ressemblent par là aux vivants. Ce sont des systèmes auto-organisés, mais pas très dynamiques, ils finissent par se déstabiliser, il est vrai au bout d'un temps très long, comparable à celui de la formation du système solaire : des milliards d'années.

Les diamants ne sont pas éternels : extraits de couches profondes à haute température et pression, vers un environnement à température et pression normales, ils sont de structure *métastable* : leur composition atomique donne une impression de stabilité, mais finit par se transformer, très très lentement, en celle du graphite.

Il n'est donc pas certain qu'il existe d'autre chose tout court que celle sentie, quasi-instantanément révélée par la perception de sa présence, à la

---

[34] SIMONDON G. : *op.cit.*, p.192.

vitesse du son ou de la lumière, ou par une odeur : mais alors instantanément convertie par la pensée en un concept parmi d'autres.

« Ils sont fous ces romains ! »

Il peut arriver qu'un objet naturel semble imiter un objet artificiel par une dépendance apparente vis-à-vis de son environnement. Ainsi un élève ingénieur des mines cherche à déterrer dans une plate bande du jardin du Luxembourg voisin une pierre dont il escompte qu'elle ne provient pas du monde civilisé, mais d'un morceau d'objet présumé naturel ; puis à des époques significatives en histoire comme en août 1944, en mai 1968, il en trouve même devant la porte de l'École : il la soulève dans le creux de sa main pour la soupeser, puis la scruter, la gratter, la renifler, la goûter, la cogner contre une autre pour écouter le son etc. : les accidents de la substance, qu'il lui attribue ou non une existence, en la nommant pour l'identifier. Mais la pierre, par elle-même, sans intervention extérieure, ne *fait* rien, ne contient ni n'indique aucune information, il ne lui arrive rien, ou presque : le professeur de géologie Louis Neltner nous contait qu'un jour, il avait entrepris une balade géologique dans l'Atlas non loin de Marrakech, suivi d'un bédouin juché sur un âne bâté de deux couffins, dont il avait loué les services. Quand il eût terminé sa collecte précieuse de cailloux entassés dans les couffins, il demanda à son compagnon de le rejoindre à la porte de la ville vers laquelle il repartit en bicyclette, mais ne connaissant pas l'arabe il ne put lui expliquer la nature de la cargaison. Dans le but humain de ne pas charger la bête d'un fardeau jugé inutile, le bédouin jeta sur le bord de la route tous les cailloux, et rendu à l'entrée de la ville, remplit à nouveau les couffins de pierres ramassées sur cet autre bord de route. On peut lui prêter des pensées semblables à celles d'Obélix :
— *Ils sont maboul ces Roumis* ! Quelle idée d'aller chercher des pierres au loin à la montagne, alors qu'il y en a partout...

Ainsi notre définition première de l'objet artificiel est à la fois trop restrictive si elle ignore la finalité de certains cailloux pour certains humains, et trop générale si cet objet pouvait être un être vivant, conçu et créé dans un but humain : il pourrait même être alors un humain qui conçoit et crée un humain, par exemple mais pas forcément en s'accouplant avec un humain d'un sexe différent ; un humain qui lui-même a été créé ainsi, dès lors qu'un être vivant, voire un être humain, est désormais identifié comme un exemple de système dynamique auto-organisé parmi d'autres, ayant réussi à acquérir le langage, qui lui permet d'exprimer ses pensées, qu'il présente comme attributs de sa substance : objet naturel, assurément, mais que dire des expériences chimiques faisant émerger du nouveau, des modèles informatiques de réseaux booléens dont l'étude a permis d'avancer cette identification? Ce genre de système dynamique auto-organisé n'est-il pas aussi un objet artificiel culturel, immatériel si on ignore le *hardware*?.

En attendant, la raison prolongée par des mathématiques élaborées, et le monde des sens prolongés par des instruments précis et coûteux, se conjuguent pour conférer aux objets matériels un air de nécessité sous un certain angle : ils sont composés de molécules formées d'atomes, ensembles d'électrons et de quarks évoluant dans un champ de bosons, en avant-dernière analyse (il ne faut décourager personne).

Il en est ainsi de l'être vivant, qui existe en changeant, en se créant continuellement : il est ce qu'il fait[35] ; il en est peut-être de même de l'objet naturel non-vivant, qui donne l'impression de ne pas changer, mais qui ne fait peut-être que changer beaucoup plus lentement que les végétaux ; mais, semble-t-il, pas de l'objet artificiel, qui à l'inverse après avoir changé finit à la longue par ne pas pouvoir être autre qu'il n'est[36] et reste ce qu'il est, ou ne change que par apport extérieur[37] : du moins à notre échelle.

S'il est comme la plupart des êtres vivants d'un seul morceau, *simplement connexe* ou non suivant la description des trous qui le traversent, ce n'est qu'un changement de forme ou un déplacement : les éléments ne changent pas, tant qu'on ne descend pas jusqu'aux atomes.

Si l'objet est déformable, et subit une déformation permanente, il change sans retour. L'objet vieillit. Il peut perdre aussi de la matière, par usure, ou en gagner, par exemple si on le peint ou si on le garnit d'ornements : il a une histoire, de création de forme.

La matière montre une tendance à constituer des choses isolables ayant une forme, une limite qui confère à l'objet isolé une *individualité* et dessine :

« le plan de nos actions éventuelles qui est renvoyé à nos yeux comme par un miroir... supprimez cette action, et les grandes routes qu'elle se fraye d'avance, par la perception, dans l'enchevêtrement du réel, l'individualité du corps se résorbe dans l'universelle interaction qui est sans doute la réalité même[38] ».

L'individualité comporte une infinité de degrés, et il est impossible d'en donner une définition précise, car l'*individualisation* est un *processus*, l'évolution d'un état en voie d'une réalisation qui n'est jamais réalisée

---

[35] BERGSON H. : *L'Évolution créatrice*, PUF, 1969, p.7
[36] SIMONDON G. : *op.cit.* p. 23
[37] BERGSON H. : *op.cit.* p.8
[38] BERGSON H. : *op.cit.* p.11

parfaitement : si elle l'était, « aucune partie détachée de l'organisme ne pourrait vivre séparément » ;   dans ce cas, « la reproduction serait impossible, puisque c'est la constitution d'un organisme nouveau » par un fragment de deux individus existants.

Or l'*individu* éprouve « le besoin de se perpétuer dans le temps, il le condamne à ne jamais être complet dans l'espace[39] ». Comment un être vivant se distingue-t-il d'un objet ? L'être vivant « *a été clos et isolé par la nature elle-même. Il se compose de parties hétérogènes qui se complètent les unes les autres : c'est un individu[40]* ».

Tenons-nous donc jusqu'à nouvel ordre à une définition opérationnelle, couvrant les objets artificiels en nombre limité qui feront l'objet de notre description, qui seront pour la plupart des objets matériels, pouvant présenter quelques propriétés de systèmes autorégulés, mais aussi quelques systèmes qui comprennent des êtres humains fonctionnant d'une manière spécifique, et même un système où ce *fonctionnement* consiste à survivre dans un environnement[41].

Ces objets, ces choses sont représentables sur une surface plane, une feuille de papier, par des *images*, qui ont un *contour apparent*, que je dessine avec maladresse, mais qui peuvent éviter des embrouilles si elles distinguent nettement la représentation d'un intérieur de celle d'un extérieur, une forme d'un fond, dans un espace à deux dimensions sur les trois de la feuille de papier dont deux caractéristiques importantes sont définies par des relations : la longueur d'une feuille de ce livre, dont la *forme* est celle d'un parallélépipède rectangle pliable, est égale au produit de sa largeur par un *nombre d'or* ; le rapport de sa longueur à l'épaisseur du papier, un peu plus de 5000, caractérise sa *matière*.

Cela ne suffit pas toujours : si je dessine un mouton, le dessin est une image, mais pas le mouton, c'est une image de mouton, qui représente une idée du mouton, lequel est un être vivant, pas une idée, ni une image. L'objet matériel lui-même, auquel mon appareil visuel composé de deux yeux arrive à conférer trois dimensions perçues a un *bord*, une *frontière*, qui le sépare de ce qui n'est pas lui dans l'espace tridimensionnel, environnement qui constitue son *extérieur*.

Les objets culturels, les idées, qui sont en général des objets immatériels, ont-ils un bord, un contour apparent ? Oui, ils sont bordés par une définition des idées. On les exprime par le langage, en les nommant, en les classant par des prédicats : moyen surabondant, redondant. On n'a pas

---

[39] BERGSON H. : *op.cit.* p.13
[40] BERGSON H. : *op.cit.* p.12
[41] SIMON H. : *op.cit.* p.35

vraiment besoin de tout le langage pour exprimer des sentiments en vue d'une communication, d'un échange d'information pour l'action. Huxley a remarqué qu'une vingtaine d'interjections suffisent, remplacée dans Internet et les réseaux sociaux par des *smileys* (émoticônes jaunes) plus nombreux, qui représentent la grande variété des émotions par le contenu d'une boîte cranienne stylisée.

L'écriture permet d'exprimer toutes les idées du monde exprimables par le langage sur la feuille de papier, à partir d'une vingtaine de figures de lettres aux contours nets se détachant sur un fond, ou mieux par 255 caractères ASCII codés sur le clavier d'un ordinateur par un code binaire à 8 bits commandant le dessin de ces figures sur son écran ou sur le papier alimentant son imprimante. Dans les bandes dessinées on les inscrit à l'intérieur du contour d'une bulle, d'un phylactère qui sort de la bouche d'une image de personnage. Mais la matière dont les rêves sont faits est entourée de sommeil, bord à contour peu consistant : la pénombre, le clair-obscur, ou sujet à discussion comme le *limes* romain, le bord de l'espace Schoengen...

Si l'objet matériel tridimensionnel a un volume, sa forme délimite un milieu intérieur limité par un bord qui est une surface, séparant ce milieu du milieu extérieur environnant. Le bord est une frontière, qui marque une discontinuité de la matière, si celle du milieu intérieur diffère de celle du milieu extérieur. Le bord lui-même n'a pas de frontière, n'a pas de bord. La surface d'une sphère n'a pas de bord, celle de la Terre est floue. La surface des mers perçue comme objet bidimensionnel est séparée de la surface des terres, autre objet extérieur au premier, par un bord mathématique linéaire sur la carte qui n'est ni la mer ni la terre, mais sur le territoire par un bord physico-biologique, voire socio-psychologique et climatologique suivant les éléments qu'on y distingue : la *côte*, objet complexe en perpétuelle évolution et de dimension *fractale,* nécessitant qu'on précise que les fleuves et ce qu'ils contiennent se rattachent à la surface terrestre, ainsi que l'un des côtés des vagues séparés par la crête, et quel est le statut des passagers clandestins ou non: requins, mouettes, surfeurs, celui de l'atmosphère qui les surplombe dont le partage impossible entre les deux surfaces oblige à la considérer comme un troisième milieu. La mer des Sargasses n'a pas de côtes: c'est un morceau de mer bordé par des courants marins de tous cotés, rempli de varechs et d'anguilles: un objet naturel. Un morceau de la Terre limité par un contour est une sorte d'objet, historique ou géographique: la Mer Méditerranée a été le «berceau» de nombreuses civilisations ; la Chine également. L'une et l'autre ont les contours d'un berceau. En Chine, les civilisations dormaient à l'intérieur, protégées par une muraille. Celles de la Méditerranée se sont développées le long du pourtour, sur la Terre extérieure.

La notion d'intérieur, d'extérieur de l'objet est relative : c'est une *vue de l'esprit* rationnel, comme l'ont bien compris Pierre Dac et Francis Blanche, créateurs en 1956 du feuilleton *Signé Furax*, publié en bande dessinée dans France-Soir. Dans un des épisodes, le héros kidnappé, les yeux bandés, est déposé nuitamment à la Place de la Concorde sur le bord du terre-plein central portant l'obélisque de Louqsor, situé au milieu d'un jardinet entouré d'un grillage de forme carrée. Il avance vers le bord du grillage à l'extérieur, et y posant les mains le suit à l'aveugle à la recherche d'une «sortie». En tournant et percevant avec ses mains, ses deux bras, quatre angles droits successifs, il comprend par une délibération de son esprit sur l'espace euclidien qu'il est revenu à son point de départ sans trouver de passage :

— « *Les saligauds, ils m'ont enfermé !* » s'exclame-t-il sous son bandeau. Il est enfermé dans l'extérieur, dans le monde pensé par Parménide[42], qu'il croit intérieur, mais qui est l'environnement, dont on ne sort pas.

Le bord de l'objet, élément ou individu, comme le contour de son image, est ce qui manifeste sa forme, qui fait émerger une figure du fond. Mais l'objet matériel technique se distingue de l'être vivant par sa relation avec ses éléments : l'objet technique est construit à partir d'éléments séparés construits au préalable pour remplir une fonction, qu'on assemble pour former un individu ; l'être vivant diversifie sa forme externe, son bord, pour y construire par continuité spatiale et temporelle les *organes*, distingués comme composants à un premier niveau.

Aristote s'est demandé si un composant d'animal, une aile ou une patte de poulet, pouvait être considéré comme un être, un « *ousia* », et a décidé que non : pour lui l'être c'est l'individu, un morceau d'être n'est pas un être, l'être oiseau ne s'étale pas en sous-être. La patte, l'aile a une fonction, processus qui a imposé une forme, une structure adaptée, l'organe est par là semblable à l'élément technique. Aristote le distingue des parties intermédiaires : les tissus, chairs, muscles ; les fluides, sang, lymphe, bile, flegme qu'il met du coté de la matière constituant l'individu. Ce sont les parties *homéomères*, semblables entre elles et au tout individu, comme dans un hologramme ; opposées aux organes *anhoméomères*, parties différentes entre elles et du tout[43] : ils sont fous, ces Grecs !

Un objet technique peut faire apparaître des anhéomères dans sa forme sans assembler des éléments, si on ne considère pas comme assemblage

---

[42] KADOSCH M. : *Avatars de la vérité*, CreateSpace, 2015, p.73.
[43] ARISTOTE : *Météorologiques*.

l'addition à un objet de son bord : si on le peint, on l'assemble à de la peinture, et on crée un nouveau bord ; mais un dé se présente sans assemblage d'une seule pièce comme un volume cubique, dont le bord contient six *faces* carrées, douze *arêtes* segments de droite et huit *coins*, anhoméomères[44] quoi qu'on fasse. La forme d'un objet n'est pas une chose mais un concept, dont le tout est homéomère, et les parties anhoméomères si on les découpe.

Individuation par *feedback* dans un milieu associé

L'objet artificiel « interface entre un intérieur et un extérieur » prête à discussion *au plan physique*, s'il s'agit d'un *objet matériel technique* : il a besoin pour fonctionner d'éléments qui pourraient être considérés comme se situant à l'extérieur de lui-même, et pas seulement à l'intérieur.
Considérant un *objet technique individuel*, Simondon a appelé *milieu associé*[45] un milieu que l'objet a créé autour de lui et qui le conditionne comme il est conditionné par lui pour *l'individuer,* en faire un *individu,* qui conditionne son présent par son avenir : ce qui a lieu si sa liaison au monde naturel met en jeu une *causalité circulaire,* réaction corrective *a posteriori* d'un effet sur sa propre cause qu'on appelle *feedback,* qui permet son fonctionnement autonome. Ce milieu est une partie de l'environnement de l'objet, celle qui en fait un individu en contenant tout ce qui interagit avec lui.
Prenons l'exemple de la voiture automobile usuelle, urbaine et interurbaine, et non pas tout-terrain : c'est un objet artificiel, imaginé, conçu, créé et fabriqué sous des formes successives répondant de plus en plus près au but humain initial de transporter quelques personnes humaines sur une distance pouvant atteindre quelques centaines de kilomètres, en se déplaçant de préférence sur un support adapté à un usage collectif, apprêté pour que des roues y roulent sans glissement, et en grimpant des pentes d'un pourcentage limité par la puissance du moteur. Ce support, à l'évidence extérieur à l'automobile, est un autre *objet technique*, situé dans un milieu complémentaire de l'automobile conçu pour que, son moteur fonctionnant, ses roues y roulent.
La définition d'un *individu* autonome conçu pour fonctionner dans un *milieu associé* peut être applicable d'abord aux automobiles créées par les pionniers qui ont inventé les premières réalisations de cet appareil destiné à remplacer une voiture conduite par un cocher, tirée par des chevaux,

---

[44] THOM R. : *Prédire n'est pas expliquer*, Champs Flammarion, 1991, p. 117.
[45] SIMONDON G. : *op.cit.* p. 70

entretenus par des palefreniers, et qui ont commencé par la faire fonctionner sur les chemins existants, où ils n'ont pas été bien reçus : s'ils voyaient approcher des chevaux, ils devaient arrêter le moteur et couvrir la voiture d'une couverture de camouflage peinte aux couleurs de l'environnement pour ne pas les effrayer : *milieu associé très primitif*.

On a cru que cette voiture au démarrage difficile dont le fonctionnement nécessitait un entretien mécanique serait conduite par un mécanicien, qu'on appela *chauffeur* parce qu'il devait chauffer le moteur après l'avoir mis en route à l'aide d'une manivelle.

Le métier de chauffeur mécanicien était destiné à remplacer ceux de cocher et de palefrenier. C'est ce qui s'est vraiment produit en U.R.S.S. à la suite de la révolution communiste qui a eu lieu au moment où ce moyen de transport s'est suffisamment concrétisé pour remplacer le cheval, et a été longtemps réservé à la *nomenklatura* du régime ! tandis que dans les pays capitalistes développés Henri Ford construisait une voiture que tout le monde pouvait acheter et conduire.

Par la suite, beaucoup de monde désirant désormais acheter et conduire une voiture lui-même, un conducteur débutant apprenant à conduire dans des chemins écartés, ou dans une auto-école, a été et reste toujours le système de contrôle de cet apprentissage pour exercer une conduite autonome en toute sécurité de ce type de machine: un objet de désir nouveau, qu'un grand nombre d'objets artificiels proposent au public de satisfaire.

Cette définition est aussitôt extensible à *l'objet technique collectif* ou *social* constitué par la population des automobiles en circulation, conduites par des conducteurs munis d'un permis, considérée comme un *super-individu* auto-régulé : le *milieu associé* est la voirie adaptée, qui contient des sources d'information permanente du conducteur nécessaires pour qu'il respecte un code de la route dont il a acquis la connaissance et l'apprentissage, autorisant l'utilisation de ce support par l'ensemble des voitures automobiles en mouvement, en résolvant les incompatibilités créées par une utilisation collective des voies ; il contient aussi des agents qui règlent la circulation mais ce ne sont pas des « objets » techniques.

Dans l'évolution prévue dans un avenir proche de l'automobile vers la conduite autonome d'une voiture électrique, on a tendance à placer tellement de fonctions dans cette *route intelligente future, voie active,* pour des raisons de sécurité, qu'elle finira par être le véritable objet artificiel : moteur de véhicules passifs sans conducteur, réduits à des habitacles sur roues où les passagers se contentent de prendre place comme acteurs externes : le système de régulation de la circulation de ces véhicules jouera le rôle de milieu associé à l'individu : *route active*.

Mais revenons à l'automobile actuelle, objet technique individuel ayant encore besoin d'autres éléments extérieurs pour que son moteur encore thermique fonctionne tout court, même si elle peut en transporter avec elle pour s'assurer une certaine autonomie : il lui faut des sources de carburant réparties dans le milieu pour réalimenter son réservoir transporté quand il est vide ! une source de comburant, tant pour le moteur de l'automobile que pour ses passagers vivants : le dioxygène de l'air ambiant, qu'il n'est pas besoin d'emporter avec soi sur cette terre, où il est partout disponible (en moins grande quantité en altitude) mais qui se trouve physiquement situé à l'extérieur ; enfin le moteur produit lui-même l'électricité dont il a besoin pour l'allumage, excepté au démarrage où il ne peut commencer à fonctionner s'il vient à manquer de l'aide prévue d'un démarreur électrique quand la batterie est déchargée, ou de celle de la manivelle des anciens moteurs, qui n'est plus disponible depuis longtemps ; il faut alors des humains bénévoles qui poussent fort l'automobile, pour que son moteur démarre ; ou du vent pour une « traction à vent » s'il souffle du bon coté, quand on dresse comme une voile le toit ouvrant en toile d'une *2 CV Citroën*.

L'automobile est prise ici comme exemple d'un *moyen de transport*, objet artificiel dont il sera beaucoup question dans ce livre. Un moyen de transport sert à transporter une charge d'un endroit à un autre.

Un *objet artificiel de transport* ou de *manutention* répond à une finalité qui est une partie des finalités plus larges de l'activité de *logistique*, qui gère tous les flux et stocks physiques correspondant aux besoins d'une population. Cet objet se présente comme un ensemble de parties mobiles et de parties fixes nécessaires au fonctionnement du transport, fournissant l'énergie productrice du mouvement, et l'information commandant la réponse à ses variations : chargement, accélération, décélération, déchargement, réponse aux différences se manifestant sur le chemin.

La distinction entre un *individu* et un *milieu associé* produisant et contrôlant ces mouvements sera empreinte d'arbitraire dans la mesure où elle voudra tenir compte de la nouveauté des moyens proposés pour commander le mouvement, qui varient selon l'époque. La définition retenue ici appelant *individu* l'ensemble des parties *mobiles* qui réalisent la fonction de transport, et *milieu associé* l'ensemble des parties *fixes,* est discutable : l'énergie et l'information nécessaires pour commander les différentes phases du mouvement sont situées dans l'une ou l'autre partie, et agissent sur les deux ; cette présentation datée l'adopte faute de mieux.

Mais cette définition a surtout l'inconvénient d'opposer deux sujets qui interviennent *sans avoir communiqué* avant que l'objet soit créé : le *concepteur* crée l'objet dont il a imaginé dans sa tête qu'il va être reconnu par le *destinataire* pour qui il l'a créé comme satisfaisant à un besoin ou à un désir que ce dernier devrait éprouver, éprouve déjà peut-être. La situation est encore plus délicate si le concepteur est un promoteur qui n'a ni l'intention ni les moyens d'effectuer lui-même ce programme, mais veut convaincre un tiers qui possède ces moyens de l'entreprendre : son travail consiste alors à « *amener une idée au point où la preuve de son intérêt industriel est faite*[46] », pour être poursuivie par d'autres, peut-être ; cette preuve consiste à démontrer que l'objet fonctionne, et à suggérer qu'il répond à une demande potentielle : la définition d'un intérieur et d'un extérieur de l'objet ne communiquant pas, ou peu, en découle.

En réalité le concepteur a intérêt à *communiquer* pour recueillir à l'extérieur comme à l'intérieur autant d'information que possible sur l'objet à créer : sur les problèmes qu'il faudra résoudre pour le faire fonctionner, sur sa capacité propre de les résoudre par lui-même ou avec une aide extérieure, sur l'existence d'une demande effective de l'objet, sur la possibilité d'en former une ; il sait déjà tout cela parce que d'une manière ou d'une autre il a bien fallu qu'il envoie des messages au monde extérieur et qu'il en reçoive pour échanger des informations nécessaires à son action.

On ne peut pas ne pas communiquer[47]

Reprenons la définition de l'objet artificiel en gestation, matériel ou immatériel, comme une *interface* limitée par une frontière entre un *environnement interne et un environnement externe communicants*. Un objet et son environnement sont *interdépendants*. Leur interaction, qui n'est autre qu'une *communication*, s'effectue par *échange d'information,* en plus ou à la place d'éventuelles *transformations d'énergie* satisfaisant aux lois physico-chimiques de la conservation d'énergie.

Des interactions se produisant entre ces environnements à travers une frontière réelle ou fictive figurent l'adaptation de l'objet au but recherché, en résolvant les difficultés rencontrées par le créateur si son imagination l'a

---

[46] J. BERTIN, ch. VIII p. 215
[47] WATZLAWICK P., BEAVIN H., JACKSON D. : *Une logique de la communication*, Seuil, 1967, p. 48.

guidé dans une direction erronée : soit parce que l'objet ne fonctionne pas en raison d'une inadaptation des propriétés de son environnement interne ; soit parce que l'objet fonctionne mais que le but imaginé se révèle inadapté à son emploi par l'environnement externe, ou rejeté par celui-ci. Le créateur doit parvenir, en s'informant et en travaillant, à prendre conscience de la nature exacte des difficultés tant intérieures de fonctionnement qu'extérieures d'adaptation à son utilisation et à les résoudre, ou les contourner par des modifications appropriées ; et c'est une histoire de telles créations, des embûches rencontrées, des solutions retenues que le livre se propose de rapporter.

L'ensemble d'un environnement interne et d'un environnement externe communicants, constitue *l'environnement* de l'objet artificiel dans lequel il est engendré, où il évolue d'une manière présentant une certaine ressemblance formelle avec le développement d'un être vivant, système qui arrive à créer ses organes dans un environnement régi par les lois de la nature ; où il finit par se trouver à l'aise comme à son domicile, mais en partant de la conception d'une forme théorique abstraite vers la réalisation de la forme pratique concrète sous laquelle il peut exister, évoluer dans son environnement approprié, comprenant d'éventuels utilisateurs.

Cet environnement, *associé* [48] à l'objet pour définir le lieu de son fonctionnement, est à la fois l'endroit et la condition d'existence d'un objet artificiel, qu'il soit matériel, technique, ou un système de relations entre éléments pour la plupart immatérielles : un tel endroit ayant la capacité de se conditionner lui-même, et donc celle de produire des objets se conditionnant eux-mêmes, est un *fond* sur lequel se détache la *forme* de cet objet et qui porte cette forme, la fait exister par les potentiels qu'il recèle et que la forme actualise[49] : le fond est un réservoir d'énergie capable d'activer des formes passives en les amenant à l'actualité par référence au fond ; il est le siège d'échanges d'énergie informée.

L'objet artificiel conçu et créé, *inventé* pour atteindre un but et individualisé, existe alors comme la cause de son milieu associé, inventé avec lui, subordonné à lui, et condition de son existence, comme les sujets impliqués. Cet objet inventé et son environnement associé « s'entre-appartiennent », comme « la pensée et l'être » d'après Heidegger[50], comme « le yin et le yang » des orientaux. Il dépend sans arrêt de la communication : la fin satisfaite par un objet artificiel est ce qu'il est capable de faire en

---

[48] SIMONDON G. : *op. cit.* p. 70
[49] SIMONDON G. : *op. cit.* p. 72
[50] CASSIN B. : *Parménide, Sur la nature ou sur l'étant*, Seuil, Points, 1998 p.292.

fonctionnant, quand le créateur aura recueilli des informations sur le monde ; inventé un fonctionnement susceptible de satisfaire à une cause finale projetée ; créé une machine ; recueilli des messages apportés par la machine sur le milieu intérieur associé et sur le milieu extérieur ; observé le résultat de l'action de la machine, *effet nécessaire d'une cause efficiente* (les lois de la nature), et l'écart le séparant du fonctionnement qu'il attendait, ainsi que l'écart entre ce résultat et le fonctionnement que le milieu extérieur attendait, *effet contingent d'une cause finale* ; opéré l'*action en retour* appelée *feedback* pour corriger cet écart : information postérieure à l'action initiale venant s'ajouter à l'information antérieure.

Qu'y a-t-il dans l'environnement ?

À ce stade des définitions, *l'être* d'un objet artificiel, individu ou non, n'a encore été défini que par la possibilité de sa genèse : il ne saurait exister que s'il a été au moins rêvé, imaginé, puis inventé, conçu, et peut-être créé, par un être humain, isolé comme Robinson, ou faisant partie d'un groupe qui a réussi à survivre, en particulier en communiquant : l'objet artificiel ne peut exister que dans cet environnement humain.

Le bon évêque Berkeley refuse d'y inclure les forêts d'eucalyptus d'Australie : « *Esse est percipi* ». Le bruit qu'y produit la chute d'un arbre déraciné par le vent n'existe pas pour lui puisqu'il ne l'entend pas : le milieu associé à tout objet de son environnement ici ne contient pas ce bruit. Mais le météorologue Lorenz dit que si l'on n'en tient pas compte, il sera impossible de dire le temps qu'il fera ici dans plus de quinze jours. Pour être humainement complet, l'environnement externe de tout objet devrait contenir au moins la biosphère.

Au surplus, il n'est pas impossible de voir prendre forme un jour un nouvel objet-individu : l'ordinateur quantique ! Une action réductrice est susceptible d'être exercée sur cet appareil au moins en partie par le rayonnement de l'univers primitif révélé par les mesures du fond diffus cosmologique par le satellite COBE.

La distinction usuelle entre l'environnement interne et l'environnement externe d'un objet-individu sans autre précision sur les limites de ce dernier laisserait entendre que cet environnement pourrait comprendre la totalité de l'univers extérieure à l'objet, au moins la totalité de la biosphère terrestre : tout ce dont nous connaissons ou soupçonnons l'existence, plus ce que nous ne sommes pas encore arrivés à expliquer raisonnablement, et ce sur quoi nous ne pourrons jamais exercer aucune action.

Nous trouverions avantage à la remplacer dans toute action pratique par une division *tripartite* de l'environnement pour un *individu* :
   entre un *milieu intérieur* à l'individu;
   un *milieu extérieur* assimilable au *milieu associé* avec lequel l'individu interagit et communique et qui contient les êtres humains concernés ;
   et le *reste*, dont on admettra qu'il existe mais dont on peut sinon négliger, du moins oublier à notre horizon l'influence sur l'objet étudié.

Modèle de la boîte noire

Le cas d'un milieu intérieur et d'un milieu extérieur *non communicants ou très peu* mérite aussi une attention particulière.

Il sera souvent question dans la suite d'Objet, matériel ou non, de système *qu'on n'ouvre pas, dont on ne connaît pas l'intérieur*, auquel on ne peut accéder, ou en partie seulement.

On appelle *boîte noire* un tel modèle, à communications réduites. On ne peut s'informer sur son intérieur qu'en lui appliquant de l'extérieur une *entrée :* un *stimulus* agissant sur l'intérieur, auquel le système réagit par une *sortie,* réponse au stimulus agissant sur l'extérieur et lui fournissant ainsi une *information.*

Le système *marche* ou *ne marche pas* suivant qu'il a fourni ou non une réponse attendue, sans qu'on sache pourquoi ni comment, sinon en émettant une hypothèse sur le comportement de l'objet, avant ou après, et en observant si elle est en accord ou non avec la réponse au stimulus observée.

Si l'hypothèse a été émise après l'expérience, cette opération qui ne part pas d'une hypothèse mais y aboutit, est une forme du raisonnement qu'on appelle : *abduction* [51].

Le modèle de la boîte noire intervient dans des questions de *vérité,* soulevées par les différentes manières d'interpréter cet accord.

Deux formes de cette vérité, plus complémentaires que contradictoires, méritent une attention particulière :
   - la *vérité dévoilement* jaillissant d'un contenu qui s'est abrité et dissimulé dans une boîte noire, et qu'on éclaire ;
   - la *vérité adéquation* de la réalité sensible à une forme intelligible, cherchant une concordance entre le monde des sens, qui observent à la sortie un phénomène produit à l'entrée, et une hypothèse explicative suggérée par analogie avec un modèle rationnel.

---

[51] cf. ch. III p.81

LE MONDE FAIT PAR L'HOMME

L'intervention téléologique d'un facteur humain incite à faire appel à des concepts susceptibles de décrire des phénomènes sociaux quand l'occasion s'en présente.

Structure spatiale du thème

L'objet ou système artificiel en gestation a été décrit, à l'aide de notions dues à Claude Bernard comme un organisme limité par une frontière entre un milieu intérieur et un milieu extérieur *communicants*.

Dans ce cadre, le système artificiel créé ou à créer est souvent composé par *assemblage,* sur un ou plusieurs *niveaux* empilés, de plusieurs sous-systèmes interagissant plus ou moins, dont la *spécialisation* mesure l'indépendance ; la structure de l'Objet est spatiale.

Une *arborescence* suffit dans bien des cas à décrire le milieu intérieur de l'Objet et le représente comme un montage gigogne dont la matérialisation familière est l'*emboîtement* successif de *matriochkas*, de poupées russes.

Le Sujet le défait du *dehors* vers le *dedans* de l'Objet, du système, en ouvrant l'une après l'autre les poupées pour comprendre ou expliquer *comment ça marche ;* ou pour comprendre *pourquoi ça ne marche pas* et chercher une solution vers l'intérieur de l'Objet ; *expliquer* est *déplier* au sens étymologique, dans les langues latines, on déplie pour voir ; mais le mot allemand correspondant *erklaeren* signifie *éclairer* ce même intérieur : on y voit ce qui était dissimulé, sans le déplier, ce qui porterait atteinte à son être, tel que le conçoit le philosophe, ou tout simplement risquerait de détruire le fonctionnement, voire l'Objet.

Le Sujet referme en sens inverse les emboîtements de l'Objet en direction du milieu extérieur pour l'usage d'un Destinataire qui est censé ne pas se poser ces questions, mais demander *à quoi ça sert : si ça lui sert,* en tant que Destinataire intéressé par l'usage mais pas curieux, il ne se soucie pas d'ouvrir les boîtes tant que l'Objet *marche,* qu'il obtient la réponse attendue ; il ne s'interroge que lorsque le système tombe en panne. S'il n'obtient pas la réponse attendue, il n'adopte pas le système, rappelle quel est le vrai objet de son désir, ou déclare qu'il ne désire rien : son intérêt est ailleurs.

Homéostasie

On appelle ainsi un processus qui maintient stable l'équilibre des sous-systèmes intérieurs malgré une action déstabilisatrice des variations du milieu extérieur. Les systèmes finalisés à structure arborescente, rencontrés souvent aussi bien chez les objets artificiels que chez les objets naturels, sont composés de plusieurs étages de sous-systèmes à comportements presque indépendants les uns des autres *à court terme,* ou s'ils sont sujets à des interactions fréquentes qui n'arrivent pas à les déstabiliser : ce sont les interactions à l'intérieur de chaque sous-système qui déterminent le comportement final stabilisé.

À long terme ou quand les interactions sont très espacées, le comportement stable de chaque sous-système est affecté par les autres de manière globale estompant les déséquilibres apparus entre sous-systèmes quasi-indépendants en conservant la stabilité.
À très long terme le système à structure arborescente aura donc pu évoluer[52] en s'adaptant à une nouveauté.

Structure temporelle du thème

Une séquence d'événements a une *structure de liste :* c'est une suite de composants reliés par une sorte de *pertinence*, qui caractérise le fait que certains objets ont un rapport avec l'objet d'attention du moment, et que d'autres en sont éloignés.

Le processus dirigeant les intentions humaines ressemble assez à l'activité d'acteurs jouant un rôle. Les rôles sont alors répartis dans le thème abordé ici en formant la structure suivante de fonctions[53] :

Un *Sujet désirant* être créateur, concevoir en vue de le créer un *Objet*, destiné à susciter chez un *Destinataire* le désir de le posséder ou seulement de l'utiliser, invente cet objet, ou tente de suivre l'exemple d'un *Modèle Médiateur* qui a créé un *Objet de désir* de ce Destinataire : objet que le Sujet tente d'imiter, ou de perfectionner, ou de remplacer par un autre comme désir de possession par le Destinataire.

---

[52] SIMON H. : *op.cit.* pp.340-342.
[53] GREIMAS A. J. : *Éléments pour une théorie de l'interprétation du récit mythique*, Communications, V. n°8, 1966, pp. 28-59.

Sujet désirant, Modèle Médiateur et Destinataire sont ainsi mis en *communication* et en *mouvement* à travers l'Objet du *désir de création* du Sujet et du *désir de possession* du Destinataire.

Le Sujet rencontre sur son chemin des *Opposants* : obstacles, embûches, voire ennemis. Il accomplit l'action à l'aide d'*Adjuvants* : moyens matériels, culturels, suggérés par le Médiateur.

Adjuvants augmentent et Opposants diminuent le *pouvoir* du Sujet, ses *potentiels,* et sont susceptibles de produire des bifurcations pour contourner des embûches.

Les *acteurs* se déplacent d'un *rôle* à l'autre dans cette structure.

Ce thème a donc une structure *temporelle* de *récit*[54] et sera présenté sous cette forme.

Le récit est interrompu par endroits par le *dialogue* de structure spatiale entre Sujet et Destinataire évoqué plus haut.

Les fins originelles : vérité, beauté, bonheur, dérivent d'une conception du monde collective impliquant des Destinataires multiples.

La technique, la science en acte sont des Adjuvants, qui n'en définissent que les *moyens*, par la *puissance active* du Médiateur, qui les met au service de fins particulières dérivées par l'être humain.

L'existence même d'un *objectif à atteindre*, pour une création par un acteur jouant un rôle, implique un *récit* qui n'est pas un enchaînement de causalités mécaniques de type vendetta ; mais une histoire qui raconte une action finalisée suivie de rétroaction *(feedback)* venant de l'intérieur de l'objet (*comment ça doit marcher ?)* comme de l'extérieur *(à quoi ça sert ?).*

Ce récit peut raconter une *séquence* d'actions aboutissant à des *étapes* où des *choix* motivés doivent intervenir pour continuer la route, à moins qu'on ne prenne le parti de raconter l'une après l'autre des actions possibles, des vérités multiples, des aspects complémentaires de la réalité, comme dans les contes des mille et une nuits, ceux de Sterne, de Diderot, ou dans des films célèbres : Citizen Kane, Rasho Mon.

La structure est alors bifurcante, et représentable aussi par une *arborescence* dans un *graphe,* par un ou plusieurs *chemins* tracés dans l'arborescence, partant d'une origine temporelle.

---

[54] PROPP V. : *Morphologie du conte*, Seuil/Points 1970.

Le monde défait par l'homme

On pourrait voir aussi l'objet artificiel comme un *objet d'attention*, fixée sur un archétype : le *rond*, entouré d'une frontière, qui le distingue de *ce qui n'est pas lui*, traversée le cas échéant par des échanges entre un *environnement interne :* le milieu intérieur, et un *environnement externe :* tout ce qui est extérieur, s'il accepte de communiquer avec ce dernier. A priori cela ne fait qu'étendre à toutes les créations humaines les notions de milieu intérieur et d'homéostasie (Claude Bernard), et couvre ainsi les limites d'un objet matériel, mais aussi toutes les formes de frontières, administratives, politiques, religieuses, raciales, de sexe, d'âge, que les êtres humains ont inventées pour différencier le même de l'autre.

Cependant il se peut que ces notions, explicatives dans une perspective moderne scientifique, aient eu pour origine religieuse *l'espace sacré du temple* où l'intérieur et l'extérieur d'une figure *fermée* limitée par le trait d'un *sillon* matérialisent la séparation entre moi ou nous : les *purs*, et l'autre ou eux : les *impurs :* un critère socio-psychologique auquel des scientifiques ont pu adhérer à l'occasion en tant qu'inventeurs[55].

L'objet artificiel est alors un *objet sacré*, de *contemplation* : con-templer, c'est mettre des choses ensemble dans le temple, les *séparer* des autres. Il est interdit de communiquer. Le franchissement du sillon entre intérieur et extérieur est alors une *profanation* par une *impureté :* il est nécessaire d'expulser l'intrus, d'opérer un *meurtre rituel* établissant une distance de sécurité entre le pur et l'impur ; le *sacrifice* de cet intrus est l'acte de faire sacrée une offrande à une divinité exigeante ; il est une *interface* d'échanges entre les êtres humains et les puissances divines, qui seraient « *des mômes pervers qui nous attrapent comme des mouches pour nous tuer, histoire de s'amuser* » selon Shakespeare[56]. Il est naturel de voir des personnages réels riches et puissants qui nous commandent d'obéir aux lois dont ils s'affranchissent pour tuer, violer, voler, etc...servir de modèles des dieux qu'il nous est fait obligation d'adorer, auxquels on doit obéir.

À l'origine lointaine de ce franchissement, dès l'apparition d'un objet de désir, il apparaît facilement une rivalité pour la possession de l'objet, génératrice de *violence réciproque* ; l'objet disparaît de la vue de rivaux occupés à se battre, d'où régression à un état animal agressif, à l'état infantile de l'homme moderne fasciné par des jeux vidéos, rêvant de passer

---

[55] cf. ch. VIII p.195
[56] SHAKESPEARE W. : *King Lear*, IV, Sc.1 v.36, p.c.n.c.

à la télé en les réalisant ; ou encore à l'état de l'homme quelconque, dont on n'observe vaguement que des gestes insignifiants, et qui tue le premier venu inconnu sans raison, pour qu'on lui prête enfin attention : fût-ce en expliquant son meurtre par ces gestes[57], parce qu'il faut bien une raison pour appliquer la loi le condamnant.

Quand Théodose a commencé en 391 à mettre le feu à la bibliothèque d'Alexandrie, pour asseoir la religion chrétienne en détruisant ces ouvrages païens, quand on massacra peu après en 415 la mathématicienne Hypathie, quand le calife Omar aurait dit-on commandé qu'on finisse le travail en 639, et qu'on l'ait fait pour chauffer les bains publics de la ville, n'épargnant qu'Aristote (mais ce ne fut peut-être qu'une invention des chrétiens pour déconsidérer leurs ennemis), il n'en reste pas moins que les deux religions naissantes, la chrétienne et la musulmane ont considéré ces écrits à cette époque à peu près comme le fait de nos jours la secte Boko Haram (qui signifie : le livre est un pêché), ou au mieux étaient indifférentes à leur sort : peut-être cette disparition certaine n'était que le résultat de l'incurie, du fait que cette bibliothèque qui nous fait rêver à une civilisation disparue ne représentait rien de tel pour les populations, qui n'ont pas fait ce qu'il fallait pour conserver ce dont ils ne voyaient pas l'utilité.

Ce qui va disparaître demain, qui est peut-être en train de disparaître devant nos yeux fermés, est ce dont une fraction active de la population ne voit pas l'utilité aujourd'hui.

Le monde refait par l'homme

Jusqu'à présent deux sortes d'objets artificiel et naturel, ont été introduites, par un très petit nombre d'attributs, parmi lesquels des fins très particulières ; et classées sommairement par un ordre de taille, alors qu'ils apparaissent dans l'ordre du récit, susceptible d'égarer sur la fin poursuivie par l'auteur...

Mais les attributs possibles d'un objet sont innombrables et le but pour lequel il a été créé a tendance à se démultiplier à l'usage : la kyrielle de fins et de moyens qui en découlent pourrait être répartie sur un ensemble d'objets d'une architecture bien plus complexe, dont les deux catégories retenues ne constitueraient qu'une première dichotomie.

L'objet artificiel à but unique a une structure temporelle et spatiale d'*arborescence*, dont chaque récit décrit un chemin.

---

[57] CAMUS A. : *L'Etranger*, Gallimard, 1942

S'il est tenu compte d'une multiplicité de fins discutées dans un espace des possibles, les chemins sont décrits dans un *réseau* d'interactions correspondantes des acteurs.

Selon quels autres critères que l'espace et le temps instaurer l'ordre parmi les choses ? Le jeu des vingt questions, un interrogatoire oui-non à la Wheeler («le Bit qui produit le It[58]»), tendrait à suggérer qu'un petit nombre de dichotomies pourrait suffire à classer les objets dans tous les cas : un million d'objets, mille milliards avec quarante questions. Mais les fins et moyens pullulent bien au delà et dans le désordre : la classification des animaux selon leurs fins dans une encyclopédie chinoise, illustrée par J.L. Borges et rappelée par M. Foucault, ou quand les mots l'emportent sur les choses, voire la structure de la langue utilisée, ne serait-elle pas l'exemple à suivre ici ? Rappelons pour mémoire l'encyclopédie :

> «Dans les pages lointaines de ce livre, il est écrit que les animaux se divisent en : a) appartenant à l'Empereur, b) embaumés, c) apprivoisés, d) cochons de lait, e) sirènes, f) fabuleux, g) chiens en liberté, h) inclus dans la présente classification, i) qui s'agitent comme des fous, j) innombrables, k) dessinés avec un pinceau très fin en poils de chameau, l) et cetera, m) qui viennent de casser la cruche, n) qui de loin semblent des mouches».

C'est un exemple de ce qu'on pourrait créer en zappant un chemin dans un réseau de réseaux sur Internet par association de lectures, d'idées, de souvenirs, et en rapportant tout à un identifiant commun : des «animaux».

En comparaison, citons un système d'identifiants très simple mais conjugué avec un système de *tabous* compliqué, celui des quatre *classes nominales* du Dyirbal, langue aborigène d'Australie :

> «a) ce qui bouge : animaux, hommes ; b) ce qui est dangereux : femmes, feu, eau, violences ; c) ce qui se mange : légumes, fruits ; d) tout le reste (ni a, ni b, ni c)»

On remarquera un classement en objets de désir et objets de crainte, dont *la femme*, qu'on retrouve dans le folklore des noirs américains exprimé par J. Mercer, chanté par Louis Armstrong :« *My mama done tol'me , When I was in knee pants : Son, a woman'll sweet talk and give you the big eyes... but when the sweet talkin's done, a woman's two-face, a worrisome thing...* » : femme classée comme nuisance avec la pluie, les quatre vents sur la rose en croix, le sifflet et le bruit du train sur les rails...

---

[58] WHEELER J. A. : *Information, physics, quantum The search for links.*

Mais l'objet de crainte devient *l'homme*[59] dans la version réécrite au féminin pour être chantée par Ella Fitzgerald, que sa mère appelait : *Hon* (Miel), quand elle était *in pigtails* (nattes), et rappelle alors à plus de deux mille ans de distance le Chœur d'Antigone, qui en bonne logique devrait être composé de femmes : « *Polla ta deina* », lui fait dire Sophocle. « Nombreuses les merveilles » traduit-on au lycée, mais « Multiple l'inquiétant » corrige Heidegger, « *Two-face, a worrisome thing* », chante la Fitzgerald.

Une méthode plus systématique d'origine informatico-marketing a été mise en œuvre et fonctionne : *l'Internet des objets connectés*. On le définit comme un «réseau de réseaux» qui permet d'identifier tous les objets matériels individuels, et tous les objets virtuels dénombrés à l'aide d'une adresse composée d'un nombre suffisant de bits, en utilisant les systèmes d'étiquetage normalisés d'extension universelle en service ou en projet ; on peut alors lui associer à travers des interfaces intelligentes tout système de données et de traitement, et par là de traduction de l'objet dans un univers de fins quelconques.

En raison de cette dispersion, de cette dissolution des fins et des moyens, l'idée d'un objet nouveau vraiment utile pourrait parfois jaillir à l'usage de l'intervention *inattendue* d'un phénomène naturel. S'il suffit de comprendre quelques éléments simples de son milieu interne, d'ouvrir une poupée russe et regarder, pour arriver à maîtriser ce milieu, à le reproduire, l'idée d'une application qu'on n'avait pas vue vient alors en le refermant et regardant dehors.

Cette origine a reçu le nom de *sérendipité* : il faut que le milieu soit propice, *fertile*, que l'acteur soit préparé à l'accueillir. Elle présente des caractères qui ressemblent fort au mode d'éclosion d'une vérité par dévoilement d'éléments cachés auparavant. Mais au lieu d'invoquer dans ce cas par ignorance le hasard, la genèse de l'innovation ne serait-elle pas due à des considérations du genre précédent, l'excès du nombre d'événements repérables empêchant toute exploration systématique autrement que par des ordinateurs branchés sur des *clouds* ?

L'intérêt de ce réseau est de permettre à frais réduits une exploration extensive de tout champ où l'on croit pouvoir glaner une idée, une information utile au projet. L'inconvénient est d'introduire une masse d'information utile au destinateur par sa quantité, mais formant un bruit énorme dans le signal transmis au destinataire.

---

[59] MERCER J. and ARLEN H. : *Blues in the Night*, 1941

Si l'on a en vue un système particulier, même complexe, comme la gestion d'une entreprise, d'une activité, il « vaut mieux » construire un réseau de réseaux d'acteurs[60] signifiants.

Parmi les exemples commentés dans ce livre, figure un moyen de transport de personnes conçu et créé *sans toit*, pour être plus léger, circulant à l'intérieur d'un endroit couvert par un plafond : moyen dont en début de journée une femme de ménage astucieuse a eu l'idée de se servir sur plusieurs allers-retours, pour faire glisser un balai à tête de loup le long du plafond afin de le dépoussiérer[61], ce qui n'était évidemment pas la fin assignée à ce moyen. Les éléments de la description permettent de tracer un réseau assez détaillé de ce système.

Mais reprenons l'exemple du marteau : il apparaît dans le livre comme instrument d'un chaudronnier dont chaque coup porté dans la tôle « avec sa tête et son cœur » produit une déformation d'un dixième de millimètre, et d'un cordonnier qui travaille une chaussure sur une forme dans le but de « recevoir l'impureté[62] ».

J'en possédais un, utilisé rarement pour son but finalisé, associé à celui des clous ; je m'en suis servi pour jouer avec mon petit-fils au jeu : papier-ciseaux-marteau, où la finalité plutôt insolite qui lui est assignée est de casser des ciseaux ; je le lui ai prêté pour qu'il s'en accompagne en chantant les moyens multiples d'une quantité d'autres fins possibles énumérées dans la comptine :

« Si j'avais un marteau, je cognerais le jour, je cognerais la nuit, j'y mettrais tout mon cœur, je bâtirais une ferme une grange et une barrière, et j'y mettrais mon père, ma mère, mes frères et mes sœurs, oh oh, ce serait le bonheur... »

D'après la comptine, on pourrait en faire autant avec une cloche, ou même avec la chanson, mais mon petit-fils ne la connaît pas, on ne l'entend plus, elle manque-à-disposition aujourd'hui, son heure est passée : dommage, c'était le marteau du courage.

Finalement le marteau s'est démanché, sa martéité a émergé ailleurs : la masse est placée sous mon fauteuil pour le surélever de deux centimètres. Bien qu'étant ingénieur des mines, j'avoue ne jamais penser, sauf en me

---

[60] AKRICH M., CALLON M., LATOUR B. : *Sociologie de la traduction*, Les Presses des Mines, 2006.
[61] cf. ch. IX p.248
[62] cf. ch. VIII p. 195

forçant, avoir sous mes pieds les mines de fer et hauts fourneaux de la Lorraine, où il m'est arrivé de travailler autrefois, de telle sorte qu'ils me rappellent d'autres histoires, liées par exemple au fait que le haut fourneau est capable de réactions empiriques de cuisinière du *genre* féminin. Le haut fourneau se dit : *she* en anglais ; les populations laborieuses du coin quoique francophones avaient baptisé *Lollobrigida* celui sur lequel je travaillais : il en avait pris les formes à la mise à feu, mais produisait une fonte excellente malgré cette excentricité. Je ne revois pas davantage l'usine où l'on façonne l'acier à ferrer les ânes, les grandes surfaces où l'objet est mis à disposition, à l'adresse indiquée par Internet, où je le découvrirais sans l'y chercher, sans y penser en me promenant le long de gondoles conçues pour activer ma mémoire à long terme ; mais le service de marketing a jugé utile de l'activer pour que je repense à l'âge de fer qui a succédé à celui de bronze, mettant à disposition un élément améliorant l'opposition dur-mou dans la représentation du monde par les Anciens (Pythagore) ; une telle donnée surgie d'une interrogation de moi-même a eu l'avantage de faire apparaître dans mon ordinateur sans que je l'ai demandé un *e-mail* du réseau Amazon me proposant d'acheter et de lire une douzaine d'ouvrages sur les philosophes présocratiques.

Je ne sais que faire du manche qui trop vieux s'est fendu en deux incomplètement : il n'évoque en moi aucune forêt, qu'elle soit naturelle, ou artificielle comme les quelques arpents de la forêt de Tronçais où il reste encore des chênes plantés sur ordre de Colbert aux fins de la marine royale ; non, il me rappelle le *compas* géant en bois que notre maîtresse a tendu jadis à mon petit camarade Orgeas en classe de sixième, en lui demandant de tracer un cercle au tableau noir : le malheureux a bien vu le morceau de craie au bout d'une branche et a tenté de faire un *rond* avec, mais a failli ainsi s'éborgner avec la pointe au bout de l'autre branche, la maîtresse n'ayant pas encore expliqué le but culturel, vraiment pas évident, de cet objet artificiel finalisé par un nom sans mode d'emploi.

Mais ce manche n'était-il pas dès l'origine un *adjuvant* : moyen matériel nécessaire pour saisir l'objet artificiel étant-là-disponible-*sous*-la-main mais pas *dans* la main, tant que je n'aurai pas fait le geste de m'accoupler à lui, de créer cette relation du sujet à l'objet, comme le volant et les pédales de l'automobile, la main courante du trottoir roulant, et tous les boutons qu'il faut pousser pour animer les objets de la civilisation ?

D'où l'importance de l'emmanchement assurant la fiabilité, la disponibilité de la prise du manche par la main, et de la maîtrise de l'objet par le manche.

Embûches rencontrées

On peut disserter sur la versatilité des fins et moyens, mais ils ont quand même un but principal : celui sans lequel l'objet n'existerait pas du tout, quel qu'ait été son réseau d'acteurs. Son créateur rencontre des *problèmes*, se heurte à des *obstacles*, et la réussite n'est pas toujours au rendez-vous.

- Il arrive qu'un appareil, un système matériel ou conceptuel, construit pour répondre à une fin ait été conçu par l'imagination de son créateur accouchant d'une *illusion :* une idée directrice irrationnelle ; ou une idée fausse au regard de ce que la science, l'observation tient pour acquis à ce jour ; ou encore un principe de construction incompatible avec l'environnement dans lequel le créateur envisageait son utilisation.

Dans de tels cas le chercheur poursuit en concurrence avec d'autres un *faucon maltais* dont il s'imagine qu'il contient un trésor, mais dont il finit par reconnaître qu'il est de la matière dont les rêves des chercheurs sont faits[63].

« Ce que l'objet fait » est alors considéré a posteriori (dans une perspective cybernétique) comme son but, tel que son fonctionnement le révèle, pour le meilleur ou pour le pire : sérendipité, ou effet dit « secondaire », voire pervers, souvent catastrophique.

Il se peut que l'objet ainsi créé fonctionne, que l'on ait ou non compris « comment ça marche », mais il ne sert pas le but qui lui était assigné par son créateur, ou bien on ne parvient pas à l'adapter à ce qui existe, par exemple parce que l'idée directrice se révèle fausse, ou que l'objet ne sert pas à ce que le destinataire attend, s'il attend quelque chose. Ou bien le créateur a créé un objet qui est déjà là, qu'il l'admette ou non quand la preuve lui est montrée : il aura fait preuve de créativité initiale, par ignorance.

- A la limite, si je suis moi-même un objet artificiel finalisé par son but parce que « je suis ce que je fais » suivant Bergson (et aussi dans une

---

[63] HUSTON J. et BOGART H. : « *Say, stuff that dreams are made of.* », adaptation des mots de Shakespeare à la conclusion du film : *Le Faucon Maltais.*

perspective existentialiste), alors ce but inquiétant devrait être pour moi source de souci.

Les cas énumérés de problèmes ne sont pas exhaustifs : on soutient que des problèmes sont rencontrés, produisant une différence entre une action et la réalisation d'un but assigné, parce qu'il est impossible d'obtenir une information complète ; le milieu extérieur produit mille fois plus d'information qu'un être humain ne peut en traiter, sa capacité étant limitée d'une manière ou d'une autre ; c'est l'environnement qui la traite à sa place, pour situer les fins dans le contexte qu'il met alors en ligne.

Longtemps j'ai exercé une activité que je qualifiais de recherche. En était-ce vraiment ? Le plus souvent j'ai été guidé par l'opinion qui prévalait dans mon environnement sur la direction dans laquelle il fallait chercher, par une idée directrice qui me paraissait louable a priori : je cherchais au pied d'un réverbère dont c'était la lumière, plutôt qu'au pied d'un phare où l'on ne voit rien parce qu'il éclaire les lointains, hors du champ proche.
Il est arrivé qu'à côté du réverbère, un peu de lumière ait jailli, qu'il s'y passait quelque chose qu'on ne cherchait pas.
Je n'ai pas cherché avec un télescope, ni avec un nanoscope : je me suis occupé de quelques appareils simples, dont j'ai tenté d'expliquer le fonctionnement à l'homme de la rue qui croyait à tort en avoir saisi une vérité.
J'ai été témoin et quelquefois acteur *de la création d'objets artificiels*, qui s'est révélée illusoire, n'ayant pas servi ou très peu. Instruit par ma propre expérience, j'ai tenté à plusieurs reprises de mettre en garde d'autres acteurs contre des erreurs de jugement ou de calcul, mais une information dérangeante est peu appréciée quand elle empêche de rêver.

II

Conception et création

Qu'y a-t-il a expliquer?

Qu'y a t il à expliquer à propos des objets ? Inutile de remonter jusqu'à Homo Faber. Il ne voyait que des objets naturels : ceux qui bougent, ceux qu'on mange, et les autres ; il évitait ce qu'il trouvait mauvais, imitait ce qu'il jugeait bon, l'adorait comme un dieu, qu'il priait pour qu'il fasse tomber la pluie, classait sans expliquer.

L'un des premiers à y penser fut Héraclite, à une époque où l'on ne distinguait pas encore clairement le rêve, l'hallucination, du réel : si nous percevons le monde par nos sens, « *il faut suivre ce qui est commun* », conseillait-il, privilégiant déjà la communauté opposée à l'individu ; ce que tout le monde sent a davantage de chances de représenter le monde réel. Mais constatant que nos sens sont trompeurs, Parménide décida de ne pas les croire du tout et cherchant une vision du monde indépendante des sens, trouva qu'il ne pouvait contenir qu'un seul Objet : Un, au surplus immobile, fini, éternel, et que tout ce que nos sens nous montrent n'est qu'illusion. Ce monde et ses objets ne sont pas. La chose qui est, c'est la pensée. « *Penser et être c'est la même chose* » : un Sujet. Finalement Il n'y a pas d'Objet. Il n'y a pas non plus de non-être, on ne peut même pas le nommer.

Beaucoup de philosophes ont tenté de leur répondre depuis, y compris Simondon : il s'inscrit dans la ligne de ceux qui, au lieu d'*opposer*, *composent* le devenir d'Héraclite avec l'être de Parménide en un être-devenir.

Platon a tenté de répondre par la voix du Sophiste en opposant au *même* l'*autre*, qui est le *non-être*, et le sophiste Protagoras a défendu l'idée que « *l'homme est la mesure de toute chose* ». C'est vite dit, et à première vue plutôt prétentieux : qu'entendait-il par mesure ? l'explication, ou la chose à expliquer ?

Protagoras était presque agnostique : il n'adhérait qu'à une gnose, celle de l'homme, dont il voulait défendre des *droits :* ceux de l'individu opposé à la communauté. Si l'homme *est* « la mesure », il s'agit d'une tautologie. Si c'est autre chose, à l'instar du psalmiste demandons : Qu'est-ce qu'un homme pour qu'il puisse « connaître » la mesure ? Et qu'est-ce qu'une mesure pour qu'un homme puisse la connaître ? Sans doute référence, ou critère, ou peut-être ce qui est appelé ici *but humain*, ou *moyen* de l'atteindre : on mesure *pour* comparer, *en* comparant. Mais prenons-le au mot. Les objets artificiels ont-ils des propriétés mesurables? Cela nous avance-t-il de nous en préoccuper ? Ce qui compte n'est-il pas le processus, l'acte de comparer, de mesurer, au moins autant que son résultat ?

Que mesure un homme, disons pour commencer un individu, homme isolé : un berger avec son troupeau ? Que compare-t-il ? Il est libre mais il n'est déjà pas toujours égal à lui-même en mesure, *égal en soi*, identique : il naît, grandit, vieillit et meurt : c'est un animal à quatre pattes puis deux, puis trois puis zéro : il sait compter cela, comme ses moutons, jusqu'à dix sur les doigts des deux mains, trente avec les phalanges. Le berger a la réputation d'être fort en arithmétique. Mais il dispose d'un autre moyen de comparaison bien plus puissant, voire surpuissant : avec le *langage* il a acquis le pouvoir de nommer les objets, ce qui lui permet non seulement de les différencier, mais de garder en mémoire les lieux de pacage à l'aide du nom par lequel il les désigne et peut les distinguer en cas de besoin ; il n'en demande pas plus[64] et n'a pas le pouvoir de décrire par les mots toute réalité : les noms ne sont pas les choses nommées, mais seulement des signes pour les appeler distinctement, les séparer. À l'inverse il n'a besoin de compter que jusqu'à deux pour distinguer un haut et un bas entre lesquels il est attiré : ayant compris qu'il est aussi un objet, affecté d'un nom, il est supporté par une certaine quantité de terre jetée sous lui (*subjectum*) sur laquelle il repose, et il supporte de l'air plus ou moins humide au dessus de lui. Il y a un haut parce qu'il y a un bas qui est d'abord le lieu de ce qui tombe, qui est lourd : les pierres, les moutons qui sautent en vain en l'air comme lui-même ; avant d'être le *contraire* du haut, lieu de

---

[64] MUSIL R. : *L'homme sans qualité,* Seuil, Paris, 1956, I p. 10

ce qui semble être léger : l'air, les oiseaux, les insectes, la poussière. Mais les choses qui possèdent un contraire n'en proviennent par nécessité que s'il est défini ainsi : le grand implique le petit, le fort le faible, le gros le maigre ; mais le vivant le mort ? Pas sûr : différent, mais pas contraire.

Le pair semble le contraire de l'impair, mais un duo n'est pas le contraire d'un trio, le double est à son tour le contraire d'autre chose, car il n'admet pas l'idée de l'impair dans le monde des entiers, comme l'a fait remarquer Socrate[65]. Le berger finira par se douter que tout ne tombe pas en bas : sous le bas il y a la Terre, elle ne tombe pas sur la Terre, mais alors sur quoi ? sur rien ? alors pourquoi ne tombe-t-elle pas ?

Certains bergers, en Chine paraît-il, en ont tiré la conclusion hâtive que le vaste monde qui les entoure repose sur le dos d'une tortue géante ; laquelle ayant aussi un haut et un bas repose sur un éléphant géant, qui repose à son tour sur une autre tortue, et ainsi de suite jusqu'en bas. Le mécanisme haut-bas : une tortue repose sur un éléphant ; un éléphant repose sur une tortue, engendre une pile de couples tortue-éléphant, que les philosophes appellent *su-jets, jetés dessous* : ils exercent une fonction de support. Comment expliquer un tel monde en termes mathématiques ? À chaque couple, dont l'ensemble forme une pile, correspond une tortue dont l'ensemble forme une sous-pile, qui est une partie, un sous-ensemble de l'ensemble des couples ; de même pour l'éléphant. La correspondance bi-univoque et réciproque (la *bijection*) entre la pile des couples et la sous-pile des tortues, ou celle des éléphants, engendre ainsi une pile qui se poursuit jusqu'en un bas situé en un endroit à nommer *l'infini,* par un berger qui aurait assimilé quelques éléments de la théorie des ensembles en plus de l'arithmétique : un infini pas si différent de celui évoqué au chapitre I, rapproché au bout de l'appartement ou du jardin par l'objectif Berthiot. En voyant le soleil se lever à l'est, disparaître à l'ouest et reparaître à l'est, quelqu'un finira bien par se demander d'abord si le monde où il est n'est pas lui aussi un gros caillou qui ne tombe pas, parce qu'il n'y a rien sur quoi il puisse tomber, ni tortue ni éléphant. Il a dû commencer à croire que la Terre était ronde en contemplant les phases de la Lune, et en y voyant l'ombre d'une Terre ronde formée par un feu arrière éclairant le ciel et tous les astres, Terre comprise, la Lune et le Soleil semblant être de dimension comparable[66] : mais il a vite compris que ces phases prouvaient (enfin : donnaient à penser) que la Lune était ronde, s'il en doutait ; c'est l'ombre circulaire de la Terre sur la Lune lors des éclipses de Lune qui prouvait

---

[65] PLATON. : *Phédon*, in : Les Belles Lettres/Denoël, 1978, pp.136-138
[66] SCHRÖDINGER E. : *La Nature et les Grecs*, Les Belles Lettres, 2014, p. 46

(donnait à penser) que la Terre était ronde : première intuition que la Terre pourrait n'être qu'un astre comme les autres, Terre ronde qui tournait en un jour devant cette lanterne ; feu invisible, qui ne pouvait être qu'en bas sous les pieds, qui chauffait donc cette Terre souterraine et la rendait inhabitable. Mais ça n'était pas évident du tout : ce qui est évident, qui se « voit », c'est que des « choses lourdes » tombent, en bas, sous lequel rien de visible ne prouve qu'il y ait quelque chose tant qu'on n'a pas été y voir, et même : autour de la Mer Méditerranée, et un peu au delà, à l'Est comme à l'Ouest, de hardis navigateurs vont vers le sud, arrivent jusqu'aux caps : Horn, Bonne Espérance : il y a toujours un bas sous leurs pieds ; ils ne voient plus les ourses, ni l'étoile polaire, il est vrai : ils ont perdu le nord, s'ils vont plus loin ils verront un long mur de glace antarctique et non un feu, auquel il leur faudra bien renoncer à la fin. Les hommes ordinaires, et même Démocrite, en reviennent à des vues « terre à terre » et se rabattent sur une Terre plate, entre un haut et un bas. C'est la croyance populaire, la *doxa* : gros caillou si l'on veut, mais plat comme un biface.

C'est aussi la cause des premières réticences de Socrate : il n'est pas ignorant, les philosophes de la nature lui ont expliqué que pour les raisons qu'on vient d'exposer et bien d'autres la Terre est non seulement ronde, mais plutôt sphérique et non plate, et « qu'il vaut mieux qu'elle soit au centre », mais il veut savoir quelle en est la cause nécessaire, pourquoi « *il vaut mieux* », pourquoi la Terre se trouve bien d'être sphérique et là où elle est, et il est déçu des raisons qu'on lui donne : « l'air, l'eau, mille autres explications bizarres », dit-il, qui étaient dans les termes de l'époque ce que nous appelons aujourd'hui la cause qui produit l'effet, mais « on ne fait rien de l'Esprit pour expliquer l'ordre des choses[67] ». Il préfère la cause finale : les événements ont lieu parce que les choses agissent dans un but recherché avant, comme les hommes. On lui explique les causes efficientes de sa présence ici, on oublie la cause véritable : les Athéniens ont décidé « qu'il vaut mieux qu'il soit condamné », et lui-même a décidé « qu'il valait mieux qu'il reste là pour subir la peine », parce qu'il est bon citoyen : s'il avait préféré l'exil « il y a beau temps que ces muscles et ces os seraient du coté de Mégare », cause mécanique ou non.

Pourtant, et bien qu'il soit « incapable d'en prouver la vérité », Socrate « *s'est laissé convaincre* que la Terre est sphérique, qu'elle n'a besoin de rien pour ne pas tomber », qu'étant « un objet en équilibre ... elle ne pourra

---

[67] PLATON : *op.cit.* pp 121-123

subir une inclinaison ... dans aucune direction... et restera à sa place[68] », comme lui à Athènes. Il a compris ce que pourrait être la science.

Les choses se compliquent dans les communautés, chez les hommes qui vivent en société. Ils ne sont ni libres ni égaux entre eux en mesure : grands ou petits, gros ou maigres, forts ou faibles, et ont plutôt tendance à ne pas s'entendre entre eux, à se disputer quand ils désirent un même objet qui n'est pas partageable, et non pas les mêmes objets qui le seraient. À condition qu'on ait mesuré à l'aide d'instruments dont l'adéquation n'est pas contestée une chose qui appartient en propre à l'objet, comme sa masse ; ou une relation entre cet objet et la terre sous lui, qu'on appellera son poids plutôt que « le bas » ; ou une relation entre cet objet et chaque homme particulier : la couleur, l'odeur, la saveur que ses sens lui attribuent et distinguent, mais ne mesurent pas à leur échelle.

À son échelle, l'homme a mesuré pour commencer les longueurs en coudées, pieds et pouces humains variables d'un homme à un autre, puis retenu seulement celles du roi du Royaume Uni ; puis Méchain et Delambre ont mesuré une fraction de la distance entre Dunkerque et Barcelone, à partir des angles de triangles successifs de clochers, et en tenant compte de la déformation des chaînes quand les arpenteurs fatigués les transportent d'une épaule à l'autre : distance à partir de laquelle on a déterminé la longueur qu'aurait le quart d'un méridien d'une sphère qui pourrait être la forme de la Terre ; puis la distance entre deux traits sur une règle en platine iridié conservée dans un pavillon à Sèvres, qui serait la dix-milionième partie de ce quart de méridien, qu'on appellerait *mètre* et qui serait un premier étalon international de longueur ; puis la longueur d'onde dans le vide d'une raie spectrale orange d'un isotope du krypton ; enfin depuis 1983 la longueur du parcours dans le vide de la lumière, dont la vitesse est une constante universelle, longueur parcourue entre le début et la fin d'une certaine fraction de seconde, ce qui renvoie à la mesure de la seconde par d'autres moyens. Il est devenu possible de conférer à chaque objet des propriétés reconnues par tous, relatives à ses dimensions : longueur, largeur, hauteur, profondeur, à condition de s'entendre sur ce qu'est le vide, et d'abord existe-t-il ? C'est ce que l'homme ne cesse de remplir, de choses qu'il ne voit pas, n'entend pas, ne sent pas, ne goûte pas, ne touche pas, aime ou n'aime pas, mais arrive à distinguer : ce qui l'autorise à nommer couleur, saveur, charme, etc. les mesures de ces choses, que par ailleurs il désigne par un identifiant arbitraire, comme

---

[68] PLATON : *op.cit.* p.146

quark, ou immotivé sauf si ces choses sont des objets artificiels, dotés d'un motif ; de même Hilbert, réfléchissant sur « *les fondements de la géométrie* » commence comme ceci :

« Pensons trois systèmes de *choses* appelés points, droites et plans »

puis il supporte sans inconvénient qu'on y remplace point, droite et plan par clou, barre et table ; c'est ce qu'a fait le jeune Blaise Pascal quand il l'a réinventée pour son usage, sans savoir qu'elle était déjà là : le nom n'est pas la chose nommée, qui reste chose. Ils auraient pu aussi y voir les *fondements de la cinématique*, des mouvements permis dans l'espace tridimensionnel à un objet solide : à trois degrés de liberté sans contrainte ; à deux degrés si on le fixe à un clou au plafond ; à un degré si on le fixe à une barre autour de laquelle il tourne ; contraint à l'immobilité sans liberté si on l'attache à une table.

N'en déplaise à Protagoras, l'homme n'est la mesure que de choses à son échelle : pas de l'Univers, ni de la Terre, sauf indirectement ; l'astronome Érastothène d'Alexandrie, contemporain d'Archimède, fut informé qu'à Syene (Assouan) ville située sur le Tropique du Cancer, on voyait au solstice de juin à midi l'image du soleil au fond d'un puits vertical et toute ombre était absente, alors qu'à Alexandrie au même moment, défini comme celui où l'ombre d'un obélisque vertical ou d'un gnomon était la plus courte les rayons du soleil formaient avec cette verticale un angle de 7,2 degrés d'après la longueur de l'ombre : un cinquantième de circonférence de la Terre en supposant qu'elle est sphérique, éclairée par les rayons parallèles d'un soleil très éloigné : il y vit une nouvelle preuve que la Terre ne pouvait être un objet plat. Persuadé par ailleurs par d'autres preuves que la Terre était un gros caillou assimilable à une sphère, il demanda que la distance d'Alexandrie à Syene soit mesurée: cent stades par jour en pas de chameau ou d'homme, pendant cinquante jours, soit 5000 stades, pour un cinquantième de circonférence de la Terre qu'il évalua donc à 250000 stades. La valeur du stade égyptien étant 157,5 de nos mètres, la circonférence de la Terre selon Eratosthène était : 39375 kilomètres et son rayon : 6300 kilomètres, très peu différente de celle mesurée aujourd'hui : précision ou coup de chance ? Aristote avec des arguments sérieux proposait 400000 stades : à ce niveau de connaissance nous conclurions: 325000 stades en moyenne, plus ou moins 23% de marge d'erreur. Si la Terre avait été supposée plate, ces 6300 kilomètres auraient été interprétés, au solstice de juin, comme la plus grande distance du Soleil à la Terre en

Egypte, à laquelle un rayon de Soleil aboutirait verticalement à Syene tandis qu'un autre rayon du même soleil ferait une ombre de 7,2 degrés à Alexandrie: à moins que tout ait été incendié par ce feu bien trop proche, barque sacrée Rê ou char d'Apollon au zénith.

La mesure de plus grande utilité humaine concerne le temps. Le berger le mesure en *nombre* de périodes *ordonnées* : qui séparent des reproductions *successives* d'événements identiques. L'unité de temps est une *durée,* plus précisément celle d'un intervalle entre deux *instants* comme les deux traits sur la règle de platine : la journée, temps de passage du soleil entre son lever à l'horizon et le lever prochain quand il reparaît après avoir disparu ; l'année, temps qui s'écoule entre deux solstices de juin ; la période de battement d'une horloge, assez voisine de la durée d'un pouls humain. La durée est définie comme un *intervalle mesurable*, et l'instant est défini comme une *coïncidence explicable*, entre deux événements ordonnés : la coïncidence entre trois événements est exceptionnelle et souvent annonciatrice de catastrophe (ex. p.230). Notons au passage que la langue française dispose de deux mots : la *durée* et l'*instant*, ou moment, pour définir ces temps, qui plongent le philosophe Bergson[69] dans la perplexité ; alors que la langue anglaise ne dispose que du mot : *time*, condamné à supporter un fardeau trop élevé[70]. Un sage britannique nommé Riordan a donc proposé le mot *epoch* pour désigner l'instant, qu'on repère et ordonne mais ne mesure pas : la vie serait balisée par une suite d'instants merveilleux ou fâcheux, séparant des intervalles de joie et de tristesse, de mesure très variable. Le terme *epoch* est adopté par les probabilistes malgré ou à cause de sa connotation biblique. Finalement la seconde, *durée* définie à l'origine comme une petite *fraction* déterminée de la journée, est comptée désormais par un comité international comme un *multiple* élevé d'une durée indiscutable : par un certain nombre entier, voisin de dix milliards, de périodes de la transition entre deux niveaux (des instants ?) d'un certain état d'un atome de césium, répondant à une définition précisée par ledit comité ; il n'en a pas fallu moins pour qu'une assemblée de sages mette tout le monde d'accord sur cette Terre (sauf le philosophe Bergson), assurée que personne ne comptera un tel nombre de périodes sur ses doigts. Sauf que depuis peu on a trouvé qu'une période de transition entre deux niveaux d'énergie de l'atome de strontium ou d'ytterbium était 100.000 fois plus petite que celle de l'atome de cesium à

---

[69] cf. ch. V, p. 152.
[70] FELLER W. : *An Introduction to Probability Theory*, Wiley, New York 1966 II, préface.

une température proche du zéro absolu : on peut donc espérer pouvoir créer des horloges 100.000 fois plus exactes qu'aujourd'hui, mais qui serviront toujours à mesurer des durées, et non à expliquer des instants.

Nous aurons à considérer des événements tels que les suivants : un appareil photographique ou un smartphone fixe « instantanément » (i.e. pendant une durée très courte) sur un support artificiel l'image d'un instant par un prétendu « instantané » ; un peintre peut passer des heures, des années devant trois pommes pour en fixer l'image pour toujours. Depuis Galilée, l'objet artificiel où « loge » l'heure est une *horloge* à pendule, fonctionnant à l'aide d'un système de roues dentées et de poids, qui « dit l'heure », indiquée par une aiguille, à laquelle on a ajouté plus tard une seconde aiguille qui loge et dit les minutes : perfectionnée par Huygens, elle s'est répandue partout, notamment aux Pays Bas : le peintre Vermeer y a peint un tableau de Delft, sa ville natale sur les bords d'un canal. La postérité en a retenu au bord droit un petit pan jaune de mur ou de toit, baigné d'une lumière dorée par un rayon de soleil mouillé dans un ciel brouillé de l'éternel matin, que Marcel Proust aurait contemplé au musée du Jeu de Paume, au cours d'une visite où il aurait éprouvé un malaise ressenti comme son agonie, qu'il a décrite dans son livre comme la mort de Bergotte, écrivain qui au contraire du peintre n'a pas su exprimer ce que ses yeux lui donnaient à voir, n'a pu qu'expliquer sans comprendre. Vermeer à l'inverse a *dit* le temps au milieu du tableau dans une horloge, dont les deux aiguilles fixent à sept heures dix l'éternel matin du « plus beau tableau du monde » selon Proust : il a *expliqué* ce temps par une métaphore de couleurs.

On ne pourra pas éviter de définir les propriétés quantitatives des *objets artificiels* et de leurs *buts* par les abréviations usuelles qui les désignent, à commencer par les unités du système international, précisément pour éviter d'utiliser des périphrases à connotation métaphysique.

Un objet artificiel sur lequel on fonde de grands espoirs est *l'informatique quantique* : les embûches qu'elle a à surmonter sont les problèmes et les antinomies que rencontre *la mesure quantique*.

On a du mal à croire que le modèle du monde expérimental que la mécanique quantique propose, plutôt simple, causal, linéaire, déterministe (contient toute l'information), unitaire (une seule solution) pour des objets très petits mais pas si simples que cela, suffit pour rendre compte de leur évolution qui n'est probablement pas simple ; d'autant qu'il pourrait être encore complexifié un jour pour prédire l'action de phénomènes qui n'ont pas encore été pris en compte, comme la gravitation, ou d'éventuels effets non-linéaires, comme l'apparition aléatoire d'événements cosmiques.

Pourtant le pouvoir prédictif de résultats expérimentaux par ce modèle plutôt simple est d'une précision si impressionnante qu'il ne souffre guère de discussion au plan de l'efficacité ; l'ennui est que ce modèle fort peu intelligible dans le monde perçu se présente comme une boîte noire dont on ne saisit que les entrées et les sorties, où l'on trouve des informations accessibles sur l'état du système.

Le modèle de la *boîte noire* plaît aux positivistes : *Homo Sapiens* se passe d'explication, pour son milieu intérieur «ça marche», et son milieu extérieur trouve utiles les applications de ce modèle magique. Par exemple, il attend de l'informatique quantique qu'elle lui donne le résultat d'un algorithme, en utilisant des *qubits*, qui sont en même temps dans l'état 0 et l'état 1, à la place de bits (ou 0 ou1) : les phénomènes qu'on voudrait utiliser sont la coexistence d'états *intriqués* et la *superposition* des états. La mécanique quantique les prédisant correctement mais n'expliquant rien, ne décrit pas une réalité : est-ce si grave ? Elle dit une vérité, limitée par ses significations, celles des mesures quantiques.

Une théorie récente, dite de la *décohérence,* est actuellement retenue comme une réponse acceptable évitant la plupart des embûches.

La difficulté à résoudre est l'action réductrice de l'environnement, qui dès qu'il agit sur le système quantique le *décohère*, brise la superposition, ne laisse observables que les états macroscopiques (les bits) : elle déphase les fonctions d'onde des états superposés tendant à les rendre orthogonaux, de produit scalaire « presque » nul ; pour l'annuler tout à fait, il faudrait supprimer l'environnement : on n'en a pas les moyens, il restera au moins le rayonnement de l'univers primitif, ou son équivalent local[71].

On a pensé que la superposition ne pouvait être maintenue parce que le système comprenait au moins une personne physique qui même si elle ne faisait que regarder provoquait la réduction par l'action de son cerveau vivant. Mais on retient jusqu'à nouvel ordre une théorie de la décohérence, selon laquelle l'effondrement de la superposition peut être spontané, sans aucun observateur humain, tout en ayant une certaine durée pour cumuler suffisamment de déphasages : il n'est donc pas forcément dû à ce qu'un observateur a mesuré, ou simplement regardé, provoquant la réduction ; cette théorie arrive à prédire une réduction quasiment totale dont on se satisfait pour l'instant. Elle est compatible avec l'existence d'une réalité unique : l'état du système (les informations sur lui accessibles à la sortie de la boîte noire) prend une seule valeur accessible.

---

[71] cf. ch. IV p.139

Qu'est-ce que concevoir, créer ?

Un concept est lui-même un objet artificiel, fabriqué par le cerveau humain pour le but de changer le monde, en aidant à créer de la nouveauté. Cet objet n'est pas une chose, c'est un nom : le nom d'une *classe*. Émanation de la raison, le concept n'a pas de limites, mais le cerveau qui le produit en a : son volume, son temps de réponse, etc., celles de l'appareil sensori-moteur et de l'appareil neuronal qui alimente en énergie et information sa capacité de créer ; les limites de la capacité humaine de s'informer et de raisonner, de concevoir et de créer, viennent s'ajouter aux caractéristiques du milieu intérieur de l'objet artificiel qu'on peut concevoir, qu'il faut prendre en compte dans sa définition.

La *création* implique l'existence d'un ou plusieurs créateurs faisant preuve de créativité. Elle implique aussi que le problème du temps ait été éclairci, ce qu'on vient de tenter en partie. Pour qu'il y ait une création, il faut qu'il y ait un *avant* et un *après*, qu'on ait fléché le temps : sinon la création ne peut être qu'une découverte, la révélation d'une vérité cachée qui est dévoilée. Ayant découvert que le monde s'explique en grande partie en termes mathématiques, on a pu croire que cela impliquait que Tout a été créé par un Mathématicien, comparable à un Grand Ordinateur, ou plusieurs formant une assemblée olympienne d'Ordinateurs qui se partagent ce travail considérable. Mais alors Il ou Ils auront tout prévu d'avance et il n'y a plus rien à créer : c'est ce que beaucoup croient, avec toutes sortes d'arguments théologiques. Il faut donc préciser que nous parlons de création par les êtres humains. Il se peut qu'une intelligence artificielle se révèle un jour capable de créer des objets nouveaux auxquels les humains n'ont pas pensé, mais qu'ils se mettent à désirer par imitation : objets répondant à un but de l'intelligence artificielle, peut-être différent d'un but humain. Mais nous n'en avons pas plus l'idée que les animaux n'en ont des objets qui intéressent les humains.

Création humaine

Cela dit, il y a mathématiques et mathématiques, adaptables à d'autres façons de voir le monde. Il semble que celui-ci évolue, qu'il ait une histoire, et une mémoire, plus ou moins sélective : il a été créé d'éléments pré-existants, qu'on redécouvre au fil du temps ; nous assistons alors à l'éclosion progressive d'une vérité cachée à des savants, lesquels sont apparus en temps voulu pour créer à leur époque les mathématiques explicatives de ce qu'ils voyaient évoluer. La création humaine consécutive implique la présence d'un minimum d'originalité : même si elle est ré-écriture elle commence par une imitation de quelque chose d'existant, qu'elle prétend dépasser. Il faut donc qu'il existe, sous une forme ou une autre, une indétermination du futur. Le déterminisme universel ne cause pas de problème : le créateur humain ne peut pas connaître toutes les données initiales qui déterminent le futur parce que sa durée de vie est limitée.

Nous voyons un monde qui semble s'auto-créer, ou (dans les termes de Spinoza) une nature naturante qui crée une nature naturée : à tout moment elle a la possibilité de prendre l'un ou l'autre de plusieurs sentiers qui bifurquent (dans les termes de Borges), entre lesquels elle choisit selon des critères dont on peut débattre, mais pour lesquelles les mathématiques adaptées à l'esprit humain semblent être le *calcul des probabilités* : un calcul très performant. Il préside au sort de la boule qui une fois lancée sur la roulette obéit aux mathématiques jusqu'à la prochaine bifurcation : à tout instant à notre échelle du temps, rien ne va plus, les jeux sont faits.

Il a fallu pour cela définir *l'intersection* (il fait beau ET le fond de l'air est frais) et la *réunion* (il fait beau OU (exclusif ou non) le fond de l'air est frais) d'éléments d'ensembles particuliers : les *tribus de Borel*, adaptées pour compter et mesurer la probabilité d'*événements,* qui vont ou non se produire, dont on a soigneusement choisi l'univers, la manière dont on les assemble, en définissant un espace de probabilités.

Ces ensembles d'*informations* ne sont donc pas des ensembles d'éléments constitutifs d'objets, dont la structure dépend des propriétés qu'on leur attribue, autorisant la *réunion* non pas d'événements mais *d'éléments* possédant telle propriété, ou leur *exclusion* s'ils ne la possèdent pas, auquel cas leur intersection opère un tri autorisant une *séparation.*

L'âge de l'univers : 14 milliards d'années, n'est pas suffisant pour qu'on puisse y loger tous les événements possibles, ne serait-ce que la création de toutes les enzymes formées par une chaîne d'une vingtaine d'acides aminés choisis parmi plusieurs centaines existants, réalisée dans le plus petit intervalle de temps concevable avec ce que nous savons des lois de la nature[72] : il est donc impossible, de très loin, que toutes les enzymes possibles aient été créées, essayées et triées par un Grand Sélectionneur. Il a fallu qu'Il les regroupe par grands paquets à éliminer en bloc par la sélection. Les modèles d'organisation décrits au chapitre III en donnent une idée.

---

[72] ATLAN H. : *L'intuition du complexe et ses théorisations*, in : Les Théories de la complexité, Seuil, 1991, p.10

Créateurs humains

L'objet artificiel de création initiale abstraite, et l'objet concret terminal imparfait, sont d'abord soumis à des lois de la nature, cela quelles que soient leur origine et les contraintes subies en outre pour atteindre un but perçu comme un entrave déformante : on en est venu à accuser la technique, créatrice des objets artificiels munis d'un but humain, notamment les objets techniques, d'empêcher les choses d'être ce qu'elles sont, de faire oublier leur être, ce qui est peut-être vrai en partie si on les soumet à des concepts abstraits, alors que la technique elle-même vise précisément à leur faire atteindre ce qu'ils tentent d'être, d'en approcher.

Si l'on en croit Simondon, l'être d'un objet artificiel et surtout d'un objet technique, d'une innovation, se confond avec sa genèse, hors laquelle il n'existe pas, dont il suit le destin. Il observe l'analogie troublante entre deux processus : la chaîne généalogique d'objets techniques suivant une *évolution* progressive pour s'adapter de plus en plus près à un milieu associé, à une finalité, et la formation progressive d'un être vivant concret, à partir d'un embryon, par la nature. Mais il n'accepte pas qu'on parle des objets techniques comme s'ils étaient des objets naturels, qu'on croie qu'on va réaliser des machines vivantes, ce qui lui apparaît comme un fantasme de la cybernétique, celui de N. Wiener, devant lequel il recule : « *On peut dire seulement que les objets techniques tendent vers la concrétisation, tandis que les objets naturels tels que les êtres vivants sont concrets dès le début* [73] ». Il s'empresse d'attribuer à l'homme la pensée, la réalisation de la concrétisation : « *Sans la finalité pensée et réalisée par le vivant humain sur la Terre, la causalité physique ne pourrait seule produire une concrétisation positive et efficace... bien qu'il existe des structures modulatrices dans la nature* [74]*...là où existent des états métastables, et c'est peut-être un des objets des origines de la vie*». Il semble avoir peur du Golem, de l'Intelligence Artificielle, de confier à l'objet technique une véritable autonomie, alors qu'il voit bien dans la concrétisation au moins une amorce de tendance venant de l'objet lui-même, comme sa réponse réactive à la structure que le créateur cherche à réaliser, dont de nombreux aspects primaires nous sont apparus dans nos propres recherches, et seront rapportés dans les chapitres V à IX.

---

[73] SIMONDON G. : *op.cit.* p. 59
[74] *Ibid.* p. 60

Si nous cherchons une origine chez Piaget[75] qui a expérimenté un matériel sous-la-main : l'être humain à l'état naissant, où le système sensoriel et le système moteur s'ignorent réciproquement, puis organisent une interconnexion au contact du bruit, l'information première viendrait des actions sensori-motrices, précédant le langage, le concept, la représentation ; puis des actions intentionnelles. Au commencement est l'action indifférenciée du nouveau-né ne se percevant pas comme sa source, centrée sur un corps, l'attention fixée sur l'extérieur. Le Sujet émerge de la coordination des actions, et l'Objet de la réaction à cette action. La centration initiale sur le corps forme leur référence commune et leur localisation. Puis une révolution copernicienne décentre les actions du corps, reconnu être un objet comme les autres, par rapport aux opérations techniques.

Les actions se coordonnent par assimilations réciproques pour constituer la connexion entre moyens et fins caractérisant l'acte d'intelligence, et le sujet comme source d'actions et de concepts : il construit un espace où il se déplace, et y place des objets différenciés, susceptibles de répondre à une fin. Rien ne semble empêcher de le voir comme un Sujet Désirant les premiers Objets de Désir qui apparaissent quand son appareil neuronal s'est structuré. Rien non plus n'empêche de le voir comme un être pensant, capable de concevoir, créer par la suite d'autres objets, de découvrir le monde à l'aide d'autres objets que ses sens plus le langage : un télescope, un nanoscope, un ordinateur ; de finir à la longue par faire la conjecture qu'il n'est lui-même qu'un système dynamique autoorganisé en une matière d'où émerge de la pensée, puis la conjecture que ce système pourrait un jour devenir l'esclave d'un système plus élaboré que lui, capable de le dominer comme il domine les animaux. Une telle description des relations de l'homme avec le monde, qui part de l'existence de sujets et d'objets, ne prétend donc pas expliquer l'origine de ces entités.

Mais le philosophe Heidegger préoccupé par l'être des choses, n'admet pas que nous soyons en relation avec elles à travers une représentation mentale : il rejette le dernier stade du schème sensori-moteur aboutissant au concept. Il n'admet pas davantage que les rôles de notre récit soient tenus par des sujets individuels : destinateur, concepteur, créateur, destinataire, dotés d'une conscience.

Il voit ces personnes comme des manifestations de l'être-là dans un monde. Leur accès au monde s'arrête au stade primitif de l'être ne se

---

[75] PIAGET J. : *L'épistémologie génétique*, PUF Que sais-je ? n° 1399, 1970, pp.14 et seq.

percevant pas comme sa source. L'être a accès au monde dans un sens pratique, jeté dans l'action ; l'objet artificiel n'existe pas dans ce monde, il n'existe que dans l'événement du manque-à-disposition, d'où il émerge comme étant-à-portée-de-la-main. Il se manifeste dans un monde des sens.

Prenons l'exemple usuel d'objet artificiel a priori : le marteau. C'est un étant sous-la-main, qui ne se présente en tant que marteau que s'il est constaté qu'il manque-à-disposition : si le marteau est cassé, s'il est cherché et non trouvé, si on réalise qu'il a été prêté à un voisin alors que le besoin de planter un clou se présente là, finalité en quête d'objet. C'est alors seulement que sa « martéité » émerge, d'objet à concevoir et créer pour planter des clous plus aisément qu'avec un objet naturel dur [76]. Il n'existe qu'en fonction d'une action humaine potentielle, « en puissance », une manifestation de l'être-là à l'intérieur d'un espace de ces potentialités[77], dans un monde, une tradition, un contexte, où elle est *transduite*.

« Moins nous regardons la chose-marteau, plus nous le manions et l'utilisons, plus originelle devient alors notre relation à lui, plus il s'offrira à nous en découvrant ce qu'il est : un outil. Un pur regard simplement « théorique » sur l'apparence des choses ne nous fera pas découvrir un étant disponible sous-la-main[78] »

Main qui voit plus vite que les yeux et le cerveau de celui qui le manie. L'action manuelle possède sa propre manière de « voir » : celle élaborée par Homo Faber ?.

En vérité le marteau, outil élémentaire, n'est pas un objet artificiel très significatif, alors que le philosophe voit l'être de la technique moderne comme un stéréotype achevé, tel que le décrit la notice jointe à l'objet : comme le tableau réduit à une toile peinte, comme un personnage de Molière ou de Racine réduit à un ensemble d'énoncés de sujets du baccalauréat, comme l'étranger vu par le xénophobe[79].

Heidegger agrée l'existence des objets techniques, qui sont bien utiles, mais il dit que « l'essence technique n'est rien de technique », elle est une volonté de dominer, symbolisée par la cybernétique.

Cela n'aidant pas à comprendre l'avènement et l'existence des objets techniques, Simondon remonte autrement, à l'origine même des relations entre l'homme et le monde, à l'état primitif de l'esprit humain et de son

---

[76] WINOGRAD T et FLORES F. : *L'intelligence artificielle en question*, PUF, Paris, 1989, p. 70.
[77] WINOGRAD T et FLORES F. : *op. cit.* p. 66.
[78] STEINER G. : *L'être et le temps*, in : *Martin Heidegger*, Flammarion, Paris, 1987 p. 119.
[79] SIMONDON G. : *op. cit.* p. 202

premier objet, qui selon Auguste Comte est *l'état théologique* commençant par le *fétichisme*, et selon Gaston Bachelard *l'état concret* glorifiant les objets de la nature[80]. Il a appelé genèse d'un objet technique sa formation en un individu ou *individuation*, et veut généraliser ce processus d'individuation, partant de la notion de forme et de celle d'information, au devenir de tout système suffisamment complexe, riche en *potentiels*. Les finalités d'un être vivant non humain étant trop restreintes, il fait appel à l'état magique, phase primitive de la relation de l'homme avec le monde, où il est vrai que la technicité a commencé : apparaissant comme une structure édifiée pour résoudre une incompatibilité, elle a dédoublé l'univers magique originel en faisant émerger une *figure* technique d'un *fond* occupé par l'univers religieux (alors que Durkheim voyait dans cet univers l'origine de toutes les *formes* élémentaires, dont la forme d'objets religieux : pierre, croix, drapeau,...).

Partant de cette origine, le devenir ultérieur confronté à de nouvelles incompatibilités fait émerger à nouveau d'autres dédoublements analogues à une caryocinèse : le technique en *théorie* et *pratique*, le religieux en *morale* et *dogme* ; nouvelles formes de figure et de fond : l'incompatibilité qui les provoque vient « du fait que ces différents modes de pensée sont issus soit de réalités figurales, soit de réalités de fond[81] ».

Le moteur des dédoublements successifs qui conduisent à la technique pourrait être la relation entre figure et fond généralisée par la théorie de la Forme, qui part du schème forme-matière : c'est la distinction figure-fond qui génère l'incompatibilité d'un système avec lui-même, à l'origine lointaine d'un univers antérieur à l'apparition du sujet et de l'objet et donc de l'objet artificiel et technique définissant une relation entre l'homme et le monde.

Plusieurs exemples évoqués dans ce livre tendent en effet à s'approcher de considérations de cette origine : le candidat créateur s'efforce, comme le démiurge de Platon dans *Timée,* de fabriquer une perfection, de réduire l'écart du sensible à un intelligible pris comme modèle d'excellence, de beauté, mais dont le sensible n'est qu'une copie, qui ne peut être *vraie*. Tentant de mettre ce qui lui semble de l'ordre là où il voit du chaos, ce créateur guidé par l'abstrait peine *à faire simple*, dans le monde des objets concrets qui *fait compliqué*. Il est tenté de chercher sa *vérité* dans ce qu'il appelle *pur*, sans mélange, sans pièce rajoutée, en opérant une *réduction* du réel : réminiscence des savants grecs antiques dont la philosophe Simone Weil croyait qu'ils n'étaient pas matérialistes, et regardaient la

---

[80] BACHELARD G. : *La formation de l'esprit scientifique*, Vrin, 1980, discours préliminaire, p. 8
[81] SIMONDON G. : *op. cit.* p. 219

science comme une étude religieuse, en relation avec la pureté[82]. La réduction, la purification, est une forme de déracinement, d'arrachement des racines aux choses pour obtenir l'abstraction, parvenir à la généralisation. Peut-être est-ce une tentative inconsciente de retrouver l'être dans la nature, pendant une mise entre parenthèse d'un but suspecté. Ce rapport entre vérité et pureté apparaîtra dans les exemples décrits comme une voie privilégiée mais paradoxale pour la création.

Notons que ces « savants » antiques étaient souvent des philosophes de la nature tentant d'expliquer le monde sans faire beaucoup d'expériences, techniques reléguées dans la *techné*, pour vérifier le bien fondé de l'explication, de l' *epistémé* : des penseurs de concepts gardant les mains dans leurs poches pour éviter de manipuler l'impur par une telle pratique ; à l'exception possible des architectes, des sculpteurs, des facteurs d'instruments de musique, ils étaient des hommes libres qui commandaient à des esclaves le travail à effectuer dans un atelier qu'ils ont dû voir comme une boîte noire, limitant le champ de la vérité à expliquer : ils ordonnaient la création d'une forme précisée par un dessin à l'aide d'une matière montrée du doigt, sans se préoccuper de la manière dont cette matière utilisable avait été élaborée peu à peu à partir de la nature au cours des siècles passés, et des formes qu'on pouvait ou non parvenir à réaliser avec la matière indiquée, en lui appliquant les forces qu'elle pouvait supporter, découvertes par essai et erreur.

De nos jours, une science actrice, un nouveau modèle de science créé en vue de mieux expliquer des aspects du monde que le meilleur modèle existant qui l'explique mal ou pas du tout, peut être considérée sous un angle pratique comme un objet culturel particulier conçu pour atteindre un but humain : le *désir de comprendre la nature* ; à plus forte raison si ce modèle permet de maîtriser des phénomènes utilisés dans des applications pratiques recherchées : autres buts humains, même si on ne les comprend pas, comme par exemple l'ordinateur quantique, l'ADN, ou l'imprimante du bureau.

Une finalité donnée peut être réalisée à partir de fonctionnements et structures très différents sans rapport de nécessité avec le but recherché.

---

[82] WEIL S. : *L'enracinement*, Gallimard Essais 1949.

III

Collection de Modèles

RÔLE DE L'IMITATION

L'origine primitive d'un but recherché, exprimé ou non, est souvent un besoin naturel, auquel l'homme répond par ce qu'il croit être *une imitation de la nature*, source de *modèles* dont il pense qu'ils méritent d'être imités.

Un *modèle* est *ce qu'on imite*, parce qu'on a vu ce qu'il a fait et qu'on a jugé que *cela était bon*. C'est un moyen d'expliquer et de prévoir les phénomènes, par leur répétition, leur imitation d'un phénomène semblable ou analogue. Il met en valeur le *raisonnement par analogie*, dont il y a lieu d'explorer le domaine de légitimité, qui est vaste.

Mais le rôle de l'imitation dépasse de beaucoup cet aspect. Il s'est trouvé avantageux pour l'espèce, pour persévérer dans son propre être selon les lois de l'évolution, de s'organiser en société, et d'utiliser alors intensivement *l'imitation d'autrui,* qui a participé à l'origine du développement du cerveau : elle est la base de l'apprentissage, et explique un dépassement des besoins, le *désir d'imiter un Autre*, dont on envie le sort. On imite un Autre parce qu'on a vu, ou entendu ses actes et observé leurs avantages ; on a aussi découvert récemment chez le singe ou l'homme que s'il observe une action d'un Autre, des *neurones miroirs* la reproduisent dans son cerveau, sans commander une action : les neurones sensoriels mais non moteurs de son cerveau ont copié ceux de l'Autre ; sous l'action du sens de la vue, l'homme a imité l'Autre en puissance mais non en acte.

Les neurones miroirs pourraient donc être le moteur d'une communication non verbale : ils identifient la personne imitée comme un être de la même espèce animale, pour être sensibilisés aux signaux qu'ils en reçoivent. C'est dans la petite enfance que l'appareil neuronal humain s'est structuré par mimétisme de l'entourage parental qui a constitué son apprentissage primitif. Le mimétisme commande l'apprentissage par imitation notamment des gestes du langage.

Désir mimétique et création

René Girard, est l'auteur de la théorie du *mimétisme*[83], qui s'occupe de l'être en tant qu'autre : il a décrit des mécanismes d'imitation qui jettent un éclairage pénétrant sur les exemples qui seront évoqués. L'existence des neurones miroirs de découverte récente conforte ses thèses.

Il soutient que tout Sujet éprouve des désirs qui ne lui sont pas propres, qui imitent en fait des désirs d'un *Autre*, jouant le rôle décrit plus loin[84] d'un Médiateur, que le Sujet désirant a pris pour *modèle*, qui peut être n'importe quelle personne qu'il a vu, mais qu'il peut aussi bien n'avoir jamais vu : un héros de roman qu'il a lu, ou vu joué par un acteur au théâtre ou dans un film.

On est donc tenté d'élargir le but humain d'un objet artificiel, de considérer ce dernier comme *objet d'un désir* de son concepteur créateur : cet objet proviendrait de l'imitation de l'objet imaginé par un Autre, qui l'aurait conçu comme objet de son propre désir, pour répondre à un but semblable, proposé à des Destinataires.

Le *désir de l'objet du désir d'un Autre*, qu'un Sujet désirant éprouve, est une modalité de la *puissance* dans la métaphysique d'Aristote (synonyme de *pouvoir*), qui trouve donc elle aussi un support dans cette découverte biologique[85] : la possibilité de changer d'état, en activant un potentiel au départ non structuré. Puissance *passive* du Sujet : changement qu'il est susceptible de subir *par l'action d'un autre être* (le Médiateur), *en tant qu'Autre*. Puissance *active* du Médiateur : sa capacité d'agir sur le Sujet, *d'opérer un changement dans un autre être en tant qu'Autre*.

L'imitation mimétique est l'opération transitive, *l'acte* qui réalise ce désir, ce que l'être imitant est à l'être désirant. Le désir de l'objet du désir de

---

[83] GIRARD R. : *Des choses cachées depuis la fondation du monde*, Grasset Livre de Poche 1978, pp. 15 et 48.
[84] cf. ch.VI p. 179 et ch. X p.270
[85] Cette puissance métaphysique rappelle en physique l'*énergie potentielle* qui mesure la capacité d'un système à produire du travail (la « vigueur »), la *puissance* physique étant l'énergie fournie par unité de temps, (un flux métaphysique d'effort)

l'Autre inspire au *Sujet désirant être créateur*, soit l'imitation par *ressemblance* avec l'objet du désir de l'Autre, dont il imite l'*apparence*, le *comportement* ; soit *l'analogie* avec ce modèle, dont il cherche à imiter l'*opération*, à reproduire l'*action*. Suivant que le modèle est proche ou lointain, voire imaginaire, le sujet destinataire peut éprouver un désir *physique* d'*appropriation*, la désir d'*avoir* l'objet que l'Autre désire, ou un objet semblable ; ce désir engendré par la vanité, l'envie, la jalousie, peut prendre une forme violente ; ou bien il éprouve un désir *métaphysique*, celui d'*être* cet Autre, de *faire* ce que cet Autre *fait* de l'objet de son désir : donc un désir d'*usage* de cet objet pour atteindre un but.

Cet objet de désir répond-il à la définition d'un objet artificiel ? Il est identifié tout d'abord comme étant là, devant le Destinataire, à disposition ou non de son désir : mais il n'est pas à disposition s'il n'a pas encore été créé ; à plus forte raison risque-t-il de tarder beaucoup à devenir objet du désir d'un Destinataire si l'un des moteurs de l'imitation : mode, snobisme, vanité, envie, ou usage utile, n'est pas mis en oeuvre, devenant une embûche majeure à la création.

Cette intervention d'un Médiateur, d'un être en tant qu'autre, comme inspirateur d'une action créatrice est donc contestée par beaucoup, qui ne manquent pas de demander : qui le Médiateur lui-même a-t-il imité pour désirer l'objet de son désir? Cette question implique la prise en compte d'une société de Sujets désirants : elle commence à deux, et dès ce nombre on va poindre les phénomènes de rivalité, de violence réciproque. Tout être humain a commencé à imiter dès son plus jeune âge son entourage immédiat.

Mais les objecteurs préfèrent s'en tenir à la transformation d'un objet perçu en objet de désir sans médiateur, décrite par Stendhal, qui en a proposé comme modèle la *cristallisation* se formant sur le rameau qu'on jette dans une mine de sel à Salzbourg. Considérons le désir comme un état, psychologique. La cristallisation, comme la création, et comme l'imitation, est un processus, et non un état. L'imitation analogique est un processus de renouvellement d'un état. La cristallisation serait le changement qu'un Sujet subirait : l'apparition d'un désir, par l'opération d'un Objet de ce désir, par l'activation d'un potentiel déjà présent dans l'objet, sans imitation apparente d'un tiers, donc différente d'un mimétisme. Pourtant ce processus aboutit à un cristal, proche de l'éternité qui lui donne l'apparence d'un état, *métastable* et au surplus résultat d'une multiplication d'imitations de lui-même : « *une infinité de diamants mobiles et éblouissants, où l'on ne reconnaît plus le rameau primitif* ».

Le processus de cristallisation que Stendhal illustre par le dessin d'un chemin allant des tours penchées de Bologne à la basilique Saint Pierre de Rome renvoie à une interprétation phallique de la croissance d'un cristal. Au plan corporel, l'apport par les cinq sens à l'appareil neuronal établit une communication directe du Sujet avec un Objet de l'environnement, qui engendre une résonance avec la communication d'un autre Sujet si ces deux individus appartiennent à la même espèce, s'ils ont « des atomes crochus » d'origine quelconque : si le phénomène de cristallisation présente une ressemblance de ce type avec l'action des neurones miroirs, le désir résultant d'une résonance apparaît comme une forme extrême d'empathie.

La *fascination* serait à l'inverse un état, provoqué par une forme d'antirésonance : un comportement extrême d'attraction et de répulsion simultanée inhibe les réactions d'un animal, immobilisé par la perception d'une *forme* qui pourrait être aussi bien celle d'une proie que celle d'un prédateur, provenant du sens de la vue, de l'ouïe, de l'odorat : le réflexe d'attaque et celui de fuite se compensent et l'animal ne bouge plus, paralysé dans son action, qui aboutit à l'équilibre *stable* de l'immobilité.

Le chercheur qui se propose de créer un appareil ou un système répondant à un but, mieux que ne le fait un système existant, est vu comme un rival qui valorise son but si le public l'adopte, ou comme un modèle à imiter pour répondre au même but ou à un but amélioré. Dans notre récit de la conception et de la création d'un objet artificiel, celui-ci manquant à disposition ou mis à disposition d'autrui apparaît ainsi avec des caractères propres à un être vivant. *L'illusion créatrice* qui émerge *naît* dans l'imagination du créateur, substituant à la vision de son rival une vision concurrente semblant satisfaire un tel but, ambitionnant parfois d'en opérer une transfiguration : son *désir* projette autour de lui un univers de *rêve*.

Pour reprendre une image de René Girard[86], l'imagination du créateur *fécondée* par le modèle imité (par l'imitation de ce modèle) *conçoit* puis *donne naissance* à un objet artificiel : une invention dont la genèse venant de l'objet imité fait partie de son être. Mais ce n'est encore qu'une image.

---

[86] GIRARD R. : *Mensonge romantique et vérité romanesque*, Fayard/Pluriel, 2010, p 31.

STRUCTURE ET PROCESSUS

Pour Gregory Bateson[87], le *modèle de l'événement qui advient* à un objet est une interaction entre la *structure* (une forme) des éléments de cet objet et un *processus* (un flux d'événements), actionné par l'énergie du système : deux concepts bien utiles, qui couvrent à peu près tout ce dont il est question dans ce livre, en y ajoutant un éclairage historique convenable quand l'information à transmettre n'a rien à voir avec l'énergie et ne compte pas par sa quantité mais par sa nature. La structure intervenante consiste en un *seuil de perception*, dépendant de la forme de l'information plutôt que de sa quantité, à partir duquel elle active le déclenchement d'un événement.

Ainsi la transmission au suivant : l'évolution des espèces, l'hérédité des caractères acquis, l'embryologie sont des processus ; l'espèce ele-même, le caractère acquis, les organes sont des structures.

L'Analogie, modèle de l'Abduction

Un *modèle* a pour vocation de *comparer* des objets, ou de préférence des événements, isolés si c'est possible, en vue de les *comprendre* et s'il y a lieu de les *imiter* : il est donc utile pour étudier la *communication* et l'*information,* qui sont des *relations,* examinées en détail plus loin. À cet effet on part de ressemblances constatées dans une comparaison de comportements, qui démontre une *analogie* enre la forme des relations, et on cherche à expliquer ces similitudes, par des lois de forme semblable.

« L'analogie est le fondement de la possibilité de passage d'un terme à un autre sans négation d'un terme par le suivant. Elle a été définie…comme une identité de rapports, pour la distinguer de la *ressemblance* qui serait seulement un rapport d'identité [88] ».

On appelle *abduction*[89] ce mode de raisonnement : c'est un langage commode pour comparer, à l'aide de modèles, des *relations à l'intérieur* d'un objet modélisé avec des *relations à l'extérieur* du modèle, alors que le langage ordinaire commence par nommer, caractériser, comparer les *éléments* du modèle, et peine ensuite à représenter leurs relations.

---

[87] BATESON G. : *op. cit.* pp. 57-58
[88] SIMONDON G. : op. cit. p. 261
[89] BATESON G. : *op. cit.* pp. 59 et 236-237

Son origine est la suivante : est-il possible de comprendre puis décrire une chose, un événement, en le comparant à quelque chose autour de soi, qui « semble » être soumis à des *lois* similaires, analogues, qui puisse à cet égard servir de modèle conducteur, en suggérant une explication possible?

Plus précisément, appelons *similitude* un mode de comparaison entre des *structures* : entre les propriétés d'état des éléments du modèle et celles de l'objet modélisé. La recherche par *analogie* est un mode de comparaison entre des *processus*, entre les lois qui gouvernent les fonctionnements, les changements d'état, entre ce que ces objets *font*, plutôt qu'entre ce qu'ils *sont*, à quoi ils ressemblent : donc entre des *relations*. Comparant le *déroulement* d'une vie à celui d'une journée : deux processus, l'analogie affirme : « la vieillesse est le soir de la vie », sous-entendant que le soir est la fin d'une journée. L'événement qui advient étant une interaction entre le processus et la structure, cette dernière est impliquée indirectement.

C'est la démarche de l'*abduction*, à la fois étrange et très répandue : elle prend la forme de la métaphore, du rêve, de la parabole, après celle du totémisme à son origine probable magique, animiste ; elle intervient dans toutes les formes de la culture, et provient sans doute d'une forme archaïque de la pensée, qui peine à fonctionner sans comparaison, qui se renforce par la répétition, s'appuie sur l'imitation.

Le champ d'application de *l'abduction* est extrêmement vaste : l'anthropologue Bateson qui l'appelle *syllogisme de la métaphore* l'applique à tous les processus mentaux, aux régles, à l'apprentissage, à l'évolution, et y voit le ciment qui fait tenir ensemble toute science, toute religion, en tant qu' « opération qui choisit dans des champs différents les traits qui'ils ont en commun[90] » ; le philosophe Simondon en étend l'application au niveau physique, vital, psycho-social et collectif, et l'appelle alors *transduction* ; mais le raisonnement par abduction ne sera évoqué ici que dans ses applications à des objets artificiels techniques ou culturels.

Le raisonnement par abduction sur l'observation d'un phénomène nouveau, d'un événement E qui apparaît, est relatif à des objets concernés par leur relation avec l'événement et non par leurs propriétés, leur structure ; il mène à une inférence : le phénomène E pourrait être l'effet logique d'une cause C qu'on avance ; la cause C a produit un événement E' ressemblant à E ; on a donc des raisons de *supposer* que C aurait pu intervenir et de chercher à le vérifier. C'est le schéma de la découverte d'une idée vraiment nouvelle C, susceptible de conduire à une *invention :* en

---

[90] BATESON G. : *op. cit.* p. 59

avançant une théorie sur le phénomène observé, on va vers *l'hypothèse* au lieu de partir d'elle.

Des savants antiques, philosophes de la nature, pratiquaient un commencement de raisonnement par abduction en avançant sur un phénomène observé l'hypothèse qu'il pourrait être l'effet d'une cause produisant un autre événement semblable, mais sans chercher à le vérifier par une expérience probatoire. Les anciens ne pouvaient donc en conclure que : «Untel soutient que C est la cause de E», sans plus.

L'abduction est l'indication suggérée par la situation logique, qui intervient comme un produit de l'évolution : pourquoi cette hypothèse-là plutôt que des milliers d'autres possibles, la première ayant été une intervention divine ? il y a une affinité entre l'être humain, et le monde qu'il essaie d'expliquer. La recherche part de l'hypothèse occasionnée par une surprise, une nouveauté. La nécessité d'un test ultérieur est une exigence d'intelligibilité, justifiant un critère de testabilité, à l'inverse de la démarche de Popper (critère de falsifiabilité). Selon le logicien Peirce l'expérience dit *quand* la conjecture est fausse[91] et qu'il « *vaut mieux* » en chercher une autre. De l'hypothèse on déduit, on prédit des conséquences : c'est bien la fin, le but utile d'une déduction. Puis on cherche si elles sont confirmées par l'expérience.

Par comparaison, le raisonnement par *induction quantitative* teste une hypothèse préalable, dont on compte les réussites : les *big data* favorisent leur décompte, leur multiplication, leur abondance tient lieu de preuve. Mais les exceptions, traitées de « points aberrants », peuvent devenir un jour sources d'une découverte importante. *L'induction qualitative* part d'une hypothèse formulée a priori sans connaître le phénomène, teste si ce qu'on observe correspond à ce qu'on attendrait si l'hypothèse était correcte, peut elle aussi aboutir à des « cas aberrants ».

L'induction *ne fait découvrir aucune hypothèse :* elle a été formulée avant, d'après une base intuitive, et l'induction cherche confirmation.

En fait nous recueillons des informations pour construire des images et nous les résumons par des structures. Puis nous comparons les images pour tenter de montrer comment nous pourrions les classer comme obéissant aux mêmes règles : c'est cette dernière étape qui est l'abduction, ce processus illustre le réseau mental dont nous faisons partie.

Ainsi la *science en acte* peut être considérée comme un *objet culturel* susceptible de servir de *modèle* pour *comparer* une réalité sensible à une forme intelligible, un phénomène à une hypothèse, ce qui est une forme

---

[91] TIERCELIN C. : *op.cit.*, p.95, 103

d'abduction : à l'inverse de la concrétisation de l'objet technique qui consiste à utiliser d'une manière intégrée le plus grand nombre possible de phénomènes intervenant dans le milieu intérieur de l'objet, ce modèle culturel est conçu au contraire pour acquérir des connaissances sur un de ces phénomènes, bien *séparé*, dans le but de comprendre si le fonctionnement de l'objet technique est dû à une cause supposée bien déterminée et non à une autre, et de disposer ensuite d'un guide scientifique pour la concrétisation de son application.

À cet égard le phénomène à modéliser est *isolé* en supprimant ou réduisant la possibilité d'intervention de phénomènes accompagnateurs : on tend de la sorte à réaliser *l'objet culturel le plus abstrait possible* dans l'intention d'étudier cette abstraction, de la comparer à un éventuel modèle théorique à vérifier par une expérience probatoire.

Citons à titre d'exemples de vérification de la cause d'un phénomène : le plan incliné de Galilée, la machine d'Atwood, les cornues de Lavoisier et de Pasteur, le pendule de Foucault, l'interféromètre de Michelson, celui plus récent qui a détecté les ondes gravitationnelles, les images programmées du chaos, des fractales[92].

En revanche la plupart des objets artificiels manifestement techniques et sujets à une concrétisation extensive, tels que la boussole, la poudre à canon, le cerf volant, l'imprimerie, ou la photographie, le gramophone, le cinéma, une fois inventés, n'ont pas d'autre finalité culturelle que celle résultant le cas échéant de leur finalité sociale, et on pourrait ranger dans cette catégorie tous les objets techniques actuels de l'information et de la communication de grande diffusion ; étant entendu qu'à l'occasion il a pu s'avérer nécessaire de réaliser un objet abstrait à but culturel déterminé de vérification des connaissances, avant, pendant ou après l'invention de l'objet technique.

Pour illustrer le trajet de l'abduction, je cite un exemple tiré de mon expérience personnelle, concernant les fours à flamme, de bois ou de tout autre combustible.

La finalité d'un four à flamme est d'obtenir un « bon travail du four » en facilitant le plus possible un échange de chaleur par convection et rayonnement entre un fluide chauffant (un gaz) et les objets à chauffer (des solides en général) : dans ce but, les constructeurs de fours à flamme utilisent un effet aérodynamique connu sous le nom de *phénomène de Grjimailho*.

---

[92] Ajoutons-y le modèle d'une expérience simple probatoire effectuée par l'auteur, décrite dans son livre : *Avatars de la vérité*, ch. 8, et dans l'article de Wikipedia sur *l'Effet Coanda*, conduite pour cerner les conditions dans lesquelles cet effet se produit.

Voici quel était le problème de l'ingénieur russe Groumé Grjimaïlho au début du vingtième siècle : au contraire des châteaux d'eau installés sur une hauteur pour faire descendre vers la vallée l'eau sous la pression due à la gravitation terrestre, les fours industriels sont installés le plus bas possible dans cette vallée, car les gaz chauds utilisés, plus légers que l'air constituant l'atmosphère, ont tendance à monter sous l'effet de cette même gravitation terrestre. Groumé Grjimaïlho fut amené par les circonstances décrites plus loin à *inventer la simulation* de la circulation des gaz froids et chauds par des maquettes de four remplies d'eau et de pétrole, qui mit en évidence, par analogie, le phénomène à maîtriser : de même que l'énergie hydraulique naturellement désordonnée d'un torrent de montagne descendant une pente peut être captée en dressant un barrage qui la transforme en énergie uniquement potentielle sans tourbillons, utilisée en déversant l'eau ainsi calmée par un *déversoir*, qui en assure l'écoulement régulier vers la vallée en énergie cinétique coordonnée pour faire tourner une turbine, de même dans un four à flamme un flot naturellement torrentiel de fumées montantes est recueilli au toit dans un *inversoir* qui inverse ce flot en un débit descendant régulier, qui transmet plus efficacement sa chaleur aux corps à chauffer par convection.

La formulation mathématique exprime l'existence d'une énergie potentielle du gaz, qui est transformée en une énergie cinétique coordonnée, sans la gaspiller en énergie d'agitation turbulente : perte qui diminuerait l'énergie du gaz chaud venant au contact de la charge et susceptible de lui en transmettre sous forme de chaleur.

Voici maintenant comment Groumé Grjimaïlho raconte ses débuts d'ingénieur métallurgiste frais émoulu de l'Institut des Mines de Saint Petersbourg, affecté à l'usine de Salda, dans un livre qui date de l'époque tsariste[93]. Il témoigne de la difficulté de communiquer sans un langage approprié :

> « La surveillance du travail des fours était confiée à un vieillard, Pierre Chicharine, homme doué d'une vaste intelligence mais illettré. Cela ne l'empêchait pas de dresser lui-même les projets de nouveaux fours variés dont il savait toujours obtenir un bon travail (N.B : c'est à dire une bonne quantité de chaleur). Sur quels principes se laissait-il guider, il ne pouvait le dire malgré le désir sincère qu'il avait de me faire comprendre le sens des choses. Son seul argument était : « Il faut faire ainsi, autrement vous n'arriverez à rien.- Pourquoi? - A cela, il ne pouvait jamais me répondre. » ... Ce n'est qu'au bout de dix ans que j'osai faire des objections à mon

---

[93] GROUMÉ-GRJIMAÏLO W-E. : *Essai d'une théorie des fours à flamme basée sur les lois de l'hydraulique,* Dunod , Paris, 1920, Avant Propos. Original russe : 1914
NB : cette référence est un objet introuvable sur Internet.

professeur. Au bout de quinze ans seulement je me hasardai à établir un projet de four nouveau. Mon maître me rapporta au bout de quelques jours mon dessin ; la moitié était effacée et refaite : « Il faut faire ainsi, autrement vous n'arriverez à rien ». Quoique mon amour propre de directeur d'usine (place que j'occupais à l'époque) fût touché, je dus reconnaître que le vieillard avait raison... Ce n'est qu'au bout de vingt ans que j'arrivai à pénétrer ces mystères de la construction des fours. Je compris que chaque four représente un récipient hydraulique (où la gravité jouait à l'envers : de bas en haut). Puis je pris plaisir à enseigner. Le temps nécessaire pour enseigner à un jeune ingénieur la question des fours a été réduite à un mois... à une soirée pour un employé expérimenté »...

Que de temps pour communiquer avec la nature via l'intuition d'un illettré local ! De même que les gaz de fours ont un débit régulier quand on les force à circuler en sens inverse de leur écoulement naturel sous l'effet de la gravitation, la perception du réel enfin acquise à l'aide d'un modèle qui faisait s'écouler rationnellement la compréhension des fours, allait en sens inverse du langage naturel plutôt métaphorique de Chicharine, qui répondait à une autre logique, celle de la « pensée sauvage ». Aurait-il été possible d'économiser vingt ans d'efforts de compréhension de la pensée sauvage de Chicharine ? Il ne savait pas lire, il communiquait en dessinant, il ne parlait que pour dire : « oui, ceci marche ; non, cela ne marche pas », et du sens émergeait de l'application de ces propos binaires : l'interlocuteur idéal pour un ordinateur à circuiterie parallèle distribuée ! A l'avenir l'informatique digitale parviendra à simuler la pensée de Pierre Chicharine, homme neuronal par excellence, bien avant celle des Grjimaïlho, et à aider à construire des machines sans « savoir »(à notre manière) pourquoi elles marchent. Dans les sondages psychologiques, l'aptitude à raisonner par syllogismes est souvent prise comme critère de classement. L'anthropologue Bruno Latour retient dans ses lectures celui-ci qui met en cause la *pensée sauvage* :

« Qu'est-ce qui est classé ?...les capacités cognitives des paysans russes? Non, le nombre d'années d'école... Lorsque Luria demande à un paysan russe : « Dans le Nord tous les ours sont blancs, la ville de Minsk est dans le Nord, quelle couleur ont les ours à Minsk ? il répond : « Comment le saurais-je, demandez à votre collègue, c'est lui qui a été à Minsk, moi je n'y ai jamais été ». Ils acquièrent par dressage et discipline le métier d'écolier...Il n'y a que des différences de métier, ...il n'y a aucune preuve que différentes espèces de raisonnement existent ; nous ne pouvons pas mettre en évidence une pensée primitive[94] ».

---

[94] LATOUR B. : *Une introduction à l'anthropologie des sciences et techniques*, in : *op. cit.*, Sociologie de la traduction, pp 36-37.

Un paysan de Corrèze ou du Danube aurait donné une réponse similaire à Luria. Chicharine ne connaissait sûrement pas non plus les syllogismes BARBARA, CELARENT, BARALIPTON, que le Maître de Philosophie voulait enseigner au Bourgeois Gentlhomme, qui n'en avait rien à faire, mais il suivait sa propre chréode, creusée à coups d'essais-erreurs : les siens et ceux qu'il devinait chez son interlocuteur. Il appliquait alors naturellement à l'essai-erreur le syllogisme BAROCO, une forme de déduction: « Pour y arriver il faut faire ainsi, vous n'avez pas fait ainsi, donc vous n'arriverez à rien », et le récit montre qu'il avait pratiqué l'abduction sans le savoir, comme M. Jourdain la prose, pour acquérir sa science.

Cela met déjà en évidence la présence de deux espèces de raisonnement, ou même trois : Stuart Mill a fait remarquer que dans la pratique il est presque impossible de déduire sans induire un petit peu, involontairement, en partant d'une prémisse invérifiable, un quantificateur « presque » universel. « Dans le Nord tous les ours sont blancs » : ah bon ? vous les avez tous comptés et vérifié leur couleur, vraiment ? Le paysan russe a raison : qui a compté tous les ours dans ce Nord ? où commence et où finit le Nord ? le contour est flou, il contient un loup, selon un dicton à la mode.

J'ai été consulté dans les années 1950 par un constructeur de fours, en tant que spécialiste de mécanique des fluides, pour « vérifier les calculs » d'un éjecteur, utilisé dans un *four de recuit* d'objet métallique de grande taille (éléments de char) pour homogénéiser la température dans le sens vertical en inversant le sens des gaz à la Grjimailho : à cet effet le gaz du four était entraîné à l'aide d'un éjecteur à travers un canal vertical vers le haut, d'où il redescendait du toit comme d'un inversoir ; l'éjecteur construit en un matériau réfractaire résistant à la température du four consistait en une lance introduisant un jet de gaz dans un venturi convergent-divergent débouchant au toit. Contrairement à l'attente, le travail de cet éjecteur ne produisait pas le moindre effet sur la répartition de la température qui présentait une différence de plus de cent degrés entre le haut et le bas ! On en induisait à première vue que l'éjecteur n'avait pas le bon profil pour fonctionner correctement. N'ayant rien trouvé à redire sur les plans de l'appareil, j'ai demandé à visiter le four lors d'une période de révision. Au bout d'une longue inspection je n'y ai rien trouvé d'anormal non plus, mais en fin de journée j'ai repéré un jeune ouvrier qui était en train de remonter un éjecteur : celui-ci consistait en un empilage de briques réfractaires formant le profil voulu, que le jeune maçon assemblait à l'aide d'un liant consistant en un coulis de matériau colloïdal qu'il répandait à grands coups de truelle entre les briques. Je lui demandai pourquoi il en mettait une si grande quantité : il me répondit que c'était « pour que ça tienne bien ». Je ne pouvais qu'approuver sa conscience professionnelle, avant de lui enjoindre de se servir d'un ringard pour déboucher la lance de l'éjecteur remplie de coulis et de nettoyer l'intérieur du venturi, et tout est rentré dans l'ordre sans calculs.

Le maçon de Roubaix n'est ni plus ni moins futé que le paysan russe ou le maçon chinois qui a construit la Grande Muraille : son rôle consiste à construire un mur en liant des briques empilées ; il apprécie qu'on lui fournisse des briques creuses : elles sont plus légères à porter. Certaines de celles-là avaient une forme bizarre, mais une brique est une brique. On avait manifestement omis d'expliquer au maçon qu'elles servaient à injecter un jet : ce n'était pas son affaire !

L'opération de recuit d'un objet métallique consiste à le chauffer puis à le refroidir lentement de manière contrôlée : elle a pour objet de relaxer les contraintes internes mécaniques ou thermiques qui ont pu se produire pendant la production du matériau au cours d'une coulée ; les atomes n'ont pas le temps de se placer dans la configuration la plus solide, la plus stable, celle d'énergie minimale : la plus stable parce que toute l'énergie potentielle a été activée, n'est atteinte qu'après avoir traversé des minima relatifs de plus en plus petits à chaque utilisation d'énergie potentielle correspondant à une cristallisation partielle.

L'opération de recuit agit sur la taille des grains cristallins : les cristaux de matière se reforment, croissent vers l'équilibre le plus stable lentement ; plus on refroidit vite, plus les grains seront petits. Si on refroidit très vite, le métal est trempé, plutôt que recuit.

L'opération de recuit a donc pour finalité de parvenir à minimiser l'énergie potentielle contenue au niveau microscopique dans le matériau. Un objet subissant une opération de recuit présente la propriété curieuse d'un cycle de descentes puis de remontées d'énergie potentielle à des niveaux décroissants, *analogue* au potentiel de gravitation d'une nacelle parcourant des montagnes russes, comme la nacelle du *scenic railway* dans le foires : la nacelle acquiert son potentiel en étant soulevée jusqu'au sommet par un ascenseur, puis le fait varier en descendant et montant sur les rails et traversant une succession de positions d'équilibre intermédiaire dans des cuvettes de plus en plus basses, dont elle franchit le bord tant qu'elle est activée par une énergie suffisante, supérieure à celle au niveau du bord. L'équilibre au fond de chaque cuvette n'étant ni stable ni instable, porte le nom *d'équilibre métastable :* il joue un grand rôle dans les modèles exposés ci-après. La nacelle descend de vallée en vallée plus basse en suivant un chemin d'un gradient local montant et descendant, qui n'aboutit à l'équilibre stable, au point de départ au bas de l'ascenseur, que dans la dernière vallée où elle épuise enfin sa réserve d'énergie gravitationnelle.

Un exemple analogue à deux dimensions est la descente en montagne en prenant en tout point le chemin de plus grande pente *locale* vers une vallée plus basse à chaque endroit au cours d'une promenade à pied, ou en skis en tournant en festons (activés par « flexion-extension » sur les skis) autour des bosses séparées par des creux précédemment créées par le passage « torrentiel » des skieurs. Si le promeneur se trouve bloqué dans un cirque intermédiaire, il peut tenter d'en sortir en fournissant son énergie propre pour franchir une crête locale et poursuivre la descente par un autre chemin. Imaginons de même le parcours d'une balle lancée au hasard sur un golf miniature accidenté : si la balle est poussée doucement elle oscille autour du fond d'une cuvette sans en sortir ; si on la pousse plus fort on augmente la probabilité pour que la balle aille vers une cuvette plus basse mais cela peut durer longtemps. En la poussant violemment on franchira d'autres crêtes plus fréquemment mais la probabilité d'aboutir dans une cuvette plus haute ou plus basse sera la même. Il « vaut mieux » commencer par pousser très fort, puis secouer de moins en moins fort : c'est l'analogue à deux dimensions de l'opération de recuit.

Si dans un système complexe à de nombreuses dimensions on imagine d'opérer ainsi par une *analogie très abductive* une *simulation du recuit*, en faisant varier une fonction d'état analogue à la *température* agissant sur des potentiels, on pourra voir émerger par une action analogue à de *l'agitation thermique* une énorme variété exponentielle de chemins échappant à l'équilibre *métastable* d'un minimum local, tels que chacun d'eux ait une très faible probabilité d'occurrence mais que le système ait de fortes chances de franchir des barrières, et même d'atteindre l'équilibre stable du potentiel minimum. Cette méthode du *recuit simulé*[95] est utilisée dans les réseaux informatiques à distribution parallèle imitant les réseaux neuronaux du cerveau, pour une recherche heuristique du minimum d'une fonction de coût à variables multiples. L'exemple le plus connu est la recherche du plus court chemin dans la tournée d'un voyageur de commerce visitant chaque ville une seule fois : les distances entre villes sont les analogues des potentiels.

---

[95] RUMELHART D , et McLELAND J. *Parallel distributed processing*, MIT Press, Cambridge Mass., 1986, Vol I, pp. 287-288.

Modèles de la Transduction : notions de base

Pour expliquer l'univers, les anciens s'appuyaient sur un *principe constitutif du monde* : l'*arkhé*, capable d'agir sur un *élément* matériel, le *stoikhéion*, susceptible de transformations assez souples pour prendre toute la diversité des apparences du devenir.

La pensée du philosophe Simondon s'inspire de celle du philosophe ionien Anaximandre, qui a proposé comme *arkhé*, principe à l'origine de tout ce qui existe, l'*apeiron* : l'illimité en étendue, sans contour externe ; l'innombrable en quantité ; l'indéfini en qualité, sans limite interne ; l'inengendré, l'immortel, sans commencement ni fin, cause de la genèse comme de la destruction de toute chose, et a choisi ensuite de représenter les formes changeantes du devenir par « les contraires ».

Dans un esprit voisin, Simondon propose une représentation modernisée de l'*apeiron* d'Anaximandre, basée sur les dernières connaissances scientifiques. Au lieu d'aborder la réalité de l'être comme *individu* constitué et donné, et chercher ensuite quelle est son origine, il admet l'existence préalable d'un *état préindividuel*, devenir de l'être, équivalent de l'*apeiron*, de l'*être en tant qu'être*, d'où émerge la genèse d'un processus d'*individuation*, de réalisation d'un individu, *être en tant qu'il devient*.

L'individu n'advient pas à partir de rien, il est précédé d'une *réalité préindividuelle* : Simondon l'avance comme une hypothèse à examiner, une dimension du réel qui échappe à la perception, un *apeiron*. Elle échappe aussi à la connaissance, puisqu'aucune logique, aucune norme n'est disponible à ce niveau pour l'introduire : nous ne pouvons pas *connaître* le préindividuel, ni même avoir une *connaissance* de l'individuation, au sens habituel de ce terme : « *nous pouvons seulement individuer, nous individuer (individuer notre pensée) : cette saisie est donc en marge de la connaissance proprement dite, une analogie entre deux opérations, ce qui est un certain mode de communication*[96] »

L'individuation est un *processus*. L'*être* de l'objet peut être *connu* par le sujet, mais c'est *par l'individuation de la connaissance* que l'individuation des objets sera *saisie*. Pour donner consistance à ce préindividuel, il l'introduit comme un système recélant des *potentiels énergétiques en état de tension et d'incompatibilité*, au lieu de l'énergie potentielle usuelle susceptible d'être activée, qu'il réserve pour l'individu à venir.

---

[96] SIMONDON G. : *L'individuation à la lumière des notions de forme et d'information,* Millon, Grenoble 2013, p.36

A première vue Simondon semble ainsi s'inscrire dans la lignée de ceux qui, au lieu d'*opposer* le devenir qui s'écoule d'Héraclite à l'être immobile de Parménide, les *composent* en un *être-devenir*, « *mode de résolution d'une incompatibilité initiale riche en potentiels* » « *Le devenir est une dimension de l'être[97], correspond à une capacité que l'être a de se déphaser par rapport à lui-même, de se résoudre en se déphasant : l'être préindividuel est l'être en lequel il n'existe pas de phase.* » « *L'individuation correspond à l'apparition de phases dans l'être qui sont des phases de l'être* [98]».

Le devenir est la répartition, l'*étalement* de l'être en « phases », tantôt temporelles, tantôt spatiales.

L'entreprise philosophique de Simondon étant très vaste, et son vocabulaire difficile à saisir, ne disposant pas d'une variété suffisante de mots pour en décrire les méandres, nous en avons d'abord retenu ce qui a trait aux objets artificiels, en citant son livre traitant *du mode d'existence des objets techniques*. Son intention est « *d'étudier les formes, modes et degrés de l'individuation pour replacer l'individu dans l'être, selon les trois niveaux physique, vital et psycho-social[99]* »... « *Aux notions de substance, de forme, de matière* », il substitue « *les notions plus fondamentales d'information première, de résonance interne, de potentiel énergétique, d'ordres de grandeur[100]* » : tentons d'élucider au préalable en quoi consistent ces notions.

Dans le souci de « ne pas monter plus haut que la chaussure », notre exposé n'explorera que deux de ces « phases », « degrés », ou « niveaux » de l'individuation : *l'individuation physique* qui traite des objets techniques, et *l'individuation de la connaissance*, objet culturel de l'invention.

Mais d'autres précisions sont nécessaires : Simondon désigne par le mot *paradigme* un exemple, voisin de ce qui est appelé ici *modèle* ; par le mot *schème* un processus mental particulier, et par le mot *transduction* une opération analogique dont l'application à la connaissance, à l'invention, présente une ressemblance considérable avec l'*abduction*, comme application aux deux « phases» retenues pour l'exposé de l'analogie des relations (sans rapport avec la notion physique de phase) ; mais le mot abduction lui-même n'apparaissant nulle part dans ses écrits, il a peut-être voulu marquer une différence, la transduction s'étendant à plusieurs autres phases méta-physiques. Il semble donc logique de présenter son *schème* de la *transduction* à partir des *paradigmes* qu'il introduit.

---

[97] SIMONDON G. : *op. cit.*, p.25
[98] *ibid.*
[99] SIMONDON G. : *op.cit.* p. 32
[100] *ibid.*

Pour le spécialiste des signes Peirce, il faut inventer des mots nouveaux pour exprimer des idées nouvelles : c'est ce que Simondon tente de faire pour parler de l'individuation. Mais en s'inspirant de la thermodynamique pour exprimer ses vues philosophiques, il confère à quelques notions physiques usuelles une signification métaphysique qui les dépasse et rend d'autant plus perplexe qu'il s'en sert sans arrêt en omettant de les définir : par exemple il parle de tout ce qui a tendance à se transmettre comme d'une *résonance interne,* qui faute de définition physique précise sonne comme une « vertu transmittive », plutôt qu'une liaison interactive entre corps contigus, ou une interaction entre les éléments adjacents d'un milieu continu.

« Le véritable principe d'individuation est la genèse elle-même en train de s'opérer, c'est à dire le système en train de devenir, pendant que l'énergie s'actualise. [...] C'est le système énergétique qui est individuant dans la mesure où il réalise en lui cette *résonance interne* de la matière en train de prendre forme et une médiation entre *ordres de grandeur*[101] ».

Il semble désigner par *ordres de grandeur* les aspects macroscopique et microscopique de la matière utilisée : l'objet est alors vu comme « une multiplicité de sensations », éventuellement amplifiées par des instruments. Notons enfin qu'au plan général la *transduction* apparaît comme une *opération* par laquelle un domaine subit une *information*.

Ces paradigmes et modèles seront donc exposés après le paragraphe suivant : INFORMATION ET COMMUNICATION entre objets de ces ordres de grandeur à leur frontière, dans : FORME, MATIÈRE ET ENERGIE.

Dans le domaine physique, biologique, la transduction est l'opération d'*individuation* : processus de réalisation d'un individu, ou de quelque chose dans un individu par un individu. Considérée comme principe explicatif, elle n'explique rien du tout. Mais si confronté à un phénomène j'émets une hypothèse, le principe est un moyen d'en tirer une explication du phénomène (ce qui est l'abduction).

Dans les sciences physiques proprement dites, on appelle *transduction* la *transformation* d'une énergie en une autre de nature différente, à l'aide d'un *transducteur*. Chez Simondon, il s'agit de l'actualisation d'une énergie potentielle, de *relations dynamiques* reliant des termes qu'elle a constitués, qui ont été préalablement individués : la transduction est en même temps *la genèse de ces relations*, entre des termes définis de proche en proche, dont le mode d'existence consiste à être en relation. Elle s'étale à partir d'un

---

[101] SIMONDON G. : *L'individu et sa genèse physico-biologique*, P.U.F. Epiméthée, 1964, p.43

centre vers deux extrémités qui sont les termes reliés, sous réserve qu'elle possède une réserve d'énergie potentielle actualisable capable de structurer le domaine exploré, qu'elle parte d'un *état métastable* où elle n'a pas actualisé toute son énergie, avant d'atteindre un état d'équilibre stable à partir duquel aucune transformation ne serait plus possible.

Le philosophe est parti d'une ontogenèse, processus de développement progressif d'un être, jusqu'à la formation d'un individu : l'individuation est une forme qui émerge d'un fond et se propage. Le processus d'individuation en progrès est donc une transduction. La transduction, opération de proche en proche entre éléments déjà structurés et de nouveaux éléments le devenant, est le modèle le plus primitif et le plus fondamental de l'*amplification*, forme de résonance interne :

« Nous entendons par *transduction* une opération physique, biologique, mentale, sociale, par laquelle une activité se propage de proche en proche à l'intérieur d'un domaine, en fondant cette propagation sur une structuration opérée de place en place : chaque région de structure constituée sert à la région suivante de principe de constitution, si bien qu'une modification s'étend ainsi progressivement en même temps que cette opération structurante[102] ».

Simondon s'inspire ici du modèle de la cristallisation, où un cristal croît de proche en proche en asservissant l'énergie potentielle. La cristallogenèse est *transductive* : le cristal naît d'un *germe* dans une solution sursaturée, ou en surfusion, domaine qui détermine la structure où s'actualise l'énergie potentielle. Le cristal n'est individu que pendant sa genèse, dans un milieu qui naît en même temps, pendant la durée de cette *résonance interne*.

Dans le domaine de la connaissance, la transduction est un *processus mental, une démarche de l'esprit qui découvre* : la transduction « *définit la véritable démarche de l'invention, qui n'est ni inductive ni déductive, mais transductive, c'est-à-dire qui correspond à une découverte des dimensions selon lesquelles une problématique peut être définie ; elle est l'opération analogique en ce qu'elle a de valide[103]* ». Elle est donc en ce domaine vraiment synonyme de l'abduction. Elle suit l'être dans sa genèse, elle accomplit la genèse de la pensée pendant la genèse de l'objet : la pensée est une « phase » de l'être-devenir.

---

[102] SIMONDON G. : *L'individuation à la lumière des notions de forme et d'information*, Millon, Grenoble 2013, p.32
[103] SIMONDON G. : *op.cit.* p. 33

L'objet culturel « connaissance » apparaît après la stabilisation de l'opération de l'individuation qui disparaît, incorporée à son résultat : ce qui explique l'oubli de l'opération. « *L'individu est constitué de questions qu'il doit résoudre lui-même[104]* ».

Avant de procéder à des exposés détaillés de modèles de transduction, reprenons l'exemple d'une descente de skieurs autour de bosses séparées par des creux, présenté plus haut comme l'analogue par *abduction* d'un recuit simulé, lui même analogue de la recherche du minimum d'une fonction de coût à variables multiples, car cet exemple nous permet d'illustrer les notions présentées ici sur la *transduction* selon Simondon, en nous interrogeant maintenant sur la formation même du champ de bosses comme *individu collectif*, qui peut se produire dans des circonstances comme celles que nous décrirons. L'idée la plus simple s'inspire de l'adage fameux sur la Culture, qui est « ce qui reste quand on a tout oublié ». De même le champ de bosses c'est la neige qui reste quand le passage des skieurs a tout éjecté.

Ce champ est un modèle qui a fécondé l'imagination de bien des créateurs, notamment de certaines théories gravifiques de l'espace-temps primordial, invoquant des supercordes, des boucles ou des lacets. Mais toujours dans le souci de « ne pas monter plus haut que la chaussure », nous nous en tiendrons au modèle ci-après qui présente ce phénomène comme une explication simple de la transduction[105].

Considérons le cas du passage initial de skieurs effectuant des virages enchaînés vers la gauche puis vers la droite sur une piste de ski à l'origine lissée mais non damée, qu'on peut assimiler à une *réalité préindividuelle* s'ils y produisent pour commencer un quadrillage de tracés d'allure sinusoïdale d'abord aléatoires : une neige résistante a pu se former dans des endroits locaux où la température de la neige est à peu près uniforme par agglomération de grains de glace, formation de ponts ; la surface de cette neige affecte la forme de minibosses séparées par des minicreux, où la vapeur d'eau s'est déplacée vers les creux et s'y est condensée en rouleaux. Chaque skieur en s'appuyant sur son ski amont puis sur ses carres arrache des morceaux de ce type de neige qui sont expulsés vers l'aval par la gravité et vers l'extérieur du virage par l'accélération centrifuge,

---

[104] COMBES M. : *Transduction,information,individuation(Simondon)*, in : Transversales-Globenet
[105] BAHR D. : *The surprising motion of ski moguls*, in : Physics to-day 62, nov 2009 pp. 68-69 cité par : MADJER K. http : //sweetrandomscience.blogspot.fr/2013/02/la-physique-des-bosses-sur-les-pistes...

amorçant localement l'activation de l'énergie potentielle de gravitation en *mini-avalanches* et celle de l'énergie de rotation des skieurs en *moments cinétiques* de cette neige. Ces mouvements ont pour effet de renforcer le quadrillage initial de traces, qui aura servi de *germe* pour engendrer une première *résonance interne* par la répétition : les skieurs empruntent « de préférence » le chemin tracé entre les accumulations de neige arrachée qui finissent par former des bosses, autour desquelles ils tournent : c'est un bon exemple d' «auto-organisation», dépendant des nombreux paramètres définissant la situation dynamique : niveau des skieurs, taille des skis, qualité de la neige, qui finit par « individuer » une forme qui émerge d'un fond et se propage : une sorte de *pseudo-réseau cristallin bi-dimensionnel* prend figure par *activation des potentiels*, dès que les bosses atteignent une « taille critique » *psychophysiologique* : celle à laquelle les skieurs « préfèrent » tourner autour : c'est bien *« la genèse elle-même en train de s'opérer, c'est à dire le système en train de devenir, pendant que l'énergie s'actualise »*. Le skieur franchit les bosses à la crête par flexion-extension en pliant les genoux pour « avaler » la bosse, puis en les tendant pour garder le contact avec la neige. Il racle donc en flexion de la neige au bas du flanc aval de la bosse qu'il quitte et la dépose en extension en haut du flanc amont de la bosse suivante qu'il aborde. De ce fait la suite des bosses et creux prend l'aspect d'une onde progressive qui *donne l'impression que la neige remonte la pente*, comme un bouchon de circulation remonte un embouteillage, la neige étant transportée du bas de la bosse supérieure en haut de la bosse inférieure : le réseau pseudo-cristallin semble remonter lentement, à la vitesse de 8 centimètres par jour dans l'exemple cité, vers l'amont alors que les skieurs vont vers l'aval. Il serait donc possible de le vérifier au bout d'une semaine de séjour en prenant des marques. Une *propriété émergente* apparaît, dans un *« système énergétique qui est individuant dans la mesure où il réalise en lui cette résonance interne de la matière »* : une forme émerge et se propage *« de proche en proche sur une structuration opérée de place en place »*.

On a objecté à cette présentation du phénomène que le moment cinétique de la neige raclée la disperse au loin, le skieur ne la déposant sur la bosse suivante que s'il va très lentement ; mais c'est le cas des skieurs vacanciers, les plus nombreux : ces skieurs *lambda* sont les principaux responsables de la formation d'un champ de bosses, individu collectif ; quant à ceux qui vont vite et sautent les bosses, champions, moniteurs professionnels, habitants locaux, ils auront contribué à former un *creux* sur leur trace et une bosse plus loin : contribution secondaire en saison, qui déforme localement le phénomène collectif sans le détruire.

INFORMATION ET COMMUNICATION

Revenons à l'interdépendance d'un objet et de son milieu, suivant que l'objet est une chose tout court comme une pierre, un objet technique ou culturel, ou un être vivant comme un plant de geranium, ou un chien, ou un être humain pensant et parlant.

Pour créer un objet matériel et plus généralement pour exercer une action sur lui, l'utiliser, un agent extérieur utilise une énergie *extérieure à cet objet*, et cette opération est considérée comme venant d'une *cause efficiente,* qui produit sur l'objet un *effet.*

Dans le monde de la causalité linéaire, les événements qui ont lieu sont les effets causés à l'objet chose, à l'aide d'une source d'énergie extérieure à l'objet, par des forces aveugles dépourvues de finalité : on n'y perçoit aucun échange d'information, aucune communication, mais transmission d'énergie extérieure à la chose produisant un effet qui obéit aux lois de la nature.

Modèles d'événements

Dans un monde tenant compte de la communication, les événements sont au surplus les effets causés circulairement à n'importe quel objet ou système par un échange d'information tel que ceux évoqués plus haut : l'information échangée entre deux objets, émise par l'un et reçue par l'autre, peut être considérée comme :
- un *stimulus* causé par l'émetteur qui engendre chez le récepteur un effet en *réponse,* à l'aide d'une source d'énergie venant du récepteur
- ou une *différence* qui crée une *différence* dans l'objet récepteur.

On distingue le stimulus, porteur d'information *directe antérieure* à toute action de l'objet, qui peut être considérée comme une *commande* informant l'objet récepteur, et l'information *récurrente postérieure* venant du *feedback.*

Si le stimulus est supérieur à un *seuil* de réception, et a été perçu comme message au récepteur, le récepteur répond en utilisant son énergie propre à laquelle il a accès, et non celle de l'émetteur, origine du stimulus qu'il a reçu d'abord.

Le processus contrôle la survie du système stimulé (informé) par l'intervention d'un *feedback* négatif : *différence qui crée une différence,* susceptible de s'opposer à un emballement destructif du système.

Elle pourrait produire au contraire un renforcement de l'effet du stimulus sans limite, si un feedback positif amplificateur intervient.

Bateson souligne l'analogie entre ce processus et le fonctionnement de l'esprit humain d'après Descartes, et le qualifie en conséquence de *processus mental* : il a suggéré les exemples illustratifs qui suivent d'objets événements modélisés par son paradigme de structure-processus mental, où « *je* » désigne un sujet produisant un stimulus, action initiale élémentaire : « *je* » donne un coup de pied dans un objet, avec une force suffisante ; si le coup de pied est trop faible, d'énergie inférieure à un seuil, il ne se passe rien, la réaction de l'objet est nulle. Ici la *structure* est ce *seuil*, qui définit la limite à partir de laquelle l'événement se produit, sa « *marge de liberté* [106] ». Le coup de pied est un signal pur en l'absence d'un code, sans autre signification qu'une volonté de communiquer : si l'énergie est supérieure au seuil minimum, une signification mécanique prédomine.

- Si *je* donne un coup de pied dans un ballon, *je* transmets du pied à l'objet « ballon » de l'énergie, qui détermine une trajectoire obéissant aux lois de la mécanique sur lesquelles *je* n'agis que par les conditions initiales et l'énergie que *je* fournis.

- Si *je* donne ce coup de pied, supérieur à un seuil, dans un chien, l'être vivant « chien » animé par *sa propre énergie*, son métabolisme, se jette sur moi pour me mordre si je suis dans son territoire, ou s'enfuit en hurlant.

Le coup de pied initial est un segment de mon comportement qui communique en plus de son énergie propre quelque chose au chien (une différence), lequel réagit par une communication[107] (une autre différence) de comportement.

Malebranche, disciple de Descartes, ayant donné un coup de pied à une chienne enceinte en présence de Fontenelle indigné, lui répond :

— Ne savez vous pas bien que « cela » ne sent point ?

Il l'entend bien hurler mais pour lui ce n'est qu'un instrument de musique qui frappé émet des sons : un animal est une machine, une chose ; le processus n'est pas mental selon lui.

Le psychiâtre Boris Cyrulnik (qui travaille du côté de Toulon) imagine un troisième exemple d'action, impressionnant en apparence :

— Si *je* donne un coup de pied dans « la femme de ma vie» (dont la mère habite à Paris), l'être humain « femme de ma vie » crie :

— Non mais, ça ne va pas ? Ma mère m'avait bien dit qu'un jour tu me battrais ! Je retourne chez ma mère : huit cents kilomètres ! Hier, des

---

[106] BATESON G. : *op.cit.* pp. 58-61
[107] WATZLAWICK P., BEAVIN H., JACKSON D. : *op.cit.* p.24

chameaux parcourant 100 stades par jour pendant 50 jours, le long du Nil (cf.p. 66) ; demain, trente neuf minutes dans un tube à la vitesse du son (cf. p. 18)

La distance parcourue comparée à celle du coup de pied est certes 800.000 fois plus grande, elle est une mesure passive de ressentiment, processus mental, dans une dimension discutable, mais les quantités de mouvement subissent beaucoup moins de différence. Pour la réalité mécanique, il faut comparer la vitesse du TGV à celle du coup de pied : un facteur huit au plus si le pied a produit un déplacement d'un mètre en 0,1 seconde. Mais un coup de fouet dépasserait la vitesse du son : le TGV serait de loin incapable de répondre à Sade.

Pour Malebranche la femme-de-ma-vie serait encore un appareil qui frappé fait beaucoup de musique, un animal-machine. Voire, mais elle a acquis l'usage de la parole, et s'en sert. L'information qu'elle a reçue et celle qu'elle transmet sont si l'on veut une différence qui crée une différence, mais elles ne se limitent pas à une néguentropie, une forme d'énergie ne véhiculant aucune signification : le *signal* émis par la parole, et même sous une forme moins évoluée celui émis sans parole par le chien sont porteurs d'un *signe*, que la théorie physique de l'information ne peut pas prendre en compte sans code ; il en est de même de l'exemple décrit au début du livre du tir au jugé par calibrage des yeux, de la main et du cerveau après *apprentissage discontinu*, pour obtenir une information *antérieure* à l'action, au stimulus ; ainsi que de l'information qu'on acquiert à l'aide *d'actes de langage* (cf. p. 103) par la *communication humaine*, la *discussion*, les *décisions*.

On pourrait objecter que ces exemples ne sont pas très significatifs du « mode d'existence des objets techniques ». Si *je* donne un coup de pied dans la machine à laver, « cela ne sent point » et subit un dégât superficiel. Si *je* donne un coup de pied dans le bouton de marche, il commande un relais qui met en relation la machine avec EDF : source d'énergie extérieure ou intérieure (*je* commande des kwh avant de payer la facture en €) ? Elle fait tourner ou non le moteur pour produire une diversité d'actions suivant ce que lui commande le programme, source préenregistrée d'information qui *module* l'action, également commandée par le relais (servocommande), de la source d'énergie.

La création d'objets techniques n'est concernée dans cette analyse que par le processus d'individuation en relation avec un milieu associé, qui inclut une causalité circulaire, une rétroaction, information néguentropique.

Il n'en est pas de même des objets culturels immatériels, dans des domaines limités par l'horizon de chacun d'entre nous, en deçà desquels ils définissent une forme de vérité se rapportant à des objets qu'ils dotent d'une signification, quelle qu'elle soit.

Si nous suivons René Thom, dont l'avis mérite considération, le sens ainsi introduit *sépare* ce vrai de son faux, mais « ce qui *limite* le vrai, ce n'est pas le faux, c'est l'insignifiant[108] », ce qui est dépourvu du sens limité à un domaine. Pour Shakespeare, dont l'opinion est également respectable, ce qui « ne signifie rien » c'est « la vie » des époux Macbeth, « radicalisés » par l'écoute des sorcières : « une histoire racontée par un idiot, qui fait beaucoup de bruit et de dégâts, un acteur minable qui se pavane et fait peur une heure » à la Télé « et dont ensuite on n'entend plus parler[109] ». La structure comprend ce qui limite le vrai.

Une information néguentropique dépourvue de sens qui circule, ou à sens multiples, s'accumule sans se détruire, peut contribuer au bruit. « Une fausse nouvelle plus un démenti égale deux informations », disent les medias.

Considérant ces exemples, Bateson a étendu la notion de *processus mental* échangeur d'information à des acteurs non-vivants : si l'évolution darwinienne, l'embryologie sont des processus mentaux comme la pensée, associés à un individu vivant, alors des collectivités telles qu'un système de gestion d'entreprise dans un marché, ou une société primitive dans son environnement soucieuse de sa survie, mais aussi par extension une machine régulée, un système réglant la pression d'une machine, la température d'un logement, un robot communicant, toutes présentent des caractéristiques d'esprits qui engendrent des processus mentaux [110], alimentés en énergie et contrôlés par les êtres qui les composent. Ils peuvent répondre à la définition d'un objet artificiel si l'homme est leur finalité, à celle d'un individu technique, ou d'un ensemble d'individus techniques et d'êtres humains.

Mais dans la perspective inverse des théoriciens de l'animal-machine, on pourrait aussi bien soutenir que les systèmes « chien » et « femme de ma vie » ne sont que des machines compliquées, et étendre le principe de causalité sur ce modèle à des acteurs vivants. Lors de la dernière guerre mondiale et au cours de bien d'événements ultérieurs, l'assassinat en masse organisé à froid d'êtres humains détectés au préalable par un signe

---

[108] THOM R. : *op.cit.*, p. 132.
[109] SHAKESPEARE W. : *Macbeth,* Act V Sc V v. 23-28.
[110] BATESON G. : *op.cit.* pp 31-34.

distinctif a été qualifié par la suite de : « détail mineur » de la guerre, version moderne de : « cela ne sent point ». Cette différence n'a pas créé de différence chez le récepteur de la nouvelle, son seuil « structurel » n'a pas été atteint. Mais c'est Malebranche qui ne sent point.

Intervention d'une auto-organisation

La représentation imagée de l'esprit qui précède suffira pour une description convenable des exemples plutôt simples rapportés dans ce livre. L'*émergence* plus générale de propriétés produite dans des systèmes complexes vivants ou assimilés par leur *auto-organisation* est un phénomène qui existe assurément, mais dont la rencontre dans ces exemples ne sera qu'épisodique et peu expliquée.

Notons que l'utilisation d'énergie *fournie par le corps* récepteur d'information pour émettre une réponse, et non importée de l'extérieur émetteur primaire, par *l'environnement interne* et non externe, par l'*individu* et non le milieu associé, est une caractéristique susceptible de révéler l'existence d'une auto-organisation chez le récepteur : indice peut-être métaphorique et insuffisant, mais qui a le mérite de la simplicité.

Un organe ou système auto-organisé est un produit de l'adaptation au milieu, y compris les êtres humains en tant qu'objets, ou ensembles d'êtres humains qui en sont des cas particuliers, dès lors que cet organe ou système n'a pas été conçu et créé pour un but, mais élaboré par l'évolution, la pression du milieu, en une structure composée d'éléments interagissants qui du fait de leur très grand nombre et de contraintes spatio-temporelles, énergétiques, ou autres qu'ils subissent alors, peuvent spontanément faire émerger une propriété dépassant la simple somme des propriétés des éléments ; par exemple la construction après nombre de bifurcations d'une nouveauté, comme chez l'homme la construction de son œil dans son environnement.

Introduisons au moins la définition causale d'une interaction. Une *cause* est un rapport entre une action exercée sur une chose et un changement perçu dans cette chose, qui peut être une action en retour ou réaction : la relation dite S-R entre un stimulus d'un organisme et la réponse de cet organisme en est l'exemple le plus courant. Une *interaction* est l'ensemble des actions et réactions entre deux choses. Pour qu'il y ait des causes et des choses, il faut un monde où les entités éloignées les unes des autres aient moins d'interaction que les entités voisines. Il ne peut y avoir de

cause, ni de chose, dans un monde où tout ce qui se produit dépend à égalité de tout le reste : l'existence d'une chose suppose que certaines choses, certaines propriétés restent inchangées quand d'autres choses changent.
« Les systèmes présentant de trop nombreuses interactions de différents types sont fragiles ; ceux qui contiennent trop d'interactions semblables sont redondants et n'arrivent pas à évoluer[111] ».

Les développements de l'intelligence artificielle, qui sont souvent des objets techniques informatiques, comme des réseaux booléens, tendent à prouver que les êtres vivants présentent les mêmes propriétés que ces systèmes autoorganisés, capables de faire émerger toutes les propriétés qu'on attribue à la vie, même la vie humaine y compris la pensée, les passions, qui seraient de la matière organisée dans une forme émergeant pour contourner des obstacles dont nous ne savons encore à peu près rien.

Dans cette perspective le corps et l'esprit sont deux aspects indissociables d'une même substance, à la fois cerveau physique et esprit mental. La vie est dés lors identifiée comme un système dynamique complexe : beaucoup d'éléments interagissants rencontrent des contraintes qui les font aboutir à une situation métastable, les dirigeant à travers un labyrinthe vers des sorties qui donnent a posteriori l'impression qu'ils ont été tirés vers un but, dès lors qu'ils l'ont atteint et l'utilisent. L'œil est ainsi dirigé vers ces sorties à un niveau microscopique où le sens de la vue se structure, par des microopérations auxquelles les organes des sens sont insensibles à leur échelle.

Plus généralement un être vivant est vu comme un système dynamique complexe d'où émergent des structures qui résolvent des incompatibilités ; il se révèle capable de résoudre un problème, en modifiant sa forme, alors qu'une machine ignore les problèmes : elle fonctionne ou elle ne fonctionne pas, avec un seul fonctionnement déterminé ; elle opère une transformation unique, ou une suite déterminée de transformations ; ou bien l'action extérieure sur une entrée peut changer son fonctionnement, le remplacer par un autre, mais il faut qu'une information intervienne pour commander cette action : elle peut prendre la forme d'un signal mécanique, comme le régulateur centrifuge à boules de la machine à vapeur, ou un détecteur d'incendie, un thermostat, mais seul un être vivant peut décider un changement sans la perception d'un signal, par exemple s'il a mémorisé des événements prévoyant un avenir qui influe ses finalités ; on a

---

[111] MINSKY M. , *La Société de l'Esprit*, InterEditions, Paris, 1988, p 615

longtemps pensé que seul un être humain peut le décider en pensant, jusqu'à la découverte de sa structure capable de prédire le futur.

Etres communicants et objets circulants

Matériel ou immatériel en partie, l'objet artificiel est conçu, créé et fabriqué pour exister. S'il s'agit d'une innovation, sa *genèse* est suivie de son *évolution* progressive pour s'adapter de plus en plus près à son environnement. La technique fait partie de ce qui est humain dans l'objet, qui n'est donc pas étranger à l'homme, mais source de savoir, de significations et de valeurs culturelles[112], ignorées par l'homme qui ne veut pas les connaître s'il n'en a rien à faire, croit-il. Mais sans elles il ne pourrait produire que des formes sans information. À l'opposé, dans le *management par la qualité totale*, la culture en tant que savoir est considérée comme un pré-requis des opérateurs pour qu'ils arrivent à obtenir cette qualité, par l'organisation de *cercles de qualité* : ce que le Comité des Forges avant la guerre, et la Communauté Européenne du Charbon et de l'Acier à sa suite n'ont pas compris, en important une main d'œuvre sans instruction pour abaisser son coût de production ; lors de voyages au Japon, des ingénieurs français ont été surpris de voir les ouvriers affairés autour d'un haut fourneau effectuer à partir des données recueillies sur place des calculs de régression qu'ils interprétaient immédiatement, alors qu'en France ils étaient effectués à l'IRSID, auquel ces données étaient transmises pour que les calculs y soient faits et interprétés par des statisticiens. Ces usines sidérurgiques ont disparu en Europe, et même au Japon depuis, la culture et la qualité totale s'étant étendues à d'autres contrées où la main-d'œuvre et même le cerveau-d'oeuvre ont été disponibles à un prix inférieur.

La communication elle-même nécessaire à la transformation d'une idée abstraite en un objet d'autant plus concret qu'on y a intégré d'expérience historique de toutes origines, s'établit à l'aide de certains objets supports de l'information communiquée permettant de franchir une étape vers la concrétisation la plus poussée ; nous les avons nommés *objets circulants*.

Les échanges d'objets circulants sont opérés par des *êtres communicants*, le plus souvent des êtres vivants, sujets donc plutôt qu'objets, qui les font transiter d'une étape à la suivante. La relation avec l'objet peut exiger d'être tracée à travers l'usage d'objets particuliers sans

---

[112] SIMONDON G. : *Du mode d'existence des objets techniques*, Aubier 1958 et 2012, introduction

lesquels elle serait impossible, objets jouant un rôle de *transducteurs :* une interface pour une relation homme-objet ; un mode d'emploi, un outillage pour une relation homme-machine ; un code (comme le dessin industriel) pour toute relation interhumaine.

À ses diverses étapes l'objet circulant est transformé : il ne conserve pas son identité si sa circulation a pour but de la modifier. Comme *représentant* une étape du but à atteindre, il pourrait être qualifié de *quasi-objet*[113].

Dans le cas le plus simple cet objet circulant se limite à un *acte de langage*[114] *:* une parole ou un écrit exprimant une information factuelle, mais aussi bien une assertion, une injonction, une requête, une promesse. Dans une chaîne de production, un centre de recherche, une suite d'opérateurs A, B, C... communicants est traversée par une idée, qui se transforme en plans, qui deviennent des ébauches, puis un prototype, puis une discussion, suivie d'une décision de produire, puis une série d'objets circulants d'aide à une gestion efficace d'une production ajustée à la demande, comme le *kanban* de *Toyota*, puis une suite de produits finaux formant une chaîne phylogénétique d'un *objet technique en devenir continuel*[115]. Le support matériel de l'information : lettre, suite de phonèmes ou tableau de bits est un objet circulant dont on s'efforce de conserver l'intégrité car elle remplace une incertitude par une connaissance, dans la mesure où l'émetteur a réussi à se faire comprendre et n'a pas cherché à tromper, et dans celle où le récepteur a compris et ne montre pas de la mauvaise foi ; de plus il faut empêcher cet objet circulant d'être corrompu pendant la transmission, car il communique avec le monde extérieur qui l'altère de sa marque.

Communication entre objets à leurs contours

Pour déterminer les concepts utiles à la description d'entités susceptibles de communiquer, procédons par circulation de métaphores revêtues d'un brevet de scientificité au passage, en prenant comme point de départ une approche rationaliste du problème des *cloisonnements*, illustrée par un raisonnement classique sur des objets à l'état d'équilibre thermodynamique.

On commence toujours par établir une première frontière, par la pensée ou dans un laboratoire, entre une certaine portion de l'espace matériel, qualifiée d'« objet d'attention », et tout ce qui l'entoure qui pourrait avoir une

---

[113] SERRES M. : *Genèse*, Grasset, 1982, pp. 145-155
[114] AUSTIN J.L. : *Quand dire, c'est faire*, Seuil, Paris, 1970
[115] SIMONDON G. : *op.cit*, p.23.

influence sur son comportement : portion de l'environnement de l'objet appelée *milieu associé*. L'objet d'attention est décrit par un certain nombre de caractéristiques quantitatives ou qualitatives dont la liste constitue son *état*. Dès l'abord on fait la distinction :

- entre les *caractéristiques mécaniques* de l'objet d'attention : ses coordonnées de position et de vitesse, sa masse, ses axes d'inertie, etc. ; dont la liste détermine son *état externe* qui satisfait aux lois de la mécanique et permet de calculer ses changements de position à tout moment ;
- et les autres caractéristiques dont la liste constitue l'état décrit de l'intérieur, ou *état interne*, auquel s'intéresse la thermodynamique.

Si l'espace est cloisonné en régions, chacune a pour environnement toutes les autres, les influence et subit leur influence, et les caractéristiques descriptives des états externes et internes des régions sont *couplées*.

L'approche procède à partir de deux points de vue perçus comme complémentaires : les points de vue *macroscopique* et *microscopique* d'un *couplage* entre régions, qui fournissent des aperçus intéressants sur la communication. Au point de vue macroscopique on isole une région de l'espace en la séparant de son environnement, à l'exception de son milieu associé, et on en fait son objet d'attention comme *système*. Le point de vue microscopique revient à voir ce système comme l'ensemble d'un nombre très grand de particules élémentaires. Ces points de vue extrêmes pris à des niveaux très éloignés semblent propres à recouvrir des incompatibilités insurmontables, et pourtant le système à décrire est le même !

Dans cette approche qui correspond en gros au point de vue réaliste, et où le concept de *représentation* a un sens, l'objet est *représenté* par un état ; on ne peut décrire une communication entre objets, si elle existe, qu'en la *représentant* comme une *relation* entre états.

- *Approche macroscopique :* l'objet d'attention est décrit par des caractéristiques perceptibles le concernant.

Exemples : la cylindrée d'un moteur est décrite par sa composition chimique, son volume, sa pression, sa température ; une corde vibrante est décrite par sa longueur et sa tension, etc..

L'approche macroscopique présente les caractéristiques suivantes :
- on ne fait aucune supposition sur la structure microscopique, comme la structure de la matière, ni sur des *agents* dont les manifestations macroscopiques seraient la pensée, l'action humaine, le langage, etc..
- l'objet est décrit par un petit nombre de variables correspondant à nos perceptions sensorielles et pouvant être mesurées directement.

L'unité macroscopique correspondante est la *mole* : quantité de matière d'un système contenant autant d'éléments : atomes, molécules ou ions, qu'il y en a dans un gramme d'hydrogène, ou plus pratiquement dans 12 grammes de carbone (6 x $10^{23)}$: soit le nombre d'Avogadro N qui sert de référence comparative entre tous les éléments chimiques dans le Tableau périodique de Mendeleïev.

L'objet est alors vu comme le représentant d'« une multiplicité de sensations », éventuellement amplifiées par des instruments.

Cette approche s'accorde assez bien avec une transcription informatique des objets : dans un langage *orienté objet* on cherche à représenter des objets en introduisant un petit nombre de variables pour décrire *l'état* de l'objet dans une base de données locale, et de programmes ou méthodes pour décrire son *fonctionnement* : l'objet est compris par une *connaissance déclarative :* les variables ; et par une *connaissance procédurale :* les méthodes qu'il reconnaît, qui manipulent ces variables.

Une telle description s'applique à des composants d'objet comme aux relations entre ces composants.

- *Approche microscopique :* elle ne peut être que conceptuelle. On sait que l'objet est composé d'un nombre très élevé de micro-objets, de « l'ordre de grandeur » de N (les molécules, les atomes, les neurones), chacun décrit par un certain nombre k de variables microscopiques : de position, de vitesse, ou d'énergie, d'activation électrique ou chimique, etc.... L'objet est représenté dans un espace de phase à kN dimensions, divisé en N cellules où ces variables peuvent être calculées en moyenne, sommées statistiquement.

L'approche microscopique présente les caractéristiques suivantes :
- on fait des suppositions sur la structure microscopique ;
- l'objet est modélisé par un très grand nombre de variables ;
- les variables microscopiques ne sont pas en rapport avec nos perceptions sensorielles, mais représentent conceptuellement « l'union d'une substance avec ses accidents » ; elles pourront être changées pour d'autres inspirées par un modèle et des hypothèses à justifier ;
- ces variables ne peuvent pas être mesurées, sinon dans un laboratoire spécialisé, dans des conditions protocolaires très éloignées des perceptions sensorielles ; de plus dans les nanotechnologies le calcul de variables en moyenne statistique comme l'énergie cinétique moyenne assimilée à une température est d'une signification douteuse à partir de l'échelle de 10 nm (nanomètres) : un pore ne contient que quelques molécules, et on se trouve dans le domaine quantique.

- *Comparaison :* pour que ces points de vue soient compatibles, il faut que les variables macroscopiques, mesurées et en rapport avec nos sens, soient les moyennes d'un grand nombre de variables microscopiques ;

elles sont indépendantes des suppositions sous-jacentes sur la structure microscopique, qui ne sont justifiées que par les déductions macroscopiques qu'on peut en tirer et tester, et qui peuvent être rejetées pour être remplacées par d'autres pour des raisons sans rapport avec nos perceptions sensorielles.

Les variables macroscopiques ne sont ni plus ni moins fiables que nos sens, elles ne changeront que si nos sens changent avec l'évolution de l'espèce humaine, ou si nous acceptons de prolonger nos sens par des instruments familiers à portée macroscopique.

La distinction entre approche macroscopique et microscopique a été définie par rapport aux perceptions de nos sens, qui ne perçoivent pas le microscopique ; nous en tirerons différentes applications aux objets étudiés.

En particulier, tous les objets de notre perception et nous mêmes êtres humains pensants, sont des êtres macroscopiques, composés d'un nombre énorme de molécules d'un ordre supérieur au nombre d'Avogadro N : nous ne pouvons percevoir par les sens que des phénomènes macroscopiques, dont l'interprétation est statistique. L'écoulement du temps du passé vers l'avenir est une vision macroscopique du mouvement microscopique des particules élémentaires : il est statistiquement beaucoup plus probable qu'une particule de grande vitesse heurte une particule moins rapide et lui transmette de l'énergie que le contraire, donc que de la chaleur passe du corps le plus chaud vers le corps le plus froid, ce qui détermine le sens où le temps perçu macroscopiquement passe du présent vers le futur. La probabilité du contraire est de l'ordre de $1/\sqrt{N} = 10^{-12}$ (un millième de milliardième).

L'extrême probabilité, la quasi-certitude du temps présent maintenant, du lieu présent ici, apparaissent comme l'expression mathématique de la perception macroscopique par nos sens de l'espace et du temps, dans laquelle se loge notre pensée, et s'élabore notre mémoire.

Cette approche, qui montre comment se crée un ordre macroscopique spatio-temporel, est différente de la distinction entre *l'approche locale*, qui analyse les différentes *parties* d'un objet qu'elles soient ou non discernables par nos sens, et s'attache à décrire une *partie* locale, et *l'approche globale* qui synthétise l'objet, pour le décrire comme une *totalité*, qu'il soit macroscopique ou microscopique. Elle a d'autres applications, notamment à la différence d'organisation entre les êtres vivants et les objets.

La création de formes macroscopiques individualisées résulte d'une succession d'approches locales et globales.

La première approche est généralisable, car il n'y a aucune raison pour se limiter à *deux points de vue*, qui en l'espèce sont superposés hiérarchiquement et non en parallèle comme des perspectives indépendantes : ce sont deux *niveaux d'observation extrêmes*, entre lesquels on pourra intercaler *des niveaux hiérarchiques emboîtés* décrivant l'observation expérimentale.

Chaque niveau inclut les niveaux inférieurs : les variables moyennées décrivent des objets de haut niveau qui correspondent à une image réunitarisée d' objets du bas niveau séparés[116].

« Ce qui est distinction et séparation à un niveau élémentaire est transformé en unification et réunion à un niveau plus élevé : les éléments vus individuellement à un certain niveau sont distingués par des propriétés d'exclusion séparation et différence...mais ces mêmes éléments vus comme constitutifs d'un tout sont réunis par des propriétés communes qui annulent leurs différence[117] ».

Ainsi on passe du niveau atomique au niveau moléculaire en mettant en commun une liaison de covalence, à l'origine de propriétés chimiques qui émergent dans la molécule ; puis de la molécule à la cellule en réunissant des molécules différentes, la mise en commun de leur propriétés pouvant être exprimée en information sur la cellule émergente ; puis des propriétés des cellules à celles nouvelles des organes, de là aux propriétés psychologiques attribuées au système neuronal d'un individu et aux propriétés sociologiques des groupes d'animaux, des groupes d'êtres humains : d'un niveau au suivant, de l'information est créée, à laquelle l'observateur extérieur accède indirectement, à la sortie de la « boîte noire ».

La *réunitarisation* est un concept analogue au concept familier (emprunté à la comptabilité) de *consolidation* : elle crée des objets présentant des propriétés adaptées à la capacité d'observation, de compréhension, et d'action de l'observateur du haut niveau qui n'est pas le même que celui du bas niveau et en outre n'a pas le même objet d'attention et de préoccupation.

Les capacités de l'un et de l'autre sont limitées et doivent faire face à l'énorme multiplicité des situations descriptibles par des variables interdépendantes en grand nombre.

---

[116] HOFSTADTER D. : *Gödel, Escher, Bach,* InterEditions, Paris, 1985, pp 340-346
[117] ATLAN H. : *L'émergence du nouveau et du sens*, in : Colloque de Cerisy : L'auto-organisation de la physique à la politique, Seuil, 1983 p.123

Les objets sont décrits différemment à autant de niveaux superposés hiérarchiquement qu'il est nécessaire pour « absorber localement à chaque niveau la multiplicité des situations du niveau immédiatement inférieur et ne pas la répercuter au niveau supérieur qui serait incapable de la contrôler[118] » si l'observateur est en outre un acteur.

À la classification hiérarchique des niveaux d'observation d'un objet correspond une classification hiérarchisée des erreurs d'observation et des corrections des erreurs qui constituent un niveau d'*apprentissage* de l'objet, base de la compréhension de son comportement et par là d'une communication avec lui, à travers des signes qui sont des *indicateurs de contexte* : le contexte est ici l'ensemble des événements qui indiquent à l'observateur à l'intérieur de quel ensemble de possibilités, de quelle multiplicité, il doit faire son prochain choix pour comprendre et agir.

Comme indicateurs d'un contexte de haut niveau dont ils nous donnent à déchiffrer un sens en somme réunitarisé, les signes de communication émanant des objets et des événements nous placent vis-à-vis d'eux dans une situation de correspondance qui s'éloigne de l'idée d'une représentation d'un objet par un état, par une liste de propriétés, dont nous sommes partis au début du paragraphe, pour faire place à une compréhension de l'objet, de l'événement, lorsqu'il manifeste un fonctionnement qui serait imprévisible comme effet de ces propriétés. Si une communication de bas niveau conduit à une représentation erronée interprétée comme erreur, une communication manquée de haut niveau se traduira par une incompréhension.

La structure spatiale arborescente par empilage de niveaux, matérialisable par un emboîtement de poupées russes, se rencontre très fréquemment parce qu'elle implique au départ la notion de hiérarchie de niveaux, qui permet la décomposition d'un système complexe en sous-systèmes susceptibles d'être spécialisés et indépendants dans une large mesure[119]. Elle consiste alors en ce que ce qui a été distingué, différencié, et par suite séparé à un niveau élémentaire, a été réunifié, réintégré à un niveau supérieur en ne retenant que ce qu'il y avait de commun dans la structure de ce qui a été réuni : ce qui a eu pour effet de faire émerger au niveau intégré des propriétés d'affinité entre les éléments du niveau supérieur, dues à ce qui a été mis en commun , une propriété de *séparation* retenue à un bas niveau devenant sous un certain aspect une propriété de *réunion* à un niveau élevé..

---

[118] MELESE J. : *L'analyse modulaire des systèmes*, Editions d'organisation, Paris, 1991, pp72 et 122
[119] SIMON H. : *op. cit.* p. 321

C'est la structure du discours cartésien de la méthode, du syllogisme BARBARA de la déduction, de la logique booléenne du tiers exclu. Son application à l'organisation des entreprises est considérée comme dépassée par l'organisation en *réseau*, « distingué » en sous-réseaux fonctionnels ou opérationnels, appliquant diverses stratégies ; mais un réseau peut intégrer dans certaines places des arborescences localisées de sous-ensembles hiérarchisés ; et de même une arborescence générale comme par exemple celle qui me relie aux instances gouvernementales est truffée de réseaux locaux de toutes espèces : ceux d'Internet, des réseaux de renseignements, de résistance, des mafias, etc.., qui par ailleurs ont des composantes hiérarchisées s'ils ont un chef et des subordonnés.

Dans une entreprise, la cohérence des actions indépendantes autorisées par le réseau dépend d'une *vocation* et d'une *culture* communes à tous les membres, dont l'application répercutée à tous les niveaux tend à lui conférer une structure holistique, répercutant dans tous les éléments des propriétés de l'ensemble.

FORME, MATIÈRE ET ÉNERGIE

Le philosophe Simondon a critiqué le principe substantialiste issu de l'atomisme, ainsi que le schème hylémorphique de la matière informée, et privilégié les problèmes de l'énergie, guidé par des paradigmes empruntés à la thermodynamique : celui de la *cristallisation* comme *modèle de son individuation*, détaillé plus loin, et le modèle d'apparence plus simple du *moulage d'une brique* comme une image du *pré-individuel*.

Simondon utilise ce modèle pour démontrer que dans l'opération technique donnant naissance à un objet pourvu d'une forme et d'une matière, comme une brique de terre, l'argile conçue comme support de la propriété physique de plasticité est une *matière abstraite*, et le parallélépipède rectangle, conçu comme figure géométrique, est une *forme abstraite*. De ce fait le schème hylémorphique est une *boîte noire* :

« il correspond à la connaissance d'un homme qui reste à l'extérieur de l'atelier et ne considère que ce qui y entre et ce qui en sort. Pour connaitre la véritable relation forme-matière, il ne suffit même pas de pénétrer dans l'atelier et de travailler avec l'artisan, il faudrait pénétrer dans le moule lui-même pour suivre l'opération de prise de forme aux différents échelons de grandeur de la réalité physique[120] ».

C'est bien l'opération à laquelle se livre mentalement le philosophe en décrivant la prise de forme comme s'il la subissait lui-même en pénétrant dans le moule. il décrit avec un luxe de détails des faits et gestes du mouleur relevant de la dynamique, dans un langage qui s'apparente souvent au rêve : action du modeleur et réaction du moule s'opposent comme thèse et antithèse pour composer la synthèse de la brique. Le philosophe Bachelard rêve, à propos du cristal, « corps qui accepte l'extérieur en son intérieur » en expulsant des gangues, d'une analogie avec la dialectique hégelienne[121] qui s'appliquerait aussi bien à la brique, et aurait pressenti le pré-individuel : «*Le corps individuel est d'abord obscur...Mais dans la matière façonnée, et par suite individualisée par la forme, on voit disparaître cette obscurité*[122] ». Bachelard estime qu'une psychologie de l'*homo faber* telle que la voit Bergson est limitée, si on oublie la résistance de la matière qui ajoute une richesse *temporelle* au *geste ouvrier* :

---

[120] SIMONDON G. : *L'individuation à la lumière des notions de forme et d'information*, Millon, Grenoble 2013, p.46
[121] BACHELARD G. : *La terre et les rêveries de la volonté*, José Corti, 1948, p.270
[122] HEGEL : *Philosophie de la nature*, trad, Véra, t.II, p.17

« Les outils placés entre l'ouvrier et la matière résistante, au point même où s'échangent l'action et la réaction, ... nous font vivre des temps instantanés, des temps allongés, des temps rythmés, des temps mordants, des temps patients[123] ».

Modèle du moule à briques

Simondon observe qu'on part d'un état *préindividuel* : ni la matière préparée pour remplir le moule ni l'outil susceptible de produire la forme recherchée d'un parallélépipède ne préexistent ; pour mouler une brique il faut bien au préalable avoir construit un moule, et transformé la vase recueillie dans l'étang voisin en une matière argileuse préparée, assez plastique pour que l'ouvrier mouleur puisse la tasser, qu'elle épouse les contours du moule, assez consistante pour supporter ensuite une charge après disparition de la plasticité : il faut « *créer une communication entre un ordre interélémentaire macrophysique, plus grand que l'individu, et un ordre intra-élémentaire, microphysique, plus petit que l'individu* [124] » ; il parle un peu plus loin de « *l'ordre de grandeur du manipulable* ».

Le philosophe Simondon reproche à la théorie de la forme de ne pas représenter la dynamique de la *prise de forme* : opération dont l'existence réelle ne fait aucun doute dans l'esprit de quiconque a vu des briques.

Il prend pour exemple le moulage d'une brique d'argile, dont il décrit dans les moindres détails l'opération technique [125], le cheminement correspondant d'une énergie potentielle au sein de l'argile qui s'actualise *dans le système moule-main-argile* poussant l'argile contre le moule : «*La plasticité de l'argile est sa capacité d'être en état de résonance interne dès qu'elle est soumise à une pression dans une enceinte[126]* ». Qui pourrait croire que la brique se fait toute seule? Et pourquoi pas comme l'imaginait Emile Borel qu'elle pourrait ensuite monter en haut de l'échafaudage où le maçon en a besoin par le seul effet du mouvement brownien, dont nous verrons qu'il intervient bel et bien, à un ordre de grandeur *mésophysique* ? La prise de forme d'une brique pourrait-elle se limiter à la rencontre d'une argile formable et d'un moule, la matière d'un objet artificiel quelconque prendrait-elle une forme sans une médiation?

Si le lecteur de ce livre est branché sur Internet, il y trouvera aisément une description détaillée équivalente de la fabrication d'une brique, en terre

---

[123] BACHELARD G. : *op. cit.* pp. 53-54
[124] SIMONDON G. : *op. cit.* p.40
[125] SIMONDON G. : *l' individu et sa genèse physico-biologique*, P.U.F. 1964, pp. 32 et seq.
[126] SIMONDON G. : *L'individuation à la lumière des notions de forme et d'information*, Millon, Grenoble 2013, p.45

crue comme en terre cuite, et même une vidéo[127] du moulage de briques d'argile par un ouvrier qui répand un peu de sable sur le fond pour que l'argile n'y colle pas, tasse en surface et dans les coins et arase à la main ; il se convaincra ainsi de la ressemblance avec la description du philosophe, l'enchaînement des opérations, même s'il la décompose autrement qu'en deux demi-chaînes préparatoires qui existent nécessairement. Il verra qu'une grande part de l'énergie potentielle actualisée a été apportée au système par les bras de l'ouvrier, chez lequel elle a été fournie sous forme potentielle par sa nourriture et ses transformations biologiques. La matière brute avait été préalablement informée, en la matière préparée filmée.

Le moulage décrit par Simondon est la combinaison d'un *façonnage* à la main de la matière argileuse préparée, avec la *construction* d'un moule dans une matière beaucoup plus dure appartenant à un autre *ordre de grandeur*, c'est le cas de le dire : métal ou bois pour produire des surfaces planes susceptibles de supporter les forces donnant à l'argile la forme du parallélépipède ; le moule ne saurait être façonné à la main, dont la dureté est d'un *ordre intermédiaire* : celle de la main de l'ouvrier qui pétrit et malaxe l'argile comme le boulanger pétrit le pain, la ménagère remplit un moule à gateaux avec une pâte de farine et d'eau ; pour faire un moule en bois même aussi sommaire que celui filmé il manque la scie, et l'opération métallurgique qui produit la lame de cette scie ; et il faudrait un outillage encore plus complexe pour produire une pièce de fonderie.

La *forme* d'un parallélépipède est sans doute superposable à celle d'un repère affine (O, A, B, C) orthogonal non normé dans un espace euclidien, la superposabilité renvoie au groupe des déplacements. Le fabricant du moule n'en a rien à faire : si le moule est en bois, il a seulement besoin des instruments du menuisier et d'une règle graduée.

« La matière est ce dont les éléments ne sont pas isolés les uns des autres ni hétérogènes les uns par rapport aux autres ; toute hétérogénéité est condition de non-transmission des forces, donc de non-résonance interne... Le moule comme limite est ce *par quoi* l'état de résonance interne est provoqué, mais le moule n'est pas ce *à travers quoi* l'état de résonance interne est réalisé[128] »

À l'instar de Woody Allen, le moule sent dans son intérieur un vide « vide » ; à ses limites il ressent un vide « plein », de quelque chose qu'il a mangé...

---

[127] POIROT P. : *Fabrique de briques d'argile cuite - 3ème phase : le moulage* : youtube, 10/11/2011
[128] SIMONDON G. : *op. cit.* p. 45

L'objet technique est vu à travers le travail humain, pensé et jugé comme instrument, outil, comme élément de produit ; le travail est une partie de l'ensemble technique, il donne à la matière une forme qui lui donne son sens, sa qualité.

« Le moule n'agit pas du dehors en imposant une forme : son action se réverbère par l'action de parcelle à parcelle ; l'argile en fin de moulage est une masse en laquelle les forces de déformation rencontrent dans tous les sens des forces contraires qui leur font équilibre. Le moule traduit son existence dans la matière en la faisant tendre vers une condition d'équilibre... il faut qu'en fin d'opération il subsiste une certaine quantité d'énergie potentielle encore inactualisée contenue dans tout le système. il ne serait pas exact de dire que la forme joue un rôle statique et la matière un rôle dynamique » : les deux jouent un rôle dynamique, mais « la forme n'évolue pas, ne se modifie pas, parce qu'elle ne recèle aucune potentialité alors que la matière évolue : elle est porteuse de potentialités uniformément répandues et réparties en elle... son homogénéité est celle de son devenir possible[129] ».

Bachelard, et d'autres, en avaient déjà rêvé :

«Un feu, une vie, un souffle est en puissance dans l'argile froide, inerte, lourde... Gérard de Nerval dans *Aurelia*.. a traduit cette volonté intime d'être modelé par l'équilibre d'une poussée intérieure et de l'action du modeleur[130] ».

Selon Simondon, « *chaque point a autant de chance que les autres, la matière en train de prendre forme est en état de résonance interne complète (le moule aussi !) le devenir de chaque molécule retentit sur le devenir de tous les autres*». La résonance interne est un état du système institué par l'opération technique : elle est échange d'énergie et de mouvement dans une enceinte limitée.

Dans son aspect macroscopique, la matière argile brute est un minéral altéré par l'eau avec une surface irrégulière à plis : des feuillets d'argile sont collés les uns aux autres, pouvant glisser l'un sur l'autre ; on les malaxe pour enlever l'air. La cuisson ultérieure changera la structure : les grains d'argile se soudent, ils fondent à leur point de contact ; les cristaux fondent, s'évaporent.

Pour avoir une matière informée en partant de l'argile brute, on a retiré les débris, écrasé les grumeaux, retiré l'air par malaxage, on y a mêlé de la sciure de bois pour obtenir de la porosité, et on a gâché avec de l'eau pour

---

[129] SIMONDON G. : *op. cit.* pp.44-45
[130] BACHELARD G. : *op. cit*, p. 94

avoir la plasticité recherchée pour le façonnage ; puis quand l'argile préparée a été disponible, on a introduit dans le moule cette matière informée qui est plastique, *molle, colloïdale*, n'offre presqu'aucune résistance au cisaillement, se comporte comme un fluide incompressible qu'on presse pour qu'il remplisse les coins : l'état de *résonance interne* est provoqué par la limite du moule sauf si une hétérogénéité provoque la coexistence d'ilots de matière limités par la surface d'appui dur. Dans la description de Wikipedia divers endroits du tiers monde sont rapportés, où l'on voit que l'ouvrier dispose au moins d'une presse à main qui tasse avec une pression de 10 bars et arase mécaniquement le produit avant de le démouler.

Pour se faire une idée de la nature des potentialités portées par ce matériau, on doit se référer à la description de sa nature physico-chimique, au niveau mésoscopique intermédiaire entre le macroscopique et le microscopique. La structure feuilletée de la roche d'origine explique la plasticité : l'argile est dispersée dans l'eau comme l'huile dans le vinaigre, en *micelles* qui sont des agrégats de molécules. L'argile se présente comme une suspension à deux phases solides : l'une dispersée dans l'autre, qui est un milieu continu pâteux. C'est un colloïde qui flocule. Les particules dispersées (1 à 500 nanomètres) sont d'un ordre de grandeur *mésoscopique* (entre le macro et le micro) en agitation brownienne, soumises à un potentiel interparticulaire électrostatique (qui participe à la variation d'énergie libre) comparable à l'énergie thermique kT à ce niveau. La stabilité dépend des interactions de particules de taille du nanomètre au micron. La Grande Muraille de Chine donne à penser que cette stabilité est considérable. En termes thermodynamiques l'argile est un mélange hétérogène, une matière formée de cristaux dont l'ordre de grandeur est le micron. C'est un solide hétérogène, amas de particules dures et d'un milieu poreux qu'on peut considérer comme un amas de vides : un mélange solide de particules *molles* qui se déforment pour mieux s'empiler, et apparaît alors comme incompressible, comme les polymères.

Modèle de la cristallisation métastable

Dans le modèle du moule à briques, l'intervention humaine est patente à tous les niveaux macroscopiques. Il en était de même dans l'exemple primitif illustrant la transduction par la formation de bosses sur une piste de ski. Toute intervention humaine peut être évitée au contraire dans le modèle de la cristallisation.

L'analogie est une caractéristique relationnelle qui ne supprime pas l'hétérogénéité des domaines, qui la recherche au contraire. L'analogie établie par Simondon consiste alors à ressaisir en chaque domaine de réalité la spécificité d'un *processus d'individuation* : l'individu, défini comme une *activité d'individuation,* prolonge dans sa relation à un milieu l'opération de genèse qui lui a donné naissance. Le schème de pensée de l'individuation est la *transduction* : opération de structuration s'étendant de proche en proche à partir du dépassement d'un seuil structurel. Dans le cristal il s'agit, après introduction d'un germe, d'une croissance itérative de la même structure en conservant son orientation. La genèse de cristaux comme processus d'individuation *saisit* l'activité à la limite du cristal en voie de formation : forme, matière, et énergie préexistent dans le système, une énergie potentielle s'actualise en même temps qu'une matière s'ordonne en individus structurés se développant par un processus d'amplification.

L'équilibre métastable peut être rompu par certaines variations : dans un système surtendu, des potentiels libérés produisent un changement brusque conduisant à un nouvel équilibre métastable. Simondon est guidé par l'analogie de l'*individuation* avec le phénomène de cristallisation dans une solution *sursaturée ou en surfusion.* Il recherche un modèle d'étapes successives de structuration individuante d'états *métastables* au moyen d'inventions successives de structures. Il a recours à la métaphore de la cristallisation, présentée comme une rencontre d'*énergies potentielles* thermodynamiques, de *matières* diverses (des liquides sursaturés et cristaux formés), et de *formes* intervenant pour introduire une *condition informationnelle :* un stimulus engendrant une réponse dans une solution sursaturée ou en surfusion s'il dépasse un seuil structurel (présence d'un germe, singularité qui introduit de l'information, guidant le mode de cristallisation) compatible avec le processus de cristallisation *dans les conditions énergétiques présentes.*

Cette rencontre est nécessaire pour que la transformation ait lieu, mais non suffisante : il faut aussi que le système dispose avant la transformation d'énergie potentielle et ne soit pas stable mais métastable : la métastabilité est essentielle, elle permet de composer être et devenir, de suspendre la genèse s'il en est besoin. L'actualisation de l'énergie potentielle a lieu si les conditions thermodynamiques le permettent.

La cristallisation est vue comme une transduction : le cristal naît dans une solution sursaturée, ou en surfusion, domaine qui détermine la structure où s'actualise l'énergie potentielle, asservie par la cristallisation. Le cristal n'est individu que pendant sa genèse, dans un milieu qui naît en même temps, pendant la durée de la résonance interne. La cristallogenèse est *transductive* : la relation entre le cristal individu et son milieu, est l'échange entre structure et énergie, qui constitue ce cristal et son milieu, qui ne préexistent donc pas à ladite relation. Un cristal qui à partir d'un germe très petit grossit et s'étend selon toutes les directions dans son eau-mère fournit l'image la plus simple de l'opération transductive ; chaque couche moléculaire déjà constituée sert de base structurante à la couche en train de se former : le résultat est une structure réticulaire amplifiante.

Il y a d'abord une réalité préindividuelle *métastable*, puis l'individu et le milieu associé qui en forment le système porteur d'énergie, de potentiels.

Une notion structurale de *seuil,* ou de saut quantique, permet de saisir la discontinuité entre états métastables, analogue à celles décrites à propos du recuit simulé.

Le phénomène de la cristallisation se décrit lui-même comme suit :

Dans le processus de cristallisation par *surfusion*, le passage de l'état liquide au solide requiert de l'énergie. La surfusion en dessous de la température critique de solidification est due à une énergie de tension superficielle à *l'interface solide-liquide* qui est dépensée quand un germe forme le solide : le germe de solide en voie de congélation est instable car refondu aussitôt par l'agitation thermique ; la chaleur latente de fusion libérée par la solidification n'a pas compensé l'énergie créant l'interface. L'état liquide alors prolongé peut être déstabilisé par la présence d'un gros noyau de condensation : impureté ou germe de cristal.

Dans le processus de cristallisation par *sursaturation*, la solubilité d'un solide dans un liquide solvant augmente avec la température : si on le chauffe puis qu'on le refroidit sans précaution, on provoque la cristallisation du soluté quand on atteint une zone de *nucléation spontanée* ; si on le refroidit lentement, une *sursaturation* se produit : le liquide solvant contient plus de soluté qu'il ne peut en dissoudre, il est dans un état métastable : si on ajoute un germe de cristal, il grossira par cristallisation du soluté ; sans germe la solution restera sursaturée en une seule phase, sans nucléation. La croissance est le transport de molécules du soluté vers les cristaux.

La sursaturation est une différence de potentiel chimique entre la solution sursaturée et le cristal : elle est mesurée par la différence entre la concentration du soluté et la solubilité. Le système va évoluer vers l'équilibre thermodynamique. La différence de potentiel chimique est l'analogue d'une *force motrice* qui forme des petits cristaux et les fait croître.

Description physique des modèles de la transduction[131]

Le modèle de la cristallisation qu'on vient de décrire, présentant la transduction comme une actualisation d'énergies potentielles, de matières et de formes d'un système capable d'évoluer, a recours à une métaphore sur des phénomènes de physique dont les bases méritent d'être clairement rappelées, pour pouvoir s'appuyer sur ce que les physiciens ont solidement établi comme pour éviter des dérapages de sens.

Le principe de conservation à la base de la physique, soupçonné depuis Anaxagore, stipule que rien ne se perd, rien ne se crée, tout se transforme d'une forme d'énergie, de matière, et de forme en une autre.

L'énergie est *conservée mais se dégrade*, pour atteindre un état final d'équilibre stable où elle ne peut plus se transformer parce que l'énergie potentielle est minimum et ne peut plus être activée. L'analogie est donc recherchée avec des systèmes en état métastable encore susceptibles de transformations multiples.

La tendance au changement est mesurée entre autres par la variation des *potentiels chimiques* de substances présentes multiples, exprimés en kilojoules/mole de substance au niveau macroscopique.

Il nous faut pour commencer préciser les notions de *potentiel* et de *phase* : il est indispensable d'en rapporter les définitions dans le contexte d'un système constitué d'un mélange hétérogène de composants en nombre quelconque, de forme quelconque pour utiliser le modèle physique le plus général, et de se repérer par rapport à l'état final où l'équilibre thermodynamique, c'est-à-dire d'équilibre mécanique, thermique, et chimique, est stable et l'énergie potentielle minimum.

Dans un mélange de corps, un *potentiel chimique* est le changement d'énergie correspondant à la variation de la quantité de chaque constituant du mélange. Il sert à définir l'équilibre des phases dans le mélange.

Une *phase* est la situation macroscopique d'une grandeur variable (solide, liquide, gaz, ion ...), d'une masse de composition homogène ou de concentration uniforme, limitée par une frontière, un bord, un « contour » : c'est une notion *spatiale* dans ce contexte ; un système homogène, composé d'un certain nombre de constituants chimiques, et de frontière définie, constitue une phase ; des cristaux de formes différentes constituent autant de phases.

Le mélange de corps le plus général comprend plusieurs constituants chimiques, chacun pouvant apparaître dans plusieurs phases.

---

[131] ZEMANSKY M. : *Heat and Thermodynamics*, McGraw-Hill, N-Y, 1937, pp. 316 et seq.

Pour donner un exemple, imaginons une boîte divisée en deux compartiments séparés par une paroi étanche amovible, tous deux à la pression atmosphérique ambiante et à la température ambiante de 20°C : une solution d'eau salée contenant 1% de sel occupe l'un des compartiments, où il se trouve en équilibre stable et forme une phase liquide de deux constituants : eau et sel. Une quantité de sel solide remplit l'autre compartiment à la même pression et la même température, en équilibre également, et forme une phase solide à un constituant. Si on retire doucement cette paroi et qu'on maintient la pression et la température aux mêmes valeurs, on observe qu'une certaine quantité de sel se dissout, et au bout d'un certain temps le changement s'arrête et la solution contient 10% de sel, forme une nouvelle phase liquide à deux constituants, la phase solide ayant disparu en se dissolvant.

On en conclut que *dans l'état initial*, juste au moment où l'on a retiré la séparation, le système était encore en équilibre mécanique et thermique (même pression et température), mais n'était pas en équilibre chimique ; *qu'à l'état final* l'équilibre chimique étant aussi obtenu grâce à la dilution d'une quantité de sel dans la solution à 1%, *l'équilibre* thermodynamique est alors atteint, accompagné d'un transfert de sel dans la solution. La solution liquide est une phase, dont la composition a varié. Les deux phases initiales : liquide et solide, sont homogènes, ont une frontière bien définie, sont à la même pression et la même température : elles ont donc un volume bien défini V et on peut évaluer le nombre de moles n de chaque constituant dans chaque phase. Les phases ont changé d'état tout en ayant été en équilibre mécanique P et thermique T : l'état est défini par une équation d'état qui est une relation entre P, T, V et le nombre de moles n de chaque constituant dans chaque phase.

Le mélange a alors une énergie interne U bien définie par ces grandeurs, comme la somme des énergies des constituants sur toutes les phases: énergies qui se transforment en se conservant, mais aussi en se dégradant par le désordre moléculaire à l'échelle microscopique : ce désordre est mesuré par l'entropie S du mélange.

Le *potentiel*, introduit jusqu'ici comme ce qui existe « en puissance », est en fait une forme d'*énergie* (kilojoules) ; le *potentiel chimique d'un constituant* est l'énergie d'une mole de ce constituant, variable *intensive* μ (kj/mole) conjuguée d'une variable *extensive n* (moles) exprimant une quantité de moles, leur produit étant une énergie(kj) de chaque constituant .

La *pression* P intensive est conjuguée du *volume* V extensif, la *température* T intensive conjuguée de l'*entropie* S.

À partir des variables : énergie Interne U, pression P, volume V, température T, et entropie S, on définit *l'enthalpie libre :* $G = U + PV - TS$

L'enthalpie libre d'un système quelconque est la somme des énergies d'un grand nombre de potentiels, et on peut la faire varier en modifiant dans le système la quantité extensive concernée correspondant à chacun d'entre eux : le *nombre de moles* n de chaque constituant du mélange dans chaque phase pour chaque potentiel chimique, l'*entropie* pour la température du mélange, le *volume* pour la pression du mélange, la *charge* pour le potentiel électrique, la *masse* pour le potentiel gravitationnel, la *quantité de mouvement* pour la vitesse (énergie cinétique), l'*aire* d'une frontière entre constituants pour l'énergie d'interface, le *moment dipolaire* pour le champ électromagnétique, etc.

Le potentiel chimique du mélange dans une réaction à la température ambiante et à la pression atmosphérique est défini à partir de l'enthalpie libre : $G = U + PV - TS$, où P et T *ne varient pas*.

En particulier si le phénomène se limite à une *transition de phase :* fusion, vaporisation, sublimation, il se produit un transfert de chaleur, dit chaleur latente L, et un changement du volume V, tandis que la pression P et la température T ne changent pas : cette chaleur latente L correspond à une augmentation d'entropie, d'augmentation des mouvements moléculaires : $L = T(S\ final - S\ initial)$.

Considérons comme autre exemple un mélange homogène de n moles d'oxygène avec n' moles d'hydrogène à la pression atmosphérique et à la température ambiante. On pourrait croire qu'il restera indéfiniment sans changer d'état, donc à l'état d'équilibre thermodynamique. Cependant si on produit une étincelle électrique le mélange explose, et si on attend le retour à la pression atmosphérique et à la température ambiante on observe une composition de 2n moles de vapeur d'eau, et (n'-2n) moles d'hydrogène ; de même si on place dans le mélange un catalyseur comme de l'amiante platinisée : il commence par se combiner avec les gaz, et reprend à la fin sa forme initiale en laissant les produits de la réaction. Donc le mélange initial n'était pas en équilibre chimique, et un état d'équilibre thermodynamique ayant été atteint finalement on conclut que la transition vers l'équilibre thermodynamique doit se produire quand même, très lentement si on ne fait rien pour l'accélérer.

Si une réaction chimique intervient entre les constituants présents, des *réactifs* sont consommés et des *produits* apparaissent. Si la réaction est équilibrée, l'entropie est maximum et ne varie plus, mais des réactifs peuvent continuer à se transformer en produits.

Les substances du système peuvent être des mélanges homogènes, ou hétérogènes, des alliages, des solutions d'un soluté dans un solvant. Elles peuvent même être *absentes* tout en ayant un potentiel chimique, qui est l'énergie qu'il faudrait dépenser pour en introduire une mole dans le mélange. Si l'on tient compte de toutes les potentialités « potentielles », le potentiel chimique est défini à une constante près. Si on accorde alors un potentiel zéro aux réactifs élémentaires d'une réaction et que le potentiel d'un produit de cette substance est *positif*, c'est un indice d'instabilité intrinsèque de la présence de ce produit par rapport à ses composants ; mais si le produit a été fabriqué quand même, c'est qu'il était dans un état métastable en raison d'une énergie d'activation trop grande à la température présente.

Par exemple une substance organique comme le benzène C_6H_6 (hexagone de Kékulé) a un potentiel positif chimique : + 125 kj/mol si on attribue un potentiel zéro au carbone solide et à l'hydrogène gazeux, il est donc métastable à la température ambiante.

Imaginons alors un système quelconque *hétérogène* de matières, comprenant pour simplifier des constituants chimiques en nombre c, chacun pouvant être dans des phases en nombre φ, toutes homogènes avec une frontière, à la même pression P et la même température T : notons chaque constituant par un numéro i et sa phase par un indice j, le potentiel chimique de chacun par la lettre μ (kilojoules/mole) et sa quantité (nombre de moles) par la lettre n.

L'enthalpie libre du système hétérogène (fonction de Gibbs G) est une somme de potentiels partiels de la forme μ(i,j)n(i,j). Le nombre total de variables, déterminant P, V et les cφ fractions distinctes du mélange est égal à : cφ +2.

Le système est à l'équilibre si la fonction G soumise à un certain nombre de *contraintes* imposées, extérieures au système ou intérieures entre les composants, atteint un *minimum*.

Une contrainte est une *règle* obligatoire qui réduit une *liberté d'action*. Un *degré de liberté* est une évolution permise dans une direction non contrainte.

Les notions de *contrainte, règle, liberté d'action*, appliquées ici à des grandeurs physico-chimiques, mais fondamentales en mécanique, jouent aussi un rôle essentiel dans les libertés des êtres humains, dont elles tissent les innombrables relations. Contentons-nous ici de mentionner celles qui sont étudiées dans ce livre : contraintes dans les réseaux de transport, temporelles (ch IX p.251) ou optimisant un coût (ch. VIII p.219);

contraintes spatiales limitant les mouvements (ch.II p.65) ; création musicale par des contraintes (ch. XI p.288).

Mathématiquement, la condition d'équilibre est un problème résolu par la méthode des *multiplicateurs de Lagrange* : le résultat du calcul exprime qu'à l'équilibre le potentiel chimique d'un constituant doit avoir *la même valeur* dans toutes les phases de ce constituant : $\mu(i,j)$ pour chaque i est le même quel que soit j ; pour chaque constituant il y a (ϕ-1) égalités d'équilibre de ce type, compte tenu de ce que ces équations entre potentiels qui sont des variables intensives ne contiennent pas les quantités absolues n(i,j) variables extensives, mais seulement la fraction : $x(i) = n(i)/\Sigma n$ de ce constituant dans le mélange ; il y a donc en tout $c(\phi-1)$ équations d'équilibre de phases, plus ϕ équations, une pour chaque phase j, de la forme :
$\Sigma x(i) = 1$, soit : $c(\phi-1) + \phi$ équations.

Le nombre total d'équations est : $c(\phi-1) + \phi$, tandis que le nombre de variables est : $c\phi + 2$. La différence :
$\delta = c\phi + 2 - (c(\phi-1) + \phi) = c - \phi + 2$

est le nombre de variables qui peuvent être choisies arbitrairement à ce stade d'expression mathématique du mélange hétérogène : autrement dit le nombre de degrés de liberté, d'évolution permise dans une direction non contrainte est le nombre de constituants moins celui des phases plus deux.

Ce nombre δ s'appelle aussi *variance*. Le système *mathématique* est entièrement déterminé à l'équilibre si la variance est zéro.

Par exemple l'eau au point triple est un système en équilibre déterminé :
$c = 1$; $\phi = 3$; $\delta = 0$.

On peut écrire aussi : $\phi = c + 2 - \delta$: le nombre de phases distinctes possibles est égal à celui des composants plus deux moins le nombre des degrés de liberté.

Physico-chimiquement, il faut tenir compte au surplus de toutes les contraintes imposées dans les conditions énergétiques présentes pour savoir si des énergies potentielles s'actualiseront.

Si parmi les constituants du mélange hétérogène il y en a qui peuvent être chimiquement actives et participer à une réaction chimique où des constituants *réactifs* sont consommés et des constituants *produits* apparaissent, le calcul montre qu'une équation d'équilibre supplémentaire apparaît, qui est l'équation exprimant la réaction d'équilibre entre les potentiels chimiques des réactifs et des produits. La variance δ diminue d'une unité de ce fait, ou de r unités s'il se produit r réactions chimiques indépendantes : $\delta' = (c-r) - \phi + 2$ est la variance correspondante

Par exemple dans le mélange réactif de n moles d'oxygène avec n' moles d'hydrogène produisant 2n moles de vapeur d'eau et n'-2n moles d'hydrogène évoqué plus haut, on a : $c = 3$; $r = 1$; $\phi = 1$; $\delta' = 3$ (ou 2 si la vapeur d'eau se condense) : on peut fixer la température, la pression, et le potentiel ou la pression partielle de l'un des gaz.

D'autres contraintes sur les équations d'équilibre peuvent intervenir, par exemple si dans une solution il se produit une dissociation des molécules en ions positifs et négatifs : s'il ne se produit pas de précipité, les ions sont dans la même phase liquide, mais la dissociation a pour effet qu'une équation supplémentaire exprime que la somme des ions doit être *neutre* électriquement. Il faut donc réduire encore la variance δ d'autant d'unités que de contraintes restrictives semblables dont il faut tenir compte.

On obtient ainsi la *règle des phases* :

$$\delta'' = (c - r - \text{autres restrictions}) - \phi + 2$$

règle qui a fait l'objet d'un long mémoire publié en 1875 par le physicien américain Gibbs dans un obscur journal du Connecticut, comme le résultat d'une analyse exhaustive de tous les potentiels imaginables à l'époque : énergie cinétique, gravité, capillarité, chimique, champ électrique, magnétique, énergie d'interface, etc..

Cette règle est considérée comme une des très grandes lois de la nature telle qu'elle se présente dans sa diversité : l'avant dernière grande loi de la physique classique, avant la révolution quantique inaugurée par Planck en 1900 ; la dernière loi classique : $E = mc^2$ ayant été formulée un peu plus tard en 1905.

Une autre règle dérivée est le *théorème de Le Chatelier* qui stipule :
Si une intervention extérieure change les facteurs de l'équilibre, un changement inverse se produit à l'intérieur du système, qui tend à éliminer les perturbations de son équilibre.

Interprétation par des objets communicants

Le raisonnement thermodynamique sur des variables macroscopiques, de niveau sensoriel d'observation, suggère une image très primitive de ce qu'on pourrait assimiler à une communication entre objets et étendre par circulation de métaphores à d'autres domaines en passant de l'espace matériel aux variables d'un espace social ou socio-économique où l'image évoquée sera de moins haut niveau.

L'expérience montre que toutes choses égales par ailleurs, on peut faire varier indépendamment deux variables macroscopiques, comme la température et le volume d'un mélange de gaz, qui sont en même temps des variables globales si les différences entre composants sont ignorées ; ou pour prendre un exemple socio-économique, comme le prix et le volume des échanges d'une catégorie de biens. Si ces variables restent inchangées pour un objet sous certaines conditions, si son état est invariable, l'objet est dans un état d'équilibre. Un tel état dépend de l'environnement par la présence d'objets voisins et par la nature de la *frontière* qui sépare cet objet des autres : frontière difficile à définir entre deux individus, ou même entre deux organismes, entreprises, groupes, parce qu'elle est invisible ; difficulté qui rejaillit sur la définition de la communication interindividuelle ou intergroupale. Mais une frontière physique existe entre deux objets concrets adjacents, ou deux pays. Dans ce dernier cas, si les deux objets peuvent coexister chacun dans un état d'équilibre décrit par des variables indépendantes l'une de l'autre comme un volume et une température qui prennent de part et d'autre de la frontière des valeurs différentes, l'équilibre de part et d'autre est assuré par le fait que la frontière est capable de supporter les pressions à laquelle elle est soumise, contrepartie de l'indépendance des variables, interprétée ici comme un effet de *non communication* plutôt que d'incompatibilité, sans qu'il soit nécessaire de préciser quelle est la quantité ou la qualité dont les échanges sont interdits. Elle est qualifiée de frontière *adiabatique* ; entre deux pays l'équilibre adiabatique est assuré en ce qui concerne les échanges de biens par un régime autarcique qui interdit lesdits échanges, ou par des barrières douanières protectionnistes prohibitives ; en ce qui concerne la communication, par l'interdiction d'échanges d'information, ou culturels.

Par extension, deux individus ou deux groupes peuvent coexister, chacun conservant ses opinions, son comportement, sans être influé par l'autre si une frontière adiabatique à la communication les sépare : comme un éloignement physique, mais aussi comme une différence de langue, de culture, une ignorance ou une incompréhension du code au sens large de l'autre ; ils ne trouvent pas utile d'échanger des informations car elles seraient inopérantes.

Si deux objets sont séparés au contraire par une frontière *diathermique*, traversée par une certaine quantité ou qualité jusqu'à ce que la température des deux objets soit la même, les valeurs des variables indépendantes décrivant chaque objet changent jusqu'à ce qu'un état d'équilibre du système formé par les deux objets soit atteint : cet état final d'équilibre est caractérisé par le fait que les variables décrivant l'état final de part et d'autre ne sont plus indépendantes, dès lors que les objets communiquent, à cause de cette communication.

Dans le cas de deux pays, qui ont signé et appliquent une convention de libre échange, l'état d'équilibre a pour conséquence que les prix d'un bien sont les mêmes de part et d'autre de la frontière dans l'état final.

De même la communication entre deux individus ou groupes poursuivie sans entrave, parce qu'ils parlent la même langue, adhèrent au même code, partagent la même culture, réagissent aux mêmes stimuli par les mêmes réactions, a pour effet l'état d'équilibre suivant : les discussions entre eux donnent lieu à un *accord*, un *consensus*, qui régit désormais leurs conditions de communication ; ils n'éprouvent guère le besoin de discuter parce qu'ils se comprennent à demi-mot. L'échange d'informations est faible à nouveau.

Nous avons ainsi décrit deux cas extrêmes de *non communication active*, l'un par empêchement, l'autre parce que la communication s'est poursuivie jusqu'à la suppression de ce qui pourrait être un objet de communication à mettre en commun. Le cas le plus intéressant est le cas intermédiaire où les deux objets sont séparés par une frontière de part et d'autre de laquelle les états, les comportements, les événements qui les traduisent sont *couplés* sans être identiques : il se produit des échanges, de chaleur et de travail, de matières, de biens, d'informations, que l'observateur voit comme des *outputs* provenant d'un objet, *inputs* dans l'autre, et qui donnent lieu à un *couplage* entre les objets par influences ou échanges mutuels : couplage de nature différente de celle du couplage structurel par les conditions de l'intercompréhension.

Dans tous les cas les échanges sont régis par des *relations d'interface*.

Stagnation d'un concept dans un domaine évolutif

Si un objet artificiel stagne, se contente d'*être*, dans un environnement qui évolue ou qui le soumet à des perturbations, il finira par se dégrader, à moins d'être muni des moyens de persister en se régénérant pour compenser ses dégradations, qu'il s'agisse d'un objet technique ou culturel. Si les objets subissent des avatars dans leur domaine d'emploi, le sens associé se dissipe et devrait être régénéré. Illustrons-le par des exemples d' objets artificiels étudiés en détail aux chapitres VIII et IX.

Les transports terrestres sont classiquement divisés en deux domaines : le « fer » et la « route », administrés parce qu'ils intéressent des populations considérables. Le domaine « tout terrain » du transport à dos d'animal ou à traction animale, existe depuis toujours et connaît un renouveau motorisé mais n'est pas administré.

La « route » existe depuis des millénaires en s'adaptant, le « fer » plus récent ne l'a pas supplantée mais complétée, bien que les routiers pensent le contraire : les ornières creusées par des chariots à bœufs à un entre-axe de roues de 1,435 mètres sont devenues par la suite l'écartement standard ferroviaire normalisé.

Dans le domaine « fer », qu'il s'agisse de construction ou d'exploitation, il est traditionnel de distinguer deux sous-domaines qui sont des concepts intégrés figurant en bonne place dans la conversation : la « voie » et la « traction ». Ou peut-être devrait-on les nommer contextes intégrateurs ?

A l'origine, la « traction », appellation bergsonienne, c'est la locomotive, qui tire les wagons, comme autrefois le cheval tirait la diligence, le jarret oblique sur les sabots s'enfonçant dans le sol battu : sous son poids une roue motrice adhère au rail et sa résistance au frottement la fait rouler sans déraper sur la surface du rail qu'elle déforme comme une planche de surf qui empreindrait sa propre vague, sur le versant aval de laquelle la composante de « traction » s'appuie et compense la composante résistante de la charge appuyée au versant amont d'une autre vague. Pour augmenter le trafic sur la « voie » dans les zones urbaines denses qui s'étendent, on multiplie les essieux moteurs, dont chacun tire ce qui est réparti sur la distance qui le sépare de l'essieu moteur suivant, et qui contient de moins en moins de wagons. A la limite dans un futur peut-être peu éloigné, plus de locomotive, plus de wagons, plus de traction, plus d'industrie de traction, sinon mal nommée : seulement des automotrices, et la tendance continuant pour les trafics très élevés la partie « stator » du moteur, la plus massive, finira par être déportée dans la voie devenue « active ».

Mais le mot « traction » demeurera longtemps dans le domaine, comme le *couteau de Lichtenberg* dont il a *supprimé* la lame puis le manche.

Si le concept de « traction » tend à s'éclipser du « fer » avec la locomotive d'antan, il apparaît en revanche sans le mot sur la « route », en deux dimensions il est vrai, car elle ne guide pas les roues : on y voit se multiplier les attelages de remorques et caravanes à l'arrière des voitures automobiles, sans compter les autobus et camions qui tirent leur double, parfois porté par un seul essieu.

« Route » et « fer » ont ou devraient avoir un sens technique dans leurs contextes d'utilisation. Un sens social émerge quand on désigne leur voie :

pour la route, c'est la « voie banalisée » qui adapte son revêtement à des « tractions » multiples et aléatoires qui se dépassent : véhicules à pneus, charrettes ; elle est dégradée par les autochenilles, mais elle se laisse traverser par les piétons avec ou sans souliers. C'est ce qui l'oppose à la « voie en site propre », dont la continuité et la propriété exclusive est nécessaire au « fer », domaine du transport guidé par une « voie » qui assure le guidage et le portage des véhicules. Les solutions possibles se distinguent par le nombre des rails ; rappelons-les sans nous attarder sur les servitudes « végétales[132] » d'alimentation en énergie qui engendrent des rails supplémentaires :
- le monorail, porteur de roues en forme de diabolo à cheval sur le rail, présente l'avantage d'une grande stabilité parce que le centre de gravité des wagons est au dessous du rail, et l'inconvénient de devoir être porté en porte-à-faux par des potences encombrantes car elles travaillent à la flexion ; mais comme il n'est pas posé sur le sol les piétons le traversent par dessous ; ce monorail, dont on construit quelques dizaines de kilomètres tous les demi-siècles, est une espèce dont l'évolution va cahin-caha ; une version montagnarde à câble porteur est répandue ;
- le duorail en forme de champignon, porteur et guideur de roues à boudin latéral, communément appelé « chemin de fer » abrégé en « fer », a donné son appellation métonymique au domaine ; il présente l'avantage de faire travailler son support à la compression, et peut même être posé sur un sol continu (ou sur un ballast) ; on en a profité pour en construire des millions de kilomètres non traversables par un piéton ni par qui que ce soit sinon à ses risques et périls : cette espèce a réussi, comme les animaux terrestres, qui en reliant les points de leur espace cloisonnent le sol aux confins de leurs territoires en un tissu multicellulaire ;
- le rail large en béton pour train à coussins d'air, forcément mono, jugé coûteux pour le guidage et le portage, et incompatible avec le « fer » qui repousse sa niche écologique vers un hypothétique domaine « route en site propre », improprement étendu à des voies débanalisées mais sans guidage dont l'exclusivité est réservée à des autobus ;
- le trirail, que les gens du « fer » jugent redondant, cesse de l'être si la voie assure au surplus une fonction de traction : les véhicules sont par exemple guidés et portés par un monorail à droite, tractés et portés par un convoyeur duorail à gauche dans un système décrit au chapitre IX : trois rails en tout. Le « tire-fesses » des stations de ski est une illustration complémentaire : le

---

[132] BULLA DE VILLARET H. : *Introduction à la Sémantique Générale de Korszybski* p. 14

skieur est d'une part guidé et tiré par un câble, d'autre part porté par ses skis sur deux rails virtuels qu'ils tracent en avançant sur la neige.

Enfin pour desservir l'espace géographique terrien qui est bidimensionnel, la « voie » doit se faire réseau de voies. La méthode la plus rustique est la rupture de charge avec correspondance. Le passager descend du véhicule desservant une voie pour monter dans un véhicule en desservant une autre : il a parcouru à pied un chemin intermédiaire et attendu la correspondance pendant un temps aléatoire. Un dispositif transporte un véhicule d'une voie à une autre sans déranger les passagers : pour le « fer » c'est l'aiguillage ; pour la « route » et la rue c'est le croisement muni ou non de sémaphore, ou l'échangeur. Aux yeux des usagers, nécessité fait loi ; ils répugnent certes à la correspondance, mais ils ne croient que le réseau qu'ils voient, qui pour l'instant n'a rien de fractal. Ils proclament : le « fer », c'est l'aiguillage ; la « route » ou la rue, c'est le croisement ; l'autoroute, c'est l'échangeur. C'est sans doute là que résident les dinosaures des transports terrestres.

Circulation d'un concept d'un domaine à l'autre [133]

Un concept qui circule d'un domaine à un autre peut n'avoir subi que des opérations *logistiques :* un acheminement, une manutention, des stockages et déstockages intermédiaires et un conditionnement qui préserve son intégrité de tout changement : c'est le cas des objets informatiques, des télécommunications, de l'information au sens de Shannon ; c'est le rôle de l'administration des données d'une entreprise, qui doivent être manipulées sans erreur d'interprétation par un grand nombre de personnes et d'ordinateurs.

Quand un concept élaboré dans un domaine est employé dans un autre assez différent, sa circulation donne naissance à une métaphore. Nous avons évoqué à dessein une métaphore d'évolution d'espèces de transport dans l'exemple précédent ; elle joue un rôle doublement utile :

- elle importe du sens d'un domaine à un autre en s'appuyant sur la comparaison de scenarios analogues ; le sens glisse parfois ;
- le magasin de termes importés nourrit la faculté de *sélection* d'une alternative parmi les termes proposés, et de « substitution d'un des termes à l'autre équivalent du premier sous un aspect et différent sous un autre[134] » pour préciser sa pensée. « Sélection et substitution sont les deux

---
[133] GUTSATZ M. : *Les dangers de l'auto in* Colloque sur l'Autoorganisation de Juin 1981, Seuil Paris 1983, p.29
[134] JAKOBSON R.,*Essais de Linguistique générale* ,Editions de Minuit, 1963,p 48

faces d'une même opération » rendue possible par la circulation des concepts.

La métaphore est significative et comprise par tous si quelque chose se conserve quand on passe d'un domaine à un autre et sert de point de repère pour la quête d'un sens. Voyons s'il est légitime d'en déduire qu'un principe de conservation est un paradigme pour la métaphore et l'analogie.

Ce qui se conserve peut être ce que nous appelons un attribut des choses : masse, énergie, valeur dans un échange. Si une grandeur qui satisfait à une loi d'addition (grandeur extensive) est choisie pour caractériser les objets d'un ensemble, et s'il est prouvé, ou supposé, que la somme des grandeurs associées aux objets de l'ensemble est constante, on est fondé à conclure que les changements des objets consistent en pertes des uns, exactement compensées par des gains des autres. Examinons sur des exemples la circulation résultante de significations et interprétations : la comptabilité est un domaine où des « valeurs » additives sont associées à des objets comptabilisés. Le principe de conservation commande l'opération qui conduit à établir un *bilan* de valeurs, *interprétées* comme des ressources et comme leurs emplois. Une comptabilité est légalement contrainte d'exprimer sans réalisme, mais avec formalisme, les valeurs en monnaie courante ; la gestion doit *réinterpréter* les concepts à long terme pour tenir un compte historique de l'évolution des valeurs avec la date, parfois moyennant quelques acrobaties.

Lavoisier a fondé la chimie en préconisant l'usage de la balance, lui prescrivant comme tâche de mesurer localement les poids dans un système clos d'objets chimiques et d'en faire le bilan. P. Thuillier en a déduit selon lui que la fondation de la chimie sur un principe de conservation de la masse est le triomphe d'une philosophie de banquiers et de boutiquiers[135] : il veut dire la comptabilité. Rappelons que Lavoisier était intendant général, c'est à dire collecteur d'impôts : cela lui a coûté sa tête. À quelques années près aurait-il renoncé à fonder la chimie, s'il avait observé la collection d'impôts en assignats?

Si des objets circulent dans un domaine malthusien, c'est-à-dire borné à ressources limitées, leur gain ou perte en quantité est *interprété* en termes de processus : lutte pour la vie, prédation de la grandeur quantifiée, et finalement sélection du plus apte, ce qui rejoint l'évolution des espèces ; s'il s'agit du domaine linguistique, la sélection à l'intérieur d'un stock (le dictionnaire) du mot le plus apte dans un contexte est *interprétée* comme une métaphore heureuse.

---

[135] THUILLIER P : *Le Petit Savant illustré*, Seuil, Paris, 1980, p.98

Dans la circulation des concepts d'un domaine à l'autre, on est tenté de penser que c'est le *principe de conservation lui-même* qui est *interprété* en termes de sélection-compétition. La compétition et la sélection, notions sociales, sont exportées dans le cadre de la chimie pour *interpréter* le formalisme comptable du principe de conservation. Est-il vrai que dans un mouvement inverse, « *retournant au cadre social, le principe de conservation y est importé pour y expliquer la compétition et la sélection, revêtues d'un brevet de scientificité*[136] » ? Si la métaphore a introduit avec bonheur l'abduction à l'aller, pourquoi la rejeter au retour dans le domaine économique en panne de modèle qui marche.

Tenons-nous en aux notions de gains et pertes, exactement compensées dans un ensemble borné si la grandeur satisfait à une loi d'addition. La correspondance entre ces notions appliquées par analogie à des grandeurs de natures différentes s'appelle bien une *interprétation*. Si l'applicabilité de la loi d'addition est prouvée, les lois de la chimie et celles de la lutte pour la vie se correspondent et le brevet de scientificité se traduit par un *isomorphisme* (bijection) ou plus faiblement par un *homomorphisme* (injection). Sinon, il n'existe qu'une analogie exprimable par des métaphores.

L'isomorphisme est créateur de sens, importé d'un domaine à l'autre, qui structure les éléments d'un domaine d'une part, les relations entre domaines mis en correspondance d'autre part. Le principe de conservation n'en est qu'un aspect secondaire. S'il n'y a pas d'isomorphisme, rien n'empêche de mettre les notions analogues en une correspondance qui n'engendre qu'une interprétation le plus souvent dépourvue de sens, à moins de découvrir un homomorphisme, parfois pourvu d'un sens allégorique. On en rencontre maints exemples, dont l'application et l'importation d'un domaine à l'autre se fondent sur les principes aristotéliciens de symétrie des comportements similaires, sur le principe de complémentarité des contraires ou plus généralement des mutuellement exclusifs, qui présentent sur le principe que « la somme est constante [137] » l'avantage décisif en matière de communication de se référer à la forme plutôt qu'à la substance[138] : matière, énergie ou monnaie d'échange.

---

[136] GUTSATZ M. : *op.cit.* p.31
[137] SAHIB : *La Frégate l'Incomprise*, 1882
[138] BATESON G. : *Vers une écologie de l'esprit*, Seuil, Paris, 1977,I, p. 21

130

IV

Recherche Scientifique

La recherche scientifique est une voie relativement droite, mais où l'on peut participer à quelques illusions, vivre quelques situations semées d'embûches, matérielles ou humaines, qu'elles aient ou non de suite instructive. Je cite ci-dessous quelques obstacles rencontrés par des chercheurs tentant d'élaborer un objet artificiel culturel dans le but de conforter une vérité scientifique.

Origines

Né au Maroc, j'ai appartenu là-bas à cette catégorie de jeunes louée par le critique littéraire du journal *Le Temps* Paul Souday, qui ont très bien su le grec et le latin à dix sept ans et ont tout oublié ensuite. Par la suite je suis arrivé à Paris rive gauche qui m'a séduit parce que j'étais francophone, imprégné de culture gréco-latine tendance Bailly-Gaffiot, et je m'y suis fixé.

J'ai connu ma première heure de gloire au lycée de Rabat, capitale du Maroc, à l'époque du Front Populaire, dans les circonstances décrites ci-après : elles révèlent l'existence dès cette époque lointaine d'un désir d'imitation de modèle, qui a joué le rôle du plus important moteur de recherches dont j'ai été acteur et /ou témoin.

Interrogeant ma mémoire affective à trois quarts de siècle de distance, j'essaie de la fixer sur des images historiques plutôt qu'émotionnelles, avec l'aide d'un vieux palmarès que j'ai conservé de cette époque : sans être au départ animé par un esprit de compétition, j'obtenais dans ma classe le premier ou le deuxième prix dans la plupart des matières excepté en gymnastique et en chimie, et subissais par contamination la fièvre des premiers rôles.

Comme tous mes camarades je suivais avec passion les péripéties du Tour de France cycliste, les exploits des *forçats de la route* : de loin, d'abord à la T. S. F. puis le lendemain dans le journal local. Je n'avais pas de vélo et savais à peine m'en servir : je n'en rêvais pas moins par procuration de gagner des étapes sauf celles contre la montre, et prenais le maillot jaune comme modèle à imiter dans les domaines où j'étais capable de prendre la tête du peloton.

Mon professeur de lettres, nommé Robert Roget, considérait aussi les exercices de version latine ou grecque avec l'aide de dictionnaires comme un entraînement à l'imitation d'un modèle : l'auteur du texte original. Il y voyait une interprétation déchiffrante, une tentative de pénétrer dans la pensée de l'auteur en utilisant la même gymnastique intellectuelle que celle mise en oeuvre dans la résolution d'une grille de mots croisés : à ses yeux un moyen de comprendre la psychologie du constructeur de la grille autant que son bagage culturel.

Il m'avait présenté au Concours Général des Lycées et Collèges de France et des Colonies en version grecque et latine, et Raymond Badiou, professeur de mathématiques, pour sa matière : j'assimilai aussitôt cette lutte contre d'autres élèves anonymes à des étapes contre la montre. Èliminé à l'épreuve de latin par un fâcheux barbarisme, je fus en revanche très satisfait de ma prestation en grec, et j'ai caressé pendant quelques semaines le rêve d'un dixième ou quinzième accessit qui m'aurait comblé de bonheur. Je me doutais que ma bonne performance devait beaucoup à l'aide du dictionnaire grec-français Bailly, dont tous les candidats avaient bénéficié comme moi, mais je n'avais qu'une faible conscience du fait que beaucoup de français colonisateurs disposaient d'un vocabulaire et de capacités de style bien plus étendus que ceux du colonisé que j'étais à l'époque du fait de mon lieu de naissance et de séjour, et n'avais donc aucune chance d'un classement privilégié.

Certes Robert Roget m'attribuait des notes supérieures à celles qu'il donnait à mes deux douzaines de camarades français, mais que savais-je de la France, où je n'avais encore jamais mis les pieds, mais eux non plus ? Le fait même que Roget était mon maître, que j'admirais et prenais comme modèle, me rendait prisonnier de ses vues littéraires, comme le monstre Caliban était prisonnier du langage que le magicien Prospero lui avait enseigné, des mots qu'il avait donnés à ses intentions pour faire en sorte qu'elles soient connues[139], l'empêchant de s'en libérer pour voler les secrets de sa magie.

---

[139] SHAKESPEARE W. : *La Tempête*, I, 2, v. 351. cf. aussi Ch.XI, p.285

Le jury du Concours Général m'a décerné un troisième prix de mathématiques, qui m'a fort étonné : faute de temps, je n'avais pas du tout traité la quatrième et dernière question du problème d'algèbre besogneux proposé, alors que j'attendais une épreuve de géométrie. Raymond Badiou m'avait fourni pour la préparation à ce concours le livre de *Géométrie du Triangle* du roumain Trajan Lalesco, où les angles et sommets étaient dessinés avec un goût qui n'a rien perdu de son charme, et le *Livre du Trièdre* (trois faces) d'Emile Borel, espace dépourvu de tout éclat, quand bien même on y logerait l'archéologie de trois savoirs comme le fit trente ans plus tard Michel Foucault[140] !

Pratiquement au même moment naquit Alain Badiou, devenu par la suite un philosophe célèbre, sensible aux abstractions mathématiques, mais dont j'ignore ce qu'il pense des Trièdres de Borel et Foucault[141].

Quelques semaines après le télégramme annonciateur, le journal *Le Temps* publia les résultats *in extenso*, et je m'aperçus que le jury n'avait pas accordé de premier prix, ni de deuxième prix : personne n'avait fait mieux que moi. Je me rappelle m'être écrié :

— Je suis le Roger Lapébie des mathématiques !

Cette année-là en effet le Tour de France cycliste fut gagné par ce fameux coureur sprinter, mais le maillot jaune avait été porté jusqu'aux Alpes par un coureur italien inconnu nommé Gino Bartali, qui fut ensuite victime d'un accident en montagne. La course fut alors menée par le coureur belge Sylvère Maès, qui avait gagné le Tour l'année d'avant. Mais le public français se montra chauvin et avec la complicité des organisateurs persécuta Maès, qui après l'arrivée à Bordeaux, excédé, claqua la porte du Tour suivi par toute l'équipe belge pour rentrer à Bruxelles.

C'est ainsi que Roger Lapébie remporta ce Tour, alors qu'il aurait dû finir troisième, derrière Bartali, qui gagna le Tour l'année suivante, et Maès qui le remporta à nouveau à la veille de la guerre.

Pourquoi cette exclamation inattendue pour une place virtuelle de troisième ? Prenant comme modèle externe ce Lapébie qui volait la victoire, je voyais en lui une sorte de Prométhée volant le feu aux Dieux du moment,

---

[140] FOUCAULT M. : *Les Mots et les Choses,* p 355.
[141] Si ce n'est qu'il n'y a pas placé l'être, le non-être et la pensée, ayant trouvé mieux en les nouant deux à deux à l'aide du troisième : il faut trois instances pour qu'il y ait des liens (d'où la nécessité du non-être ?). Le nouage de trois anneaux ajoute quelque chose aux liens entre trois surfaces par les arêtes d'un trièdre ; deux anneaux subsistent, libérés, si on les dénoue ; deux faces séparées par une arête peuvent se confondre en une seule si on supprime l'arête (comme l'être et la pensée), mais le dénouage n'est pas l'identification.
cf : BADIOU A. : *Le Poème de Parménide*, 6ème et 7ème cours.1985

j'ai crié que *j'étais* Lapébie, comme Cathy a crié qu'elle *était* Heathcliff dans le roman d'Emily Brontë.

Les matières littéraires : grec et latin, m'attiraient davantage. Mais Robert Roget fut le premier à me dire en ce jour de gloire que j'avais tort, car l'avenir était promis aux scientifiques. C'était ce qu'il croyait : tandis que la guerre d'Espagne et les bruits de bottes fascistes nous faisaient ressentir confusément le besoin urgent de canons, d'avions, alors que la France manquait de salles de bains et que les cabinets étaient souvent à l'extérieur, des journaux d'anticipation nous faisaient miroiter un avenir de machines à laver et d'air conditionné qui ne se réalisa que vingt ans plus tard. Je déclarai que dans ce cas j'aimerais bien être ingénieur, suscitant un tollé auprès de mes camarades qui se récrièrent en chœur :

— Tu n'y penses pas, un métier de crève-la-faim ! Les ingénieurs de Centrale sont embauchés comme ouvriers tourneurs ou fraiseurs chez Renault et Citroën.

C'était vrai depuis la crise des années 30, mais le vent commençait à tourner. J'avançai donc timidement que j'étais tenté par la Recherche Scientifique : le gouvernement du Front Populaire de Léon Blum contenait comme sous-secrétaire d'état à la Recherche Irène Joliot-Curie, qui peu attirée par le pouvoir céda la place à Jean Perrin pour la création de ce qui devait devenir le Centre National de la Recherche Scientifique (CNRS).

Mes camarades m'écoutèrent avec pitié :

— La Recherche *Ashendifik* ? (i.e. en marocain : *Qu'est-ce qu'on en a à foutre ?*)

Ce commentaire fut suivi de leurs bons conseils :

— Choisis un métier de prestige : Avocat !! (la *tchatche*) Médecin ! Professeur même (il touchait en plus d'émoluments conséquents un tiers colonial, habitait une belle villa et roulait en voiture américaine)...

Dans les années suivantes, j'ai dû admettre avec humilité mes limites, ne parvenant pas à suivre des cours de philosophie auxquels je ne comprenais rien, contrairement à mes condisciples qui répondaient au professeur avec une aisance qui excitait ma jalousie : je croyais entendre des dialogues de Socrate avec ses disciples selon Platon.

Arrivé en France en mai 1945 et après avoir acquis mes diplômes, je dus reconnaître qu'en effet le métier de chercheur au Centre National de la Recherche Scientifique était juste au lendemain de la guerre dépourvu de tout prestige et au surplus très mal rémunéré. Si j'avais rejoint le CNRS, on m'aurait sans doute aiguillé vers le mouvement Bourbaki qui se proposait d'introduire une grande rigueur dans les mathématiques, en mettant entre parenthèses la physique, ce qui m'inspirait une grande méfiance : n'était-ce pas ce qu'avait tenté jadis Parménide, rapporté par Platon et beaucoup plus tard par Paul Souday en des termes peu engageants[142] ? Peu tenté par une vocation de pur esprit, je souhaitais d'abord me tenir au courant des méthodes d'application des mathématiques à la physique. On commençait à parler de machines à calculer aux performances extraordinaires, que les Alliés avaient utilisées avec succès pour déchiffrer le code secret de la Wehrmacht, et pour construire la bombe atomique : comment ne pas être séduit, tenté d'accéder à ce royaume.. Dès mon arrivée à Paris, je m'étais rendu au consulat des États Unis pour demander un visa d'immigration, et j'avais entamé les démarches pour m'inscrire à l'Université Stanford de San Francisco : un certain professeur L. Pipes y avait monté un laboratoire d'analogies entre les machines mécaniques et les circuits électriques, et un professeur G. Kron en avait développé la mathématique ; d'où l'illusion que c'était une voie d'accès à ces machines à calculer merveilleuses.

En attendant, il fallait vivre, et sur le conseil d'un camarade, j'ai sollicité un emploi à un Groupe d'Etudes des Moteurs à Huile Lourde (GEHL) situé à Suresnes, qui agréa ma demande. Dépourvu d'argent, j'ai remis avant terme le mémoire de fin d'études pour obtenir le diplôme d'ingénieur civil des mines fin Mars 1946.

Durant cette période floue entre école et vie professionnelle, j'ai très peu fréquenté l'École des Mines. J'allais bien plus souvent à l'École Normale visiter une thurne de matheux, où l'on pouvait discuter avec le philosophe André Doazan, l'astronome Gérard Wlérick, le littéraire François Gotteland et d'autres ; où le physicien Louis Llibroutry passait parfois. On y commentait beaucoup les conférences de Gaston Bachelard, mais la conversation était polluée par les préoccupations alimentaires du quotidien, car il y avait encore des tickets.

Quand je me suis présenté au GEHL début Avril, son chef Raymond Marchal, venait d'être nommé Directeur Technique de la nouvelle Société Nationale d'Etudes et de Construction de Moteurs d'Avion (SNECMA)), prenant la succession de la Société Gnome et Rhone nationalisée, qui absorba le GEHL. J' y ai été embauché à ma demande comme ingénieur débutant de recherches. Dès le mois de Mai suivant, fut créé un Office National de Recherche Aéronautique (ONERA) qui par son titre paraissait mieux répondre à mes aspirations, mais tant pis : la vie m'avait embarqué dans une autre direction.

---

[142] cf. Ch.I, p.42

Le premier travail qu'on me confia consista, dans la pénurie ambiante au lendemain de la guerre, à « chercher » du matériel introuvable avant longtemps, pour monter un laboratoire d'analyse des déformations subies par les matériaux utilisés : il y avait maldonne, ce n'était pas ainsi que j'avais vu le métier de chercheur. Le GEHL avait passé commande d'un banc de photoélasticité à un constructeur qui me déclara que ce banc serait livré dans trois ans !

Professeur Cosinus

Mon employeur avait établi une relation avec le sous-directeur de l'École Nationale du Génie Maritime, qui s'appelait Jean Hély. C'était le nom du plus brillant lauréat du Concours Général, désigné en 1926. Je demandai à le rencontrer : ce fut l'occasion de faire la connaissance d'un homme extraordinaire. Son discours ne manqua pas de me rappeler celui du professeur Cosinus inspiré à Christophe (Colomb), auteur de la bande dessinée de ce nom, par le savant Henri Poincaré.

Apprenant que je voulais être chercheur scientifique et que la SNECMA employait peu mes talents supposés, Jean Hély m'encouragea à l'étude de la physique théorique, et me fit lire en 1947 tous les travaux du prince Louis de Broglie, pionnier de la mécanique quantique et grand patron des physiciens français. J'acceptai de consacrer jusqu'à nouvel ordre mon temps libre à aider Jean Hély dans ses travaux, et me plongeai avec délice dans les équations de Maxwell, Schrödinger, Pauli, Heisenberg, Dirac, etc.

Jean Hély était engagé dans une controverse avec Louis de Broglie et ses disciples à propos de la théorie de la relativité générale d'Einstein.

Résumons l'objet du débat en 1947 : après avoir expliqué l'électromagnétisme par une théorie de la relativité restreinte, limitée aux mouvements uniformes, qui fondait l'espace et le temps en un espace-temps, Einstein proposait d'expliquer la gravitation par l'accélération des corps résultant d'une déformation géométrique de cet espace-temps, doté d'une courbure, puis d'une torsion. L'objectif de la théorie était d'expliquer le phénomène de manière plus satisfaisante que par une force magique agissant de manière mystérieuse à distance sur des corps matériels comme le proposait la mécanique de Newton, mais plutôt par des propriétés physiques, autres que celles géométriques, de tout l'espace ou de l'espace-temps où ces corps étaient placés, comme celles que Faraday avait mises en évidence avec de la limaille de fer autour d'un aimant : propriétés qui faisait de l'espace-temps un objet physique appelé *champ*. La théorie de la relativité générale rendait compte de phénomènes non expliqués par la loi de gravitation de Newton, comme le déplacement du périhélie de Mercure. Mais Einstein n'était pas parvenu à présenter une théorie unique, expliquant à la fois l'électromagnétisme et la gravitation, qui constitue un rêve moniste des physiciens. Divers scientifiques tentaient donc de chercher une explication par une autre théorie unitaire.

Jean Hély avait tenté d'en proposer une en 1937, renonçant à représenter la gravitation par une courbure de l'espace-temps, et faisant habiter un espace-temps euclidien par des particules à *spin* : propriété quantique conférée à cet espace-temps dont je rappelle l'idée par analogie avec une image : le *spin* d'une particule représente la symétrie qu'elle a quand on la regarde de tous les cotés. Une particule de *spin* 0 est vue comme un cercle identique à elle-même sous tous les angles. Une particule de *spin* 1 est vue comme une lettre de l'alphabet ou une flèche : elle reprend son aspect quand on lui fait accomplir un tour complet.

La théorie de Jean Hély voulait expliquer à la fois les propriétés du champ électro-magnétique, qui dérive d'un « potentiel vecteur », ayant l'aspect des lettres de l'alphabet, et celles d'un champ de la gravitation newtonienne dérivant d'un potentiel scalaire (*spin* 0) ayant le même aspect sous tous les angles. Mais certaines lettres reprennent déjà leur aspect après chaque demi-tour : H, O, X, I sans le point ; l'analogie leur fait représenter une particule de *spin* 2 (deux demi-tours). Ces particules-champs représentent une sorte de « fond », où agissent d'autres particules mobiles, nommées *fermions*, dont le *spin* est ½ : elles ne reprennent que la moitié de leur aspect après un tour complet, et font un deuxième tour virtuel pour redevenir elles-mêmes : une « forme » autour d'une certaine matière. On commençait justement à étudier la particule-champ de *spin* 2, baptisée «graviton» en pensant qu'elle pouvait servir à remplacer la gravitation conçue comme une force. Jean Hély retint la représentation de la gravitation par un champ scalaire de particules de *spin* zéro parce qu'elle était la plus simple ; mais son recours à deux spins ne se prêtait guère à une explication unitaire de deux champs.

Il y avait alors très peu de «forces» non expliquées par la loi de gravitation de Newton : deux ou trois. Jean Hély avait «bricolé» une loi *ad hoc* rendant compte de ces phénomènes mais sans en tirer une hypothèse sur leur cause : c'était une théorie scientifique au sens de Popper, provisoire, inductive, en attente d'explication ou de réfutation. Oubliant que c'était déjà le constat de Newton sur la gravitation newtonienne par action à distance (« *Hypotheses non fingo* ») avant l'explication par la relativité générale, le prince Louis de Broglie et son équipe avaient rejeté le modèle de Hély, mais le prince qui avait la haute main sur tous les journaux scientifiques avait eu en outre le tort de s'opposer à la publication des articles de Jean Hély, au motif qu'ils ne reposaient selon lui sur aucune base sérieuse, de sorte qu'ils restèrent ignorés du public scientifique au lieu d'être examinés et critiqués, fût-ce négativement.

Le graviton qui expliquait tout en 1945

Or un savant américain très connu, Georges Birkhoff, avait proposé une théorie unitaire fort intéressante, peu de temps avant de décéder en 1944. Jean Hély parvint à publier dans une revue peu lue un exposé de cette théorie[143] qui rendait compte aussi dans un espace-temps euclidien des phénomènes astronomiques non expliqués par la loi de Newton.

Le débutant que j'étais se scandalisa tout d'abord de constater que la gravitation de Birkhoff équivalait à une force newtonienne qui n'était pas dirigée d'un corps vers l'autre comme le voulait une loi de Képler ; puis je m'aperçus que sa théorie revenait à déduire l'électromagnétisme en même temps que la gravitation des propriétés de particules-champs élémentaires de *spin* maximum égal à 2, pouvant donc prendre les valeurs 0,1,et 2 : un «spineur», principe plus explicatif donc plus crédible que le champ de spin 0 *ou* 1 de Jean Hély. Ce fut l'occasion d'écrire dès 1947 un premier article scientifique sur cette théorie, de portée fort modeste[144], mais susceptible de faire connaître mon existence. Je commençais à envisager de quitter la SNECMA, où je ne faisais rien d'intéressant, pour faire de la recherche dans le domaine de la physique théorique, mais je n'étais connu que de Jean Hély, dont personne ne voulait publier l'œuvre et avec qui personne ne voulait travailler !

Dès les années 30, Jean Hély s'était révélé comme un jeune physicien brillant qui aurait pu contribuer à l'avancement de la physique en France.

Il n'a jamais mis en question les fondements de la relativité restreinte et des quanta, comme tant de contestataires farfelus cherchant à faire parler d'eux. Il a seulement essayé de formuler une loi expliquant à la fois la gravitation et l'électromagnétisme en partant d'autres considérations que celles d'Einstein qui n'y arrivait pas alors. En utilisant les quanta comme un bricoleur, excommunié sur le champ, il a été interdit d'entrée au château. On pourrait lui reprocher de n'avoir pas accepté son sort de victime émissaire : il a vu son existence niée par la foule des fidèles, comme dans la Bible celle de Job qui risqua de voir son nom effacé pour avoir «suivi la

---

[143] HÉLY J. : *La théorie de Birkhoff* in La Revue Scientifique, 86,1948, pp. 115-120.
[144] KADOSCH M. : *Sur la théorie de Birkhoff* in La Revue Scientifique, 86, 1948, pp. 707-710.

route antique que foulèrent les hommes pervers[145]». Il s'est plaint d'être persécuté, dressant contre lui la plupart des habitants du château, un peu par sa faute quand même en se posant comme victime avec quelque masochisme.

La Lumière fatiguée

En 1947 quelques amis de Jean Hély, et son directeur outré de voir que personne ne voulait publier son sous-directeur, ont tenté de le défendre et ont demandé à Yves Rocard, directeur du Laboratoire de physique de l'École Normale Supérieure et anticonformiste notoire, d'organiser un colloque réunissant le gratin de la gravitation. Yves Rocard était assisté depuis peu par Pierre Aigrain qui venait des États Unis et lui était affecté pour installer un laboratoire de physique des solides. Jean Hély exposa sa théorie sous la présidence d'Yves Rocard, qui n'intervint pas et laissa Pierre Aigrain interrompre son exposé pour déclarer que sa théorie était indéfendable : j'entendis un jeune chercheur aux dents longues qui avait tout de suite repéré en Hély un *loser*, et s'était employé de son mieux à l'enfoncer, avec l'aide ultérieure d'un autre jeune loup, Jean-Claude Pecker, qui joua le rôle de sacrificateur en publiant une démolition en régle du travail de Jean Hély.

Or cet astrophysicien, membre de l'Académie des Sciences, connu comme défenseur de l'information scientifique en pourfendant l'astrologie, les soucoupes volantes et autres fausses sciences, est parti plus tard en guerre contre la théorie du Big Bang en avançant des arguments qui, *mutatis mutandis*, ressemblent dans leur forme furieusement à du Jean Hély. Le Big Bang, affirmait-il à l'appui de ses critiques, est la science officielle, ne tolérant aucun doute, raflant tous les fonds, ôtant aux contradicteurs les moyens d'examiner la validité des alternatives. Jean-Claude Pecker adhère à l'explication de la loi de Hubble du décalage vers le rouge du spectre des nébuleuses lointaines par l'idée avancée par le suisse Zwicky que la lumière se fatigue en traversant un espace qui n'est pas vide, ce qui la fait rougir : idée qui paraissait digne d'intérêt aux yeux de Jean Hély aussi, mais que contredisent de nos jours les mesures par le satellite COBE (Cosmic Background Explorer) du fonds diffus cosmologique : le rayonnement électromagnétique, qui a dû être émis dans l'univers primitif avec un spectre correspondant à l'équilibre thermique, aurait du être

---

[145] GIRARD R. : *La route antique des hommes pervers*, Grasset, Paris, 1985, p. 21.

déformé au bout de milliards d'années dans l'hypothèse de la lumière fatiguée, mais non dans celle d'une expansion de l'univers. Or on observe qu'il ne l'est pas : il est l'exemple le plus parfait de spectre de corps noir, à la température basse de 2,7°K due à l'expansion. Les anti-Big Bang confrontés à ce résultat expérimental contradictoire avancent alors l'hypothèse que le rayonnement mesuré par COBE est d'origine locale, provenant de notre seule galaxie, ouvrant une ligne de recherche.

Gravitons et Spins de Jean Hély, de Georges Birkhoff, Lumière fatiguée, autant d'exemples de ce que j'appelle *créations illusoires*, qui se sont heurtées à des embûches, mais qui dans leur contexte n'ont pas servi à ce jour, à ma connaissance, les buts assignés à une étude explicative de phénomènes naturels.

En fin de compte ce Birkhoff fut le seul travail de recherche scientifique dite «fondamentale» que j'ai eu l'occasion d'entreprendre, et qui se révéla vite infructueux, semblant donner raison à mes camarades de lycée au Maroc : la recherche *ashendifik* ? à quoi ça sert ? Ça m'a servi à faire la connaissance du milieu scientifique : la grandeur de ses rêves, la petitesse et la trivialité de certains de ses travers humains. Mais je n'ai pas eu à regretter d'avoir abandonné ce graviton « euclidien » : à ce jour on n'a pas prouvé son existence. Et surtout notre motivation a disparu entre temps. Présenté comme une particule dont le champ pouvait expliquer la gravitation sans recourir à un espace-temps doté d'une courbure ni d'une torsion, le graviton de *spin* 2, *création illusoire*, n'a plus rendu ce service qu'on attendait de lui : le physicien Richard Feynmann a montré que bien au contraire en essayant de construire sans a priori une théorie consistante du champ d'un graviton hypothétique sans masse, on arrivait à démontrer la relativité générale d'Einstein[146] qui apparaissait comme une conséquence ! Ce champ et la géométrie en sont deux interprétations équivalentes. La découverte récente des ondes gravitationnelles l'a remise en actualité.

---

[146] FEYNMAN R. P. : *Leçons sur la gravitation*, Odile Jacob, Paris, 2001, pp. 8, 102, 138.

V

Réalités et rêves de vol

La genèse paradoxale d'une première innovation décrite dans ce chapitre m'a orienté vers une carrière en recherche « appliquée » : on entend par là qu'elle est dirigée vers un but « pratique », matérialisé par une « application ».

La plupart des « recherches appliquées » exposées ont pour base physique la mécanique classique dérivée des principes de Newton, et les propriétés des matières mises en jeu dans les formes explorées. Elles ont pour objet principal l'action de l'homme sur le mouvement dans les applications considérées.

L'homme parvient à maîtriser partiellement des matières solides, ayant fait l'objet de traitements d'homogénéisation de leur volume : si un objet est constitué d'un ou plusieurs solides conservant leur forme pendant leur évolution, leurs mouvements éventuels, ceux-ci présentent un nombre petit de degrés de liberté, sur lesquels l'action de l'homme peut être décrite par un nombre petit de paramètres ; mais dès que ce nombre dépasse deux, des phénomènes chaotiques, qui échappent à une prévision newtonienne pourraient se produire dans des situations qu'il « vaut mieux » connaître, soit pour éviter de les rencontrer si on veut prévoir tranquillement l'avenir, pour des applications à l'industrie spatiale, soit pour explorer la possibilité de créer du nouveau dans une direction bifurcante.

L'homme ne dispose que de très peu de moyens d'action décrits par très peu de paramètres pour agir sur le détail de matières fluides, liquides ou bien gazeuses : même homogénéisées et réduites à une seule phase, elles sont constituées d'un nombre énorme de molécules en mouvement ; dans les limites d'un libre parcours moyen de très faible longueur on ne peut définir que leur mouvement macroscopique, à l'aide d'un nombre limité de paramètres ne pouvant décrire que des propriétés statistiques de grands ensembles. La nature n'oppose donc pas trop d'embûches aux actions humaines créatives dans ce domaine.

APPARITION DU MOTEUR D'AVIATION

Ce chapitre est consacré à l'action de voler : les premiers rêves qu'elle a engendrés, et sa réalité. Les deux sont indissociables. Elles ont engendré une longue série d'innovations exposées dans les chapitres suivants.

L'accent est mis sur des réalisations qui ont donné lieu à des controverses, des contestations, donc sur des voies semées *d'embûches*, nombreuses, d'origines variées, et de nature parfois pittoresque.

Dès sa venue l'homme roseau pensant et regardant les oiseaux a dû rêver de voler en chantant. La chanson de Domenico Modugno : « *Volare, ho, ho, ho, ho, Cantare, ...* » a été un tube. Ce rêve a pu être réalisé au début du vingtième siècle.

On appelle *aéronef* un moyen de transport qui s'élève dans l'air et se meut en altitude : on distingue *l'aérostat*, soulevé par une poussée d'Archimède extérieure de l'air ambiant, et l'*aérodyne*, qui utilise un générateur de force intérieure : le *moteur d'aviation*, moteur *aérien* brûlant l'oxygène de l'air ambiant, qui assure à la fois le mouvement horizontal de l'aérodyne et la sustentation aérienne en engendrant sur une *voilure* une force aérodynamique verticale vers le haut appelée *portance*, équilibrant une force verticale vers le bas, produite par le mouvement vers le bas autour de la voilure de toute l'atmosphère ambiante. L'*avion* est un aérodyne qui a besoin d'une *piste* pour s'envoler, et pour atterrir. L'atmosphère entourant l'individu avion, et les pistes, constituent donc son milieu associé. Il ne contient de l'air que jusqu'à une certaine hauteur au delà de laquelle il n'y a plus d'aéronef. On peut monter toujours plus haut, mais une discontinuité apparaît dans le milieu associé : quand il n'y a plus d'air il n'y a plus d'aéronef ; un satellite n'est pas un aéronef, il n'est pas élevé par un moteur aérien

L' aérodyne comprend nécessairement la voilure et le moteur d'aviation, des gouvernes et un train d'atterrissage. L'aéronef, aérodyne complet, comprend en outre une nacelle pour transporter la charge, dont un pilote.

Pour un vol autonome le besoin s'est vite fait sentir d'un objet technique principal : *le moteur d'aviation*, dont ce fut la genèse. Le premier a donné naissance à une famille nombreuse, qui a été suivie de plusieurs autres dynasties issues d'autres formes. Il a pour fonction de fournir assez de puissance pour déplacer dans les airs un objet dont le poids est celui de l'avion avec son moteur, additionné d'une charge utile, et de disposer d'assez d'énergie pour transporter ce poids sur une distance utile proportionnelle au temps de vol. Traditionnellement l'unité de puissance retenue par les pionniers est le cheval-vapeur (ch) et l'unité de consommation de combustible dans le cas d'un moteur thermique le gramme de combustible. La performance du moteur est alors définie dans les medias par le rapport : poids du moteur sur puissance, en kilogrammes poids de moteur par cheval vapeur (kg/ch), et par la consommation de combustible en grammes par cheval heure (de vol). Nous retiendrons ces unités imagées, réminiscences nostalgiques de l'animal-machine (cf. p.97).

Histoire du moteur d'aviation Clerget

Le premier avion ayant vraiment volé, le *Flyer* des frères Wright, avait un moteur d'une puissance de 12 ch, et pesait 91 kg (4,5 kg/ch) dont 28 pour le radiateur de refroidissement par eau et la transmission par chaîne de bicyclette à deux hélices poussantes placées à l'arrière. Cette première création a prouvé que l'aviation était possible, mais la forme de l'aérodyne rapidement obsolète n'a pas eu de suite, dès l'apparition en 1906 du 14bis de Santos Dumont construit par Voisin (moteur Antoinette de 24 ch), et en 1907 du Blériot n°7, modèle adopté pour l'avion moderne, avec un moteur Antoinette(110 kg, 50 ch : 2,2 kg /ch pour un appareil de poids total 425 kg) intégré à l'avant d'un fuselage couvert portant des gouvernes à l'arrière, une hélice tirante placée à l'avant, des demi-ailes monoplan (25 m2 de voilure), et un train de roues d'atterrissage : fin des cerfs volants et cages à poules ! Le radiateur pesant de refroidissement par eau a été vite abandonné, remplacé par un système de refroidissement par l'air du milieu associé. Ignorant la mécanique du vol, c'est grâce à l'aide d'un moteur puissant pour son poids que ces premiers hommes arriveront à voler en Europe.

Wright invité en 1908 avec son *Flyer* démontre son avance et sa supériorité, dues à sa science du pilotage acquise au cours des essais préalables sur modèles réduits dès 1902 avant même le premier vol.

Au Salon de l'Aéronautique de 1908, Pierre Clerget fait son apparition avec un moteur en étoile rotative de 7 cylindres qui tournent autour du villebrequin fixe, ce qui facilite le refroidissement de ces cylindres bardés d'ailettes sur toute la longueur, ainsi que sur la culasse, de telle sorte qu'elles soient dirigées parallèlement au courant d'air produit par la rotation, qui circule dans les canaux entre ailettes ; mais les cylindres tournants ont l'inconvénient de développer un couple gyroscopique.

En 1909 Blériot sur son 12ème modèle (350 kg , 22 m2 de voilure, moteur de 35 ch) traverse la Manche et entre dans l'histoire.

En 1914, le moteur 9B de 130 ch, 173 kg en étoile à cylindres ailetés sur toute leur longueur, taux de compression 4,6, entre à son tour dans l'histoire comme moteur de la première guerre mondiale, contexte auquel l'aviation naissante a dû s'adapter. Il est l'œuvre du motoriste Pierre Clerget, considéré comme le «Diesel français», génie de la mécanique. Il faut beaucoup d'avions alors que la France est envahie, la sidérurgie lorraine aux mains de l'ennemi. Les conditions économiques du moment dominent la production, et celles du combat (ailes ajourées, tirer à travers l'hélice) déterminent les structures adaptées.

La paix revenue, en 1927 Lindbergh a traversé l'Atlantique entre New York et Le Bourget : l'objectif est désormais de traverser l'Atlantique avec des passagers. Le moteur Diesel pour avion, puissant et léger, apparaît en 1929 et se perfectionne par étapes successives. Il est conçu en France au Service Technique de l'Aéronautique, au sein même du ministère de l'Air, par l'équipe de Pierre Clerget. Le 9 cylindres en étoile de Clerget à huile lourde pèse 228 kg et passe de 110 ch en 1929 à 300 ch en 1932. Puis une suite de moteurs à 14 cylindres arrive à 500 ch en 1934 pour un poids de 585 kg en ne consommant que 180 gr/ch : le taux de compression est 17 ; il y a 2 injecteurs par cylindre, pièces sensibles dont dépend la performance élevée, comprenant deux couronnes de trous de 2 dixièmes de millimètre ; comme pour les puces des microprocesseurs, il fallait en fabriquer une grande quantité pour en disposer en assez grand nombre de la grande qualité nécessaire.

En suralimentant un moteur 14F par un compresseur Rateau, Clerget crée le premier moteur turbodiesel, qui délivre 590 ch au sol et ne consomme que 203 gr/ch h, et développe 710 ch à 4000 mètres.

Un Groupe d'Études des Moteurs à Huile Lourde (GEHL) a été créé en 1939 : il rassemblait l'équipe chargée d'industrialiser pour la Société Gnome et Rhone ce premier turbomoteur Diesel au monde à quatorze cylindres en étoile, qui avait permis à un équipage comprenant l'ingénieur Raymond Marchal de remporter en 1937 le record mondial d'altitude pour moteur Diesel : 7652 mètres.

Après la débâcle de 1940, cette équipe et le Groupe furent dispersés, puis réunis en 1945 à Suresnes, où je me joignis à eux. Pierre Clerget s'était retiré refusant la collaboration, et avait disparu en 1943 dans le canal du Midi, dans des conditions obscures, rappelant celles de la disparition mystérieuse en mer de son modèle médiateur Rudolf Diesel en 1913, et du physicien italien Majorana en 1938.

Problèmes spécifiques du moteur à piston

Les problèmes du moteur d'aviation à piston sont présentés comme un bon exemple des problèmes d'un objet technique naissant, qui subit des mues, et disparaît, en engrangeant de l'information provenant du milieu associé : cela fait partie de son être. La forme des milieux associés révèle l'information engrangée, se traduisant par une interaction entre les éléments.

Dans un moteur abstrait chaque élément joue un rôle indépendamment des autres. Dans un moteur concret chaque rôle peut être joué par un ensemble d'acteurs présents quels qu'ils soient si leur alliance engendre un avantage. Mais un moteur est d'abord défini comme un assemblage d'éléments remplissant chacun une fonction déterminée qu'on lui fait remplir au mieux sans tenir compte des autres ; puis l'assemblage des organes soulève des problèmes, traités en ajoutant des pièces ayant pour fonction de résoudre ces problèmes de la manière la plus efficace.

Il en résulte une suite continue dans le temps et l'espace d'évolutions des formes, une « unité de devenir » de l'abstrait vers le concret, par adaptation à l'environnement externe éventuellement changeant.

Le premier problème technique à résoudre a été le refroidissement : le transfert de chaleur des *parois* du cylndre vers le fluide par eau est 175 fois plus grand que celui par air pour une même température, même pression et même vitesse du fluide ; mais pour refroidir par air on recouvre le cylindre d'*ailettes* dont la surface d'échange est 100 fois celle de la paroi, la vitesse de l'air 8 fois celle de l'eau ; l'eau du radiateur à 70°C est plus chaude que l'air, qui refroidit donc beaucoup mieux, au moins « sur le papier » ; mais la température atteinte dans les soupapes d'échappement, zone critique d'après la description qui suit, est plus élevée que si on avait refroidi avec de l'eau : un problème local critique subsiste ; il reste que la solution à eau, avec un radiateur, ne va pas dans le sens de la concrétisation : c'est une béquille !
Pourtant sur les moteurs les plus performants construits à la veille de la guerre de 1939, les culasses sont refroidies par air mais les cylindres sont refroidis par air et eau pour atteindre 940 ch en pointe : avec la pompe à eau, le moteur 14F suralimenté pèse 710 Kg. Mais la concrétisation a suivi le processus qui suit.

Partant d'un cylindre et de sa culasse portant les soupapes, conçues pour supporter une pression et une température élevées qui déterminent l'épaisseur nécessaire du métal, on hérisse la culasse d'ailettes ayant d'abord pour seul rôle son refroidissement par convection de l'air qui lèche leur surface ; mais dans un moteur plus récent, on s'est avisé que les ailettes de refroidissement, perpendiculaires à la culasse sur une certaine hauteur pour offrir une surface d'échange, renforcent sa résistance à la pression par leur propre résistance à la flexion qui est accrue : la culasse munie de ces nervures peut être amincie substantiellement en conservant la rigidité requise grâce au moment d'inertie des ailettes ; de plus la coque amincie est plus facile à refroidir que la coque épaisse d'origine, la quantité de métal chauffé étant moindre. Finalement le problème technique résolu n'est pas le compromis entre des exigences contradictoires, mais une convergence progressive vers une forme plus adaptée dans laquelle l'objet technique s'est concrétisé : les éléments assemblés sont interdépendants par échange d'énergie entre eux parce qu'ils peuvent participer à tous les rôles dès lors qu'ils sont là : on peut y répartir les fonctions à remplir.

Mais avant les ailettes, il convient déjà de rechercher où la pression et la chaleur pose des problèmes critiques.

Une Individuation relative prend forme entre des pièces séparées par des isthmes étroits : le moteur comprend un piston qui se déplace dans la chemise du cylindre dont il est séparé par des segments avec un jeu, aussi faible que possible pour que le piston se déplace librement mais dans une seule direction ; il faut un jeu entre le piston et le fût de la chemise, et ce jeu favorise le refroidissement par air : autre convergence utile des formes ; mais plus le jeu est grand plus il y a du bruit, des vibrations, surtout autour du Point Mort Haut. Le segment est la pièce la plus délicate du moteur : le premier segment d'étanchéité est soumis à des pressions P de plus de 100 bars (atmosphères) de gaz de température atteignant 2000°C ; il est lui même à une température variant de 10 à 250°C et se déplace à 10 mètres/seconde.

La pression et la température demeurent les conditions de la puissance ; il ne faut pas refroidir plus que nécessaire, ni ailleurs que là où c'est nécessaire : la chaleur retirée sans motif ne se transformera pas en travail ; d'où l'idée, de solution chère, de faire circuler de l'huile dans une galerie autour de la gorge du segment de tête : un refroidissement par projection d'huile depuis le cylindre est efficace à cause de l'effet *shaker du barman* produit par le mouvement aller-retour du piston : encore une irruption d'analogie productrice d'abduction.

La culasse est une pièce très compliquée à fonctions multiples soumise à des efforts de fatigue intense : elle ne doit pas se déformer pour assurer l'étanchéité culasse-cylindre, supporte des contraintes périodiques, doit évacuer la chaleur qui n'est pas transformée en travail et reçoit les soupapes. Si le diamètre du cylindre est D, l'épaisseur e du fond de la culasse est environ le dixième : e = 0,1D. La contrainte de la culasse maximum au centre sous une pression P est :

P(D/e)^2, soit 100P = 10000 bars : de quoi transformer du graphite en corindon sinon en diamant !

La culasse en contact intime avec les gaz de combustion doit évacuer un maximum de chaleur ; la température la plus élevée est à la soupape d'échappement : le flux thermique s'opère avec un bon coefficient de conduction et convection par les surfaces de fond de culasse et de tête de soupape pendant les temps moteur et échappement, et par les conduits d'echappement pendant le temps échappement ; mais la chaleur emmagasinée dans la soupape elle-même ne peut s'évacuer que par les surfaces de soupape, avec une faible conductivité, et elle n'est extraite que si la tête de soupape est bien assise ; sinon c'est un point d'usure de la tête qui n'est pas bien refroidie, et d'avarie rapide.

Si la vitesse angulaire de rotation est : ω radians/seconde, le débit du volume transvasé varie comme ω D^3, la vitesse de passage dans les soupapes comme ω D mètre/seconde. Une vitesse d'ouverture la plus grande possible impose une grosse came. La vitesse du son peut être atteinte quand la section est faible, et semer une embûche.

Apparition du turboréacteur

Le GEHL situé à Suresnes a été converti en 1946 en Centre de Recherches de la SNECMA nouvellement créée, sous la direction technique de Raymond Marchal : dans la pénurie ambiante elle ne pouvait produire au départ que le 14N de Clerget d'avant guerre. Une course à la puissance finit par aboutir à proposer un ensemble de 4 moteurs à neuf cylindres suralimentés, le 36T, qui aurait pu être une belle machine performante, le dernier cri du moteur à pistons ; malheureusement le vent avait tourné : le gros moteur à piston pour le transport aérien collectif poussé au gigantisme se présentait comme un dinosaure ne pouvant plus supporter la concurrence du turboréacteur, apparu à la fin de la deuxième guerre mondiale comme un moteur d'abord abstrait, dont la pression était obtenue dans un compresseur centrifuge, au prix d'un diamètre d'un encombrement excessif. Il laissa vite la place à un compresseur axial mis au point, dont la performance paraissait illimitée et dépassa dès le premier modèle celle des moteurs à piston les plus puissants. Au surplus, on s'aperçut à l'usage que la durée de vie d'un turboréacteur, son M.T.B.F. : *mean time between failure* (moyen temps de bon fonctionnement) temps moyen entre deux défaillances aléatoires, ou moins dramatiquement entre deux révisions générales, se révélait très supérieur à celui des moteurs à piston : 15000 heures, vie dix fois plus longue ! La cause technique d'origine conceptuelle, donc abstraite, en était que le moteur à piston est composé d'un grand nombre d'éléments en mouvement relatif les uns par rapport aux autres, dont la masse et l'élasticité induisent des vibrations mécaniques entretenues par le fonctionnement également périodique du moteur ; vibrations s'ajoutant à celles aléatoires engendrées par les relations avec l'environnement ; le grand nombre des mouvements relatifs, très supérieur à 30 avait de toute façon pour effet que la somme des vibrations satisfaisait à la loi des grands nombres suivant une distribution en cloche de Gauss des aléas. Comparativement le turboréacteur ne contient qu'*une* pièce en mouvement rotatif, individu plutôt qu'élément : compliquée, et chère, mais *une seule*, introduisant les seuls modes propres de vibration d'une pièce unique produisant par sa rotation le fonctionnement moteur ; mais lors de sa concrétisation progressive, des sources aléatoires nouvelles d'importantes vibrations apparaitront : la pièce tournante à son plus grand rayon dépasse la vitesse du son et engendre des ondes de choc ; les aubes du compresseur comme celles de la turbine sont des ailes rapides qui entretiennent un sillage turbulent à leur bord de fuite. Le résultat fait un bruit global très gênant, bien plus élevé que celui des avions précédents.

Une autre difficulté rencontrée par l'avion à réaction est sa vitesse élevée au décollage et à l'atterrissage : son *milieu associé* doit comporter une très longue piste. Le chapitre VII est consacré à cette question importante et à l'objet artificiel développé pour la résoudre : un inverseur de la poussée produite par le turboréacteur.

La performance de ce moteur nouveau, augmentée grâce sa *forme* adaptée, est limitée par sa *matière* : limitons-nous aux parties les plus chaudes pouvant atteindre 2000°C ; les aubes de turbine à la sortie de la chambre de combustion doivent être refroidies, par l'air le plus frais disponible, environ 500°C, prélevé sur le compresseur : difficile à utiliser, il circule à l'intérieur des aubes, équipées de barrières thermiques déposées sur leurs parois.

Les aubes sont construites avec un alliage résistant au *fluage* à haute température : il s'agit d'une déformation irréversible sous un effort constant appliqué longtemps. Un alliage est la combinaison de plusieurs éléments pour obtenir une meilleure tenue à haute température par solidification unidirectionnelle : les cristaux croissent dans une seule direction. L'alliage contient deux phases entre lesquelles se répartissent ses éléments composants. Un alliage cristallin élaboré par solidification dirigée se présente avec une structure à dendrites et espaces interdendritiques, un peu moins durs. Un très petit désaccord entre les tailles des cristaux des deux phases (1 pour mille) produit un *misfit* qui influe sur le comportement mécanique de l'alliage, sa dureté ; il représente les contraintes internes dans l'alliage susceptibles de produire des dislocations quand la température augmente, avec une diffusion des atomes d'une phase précipités à travers les couloirs des dislocations.

    Les premiers alliages qui autorisaient un fonctionnement à une température ne dépassant pas 700°C, ont été perfectionnés et se maintiennent aux conditions de référence actuelles : une température de 1050°C et une pression de 1400 bars(atmosphères), avec des courtes pointes à 1200°C en cas de problème (défaillance d'un moteur sur deux).

    On a pu résoudre peu à peu les problèmes liés à l'utilisation intensive de ce type de moteur pour ce moyen de transport : l'atterrissage sur une piste de longueur modérée, l'adoption d'une structure double flux double corps réduisant le bruit ; mais aussi chercher à abaisser la consommation en carburant en diminuant le poids par la réalisation des aubes de turbine en composite à matrice céramique ; il a fallu intervenir également sur la structure de l'aéronef lui-même supportant le moteur par un mât, dont la fonction multiple est de maintenir le turboréacteur sur l'aile, de transmettre sa poussée à l'aéronef, et aussi de contenir de nombreux câbles, d'apporter le carburant au moteur et de l'air frais à l'avion, de supporter les rafales de vent et les grandes différences de température entre le sol et les altitudes élevées : le matériau utilisé est un alliage d'acier à vieillissement de la martensite, à matrice sursaturée en cuivre dont le traitement thermique de revenu a été ajusté pour répondre à ces fonctions.

PREMIÈRES RECHERCHES POUR L'AVIATION

En attendant à mon arrivée en 1946 la constitution qui risquait de durer des années d'un laboratoire d'analyse des contraintes et des déformations dans les matériaux, je demandai à être affecté au service de Jean Bertin, qui faisait alors des recherches sur les pulsoréacteurs, dont l'ancêtre est le tube de Schmidt, propulseur de la bombe volante V1 utilisée à la fin de la guerre. Je ne l'ai pas quitté pendant un quart de siècle : des gravitons invisibles ont longtemps navigué entre nous.

La guerre et l'occupation dont nous sortions à peine privaient pour le moment notre centre de recherche de toute documentation utilisable pour les buts qu'il se proposait : nous recevions bien quelques revues anglo-saxonnes qui mentionnaient l'existence de pulsoréacteurs en Grande Bretagne et aux États Unis, mais le service de documentation de la SNECMA n'arrivait pas à se les procurer les informations disponibles les concernant : l'éditeur répondait que ces documents étaient *classified* : secrets. Ignorant ce détail, le bec enfariné j'ai moi-même sollicité l'Université Columbia (New York), et reçu les documents *classified* sur le pulsoréacteur américain par retour de courrier gratuitement : on a dû me prendre pour un étudiant américain ou un *G.I.* en mission. Mais cette filière a été vite éventée.

Pendant plusieurs années nous n'avons disposé sur place que des livres provenant des pérégrinations du GEHL. Par un heureux hasard, participant à ce que je désigne un peu plus loin sous le nom de «sérendipité», il se trouva qu'ils venaient de l'École Nationale Supérieure de l'Aéronautique, qui pendant l'occupation était repliée sur Toulouse : cette bibliothèque était composée de cours polycopiés d'aérodynamique, des ouvrages d'hydraulique du professeur Escande de l'Université de Toulouse décrivant des expériences sur le canal de Banlève, et surtout d'un grand nombre d'ouvrages de physique du célèbre professeur Bouasse, également de Toulouse, contenant une mine de renseignements pratiques des plus précieux concernant des expériences de laboratoire sur les gaz très voisines de celles que nous tentions.

La gloire d'Henri Bouasse a connu des hauts et des bas. Il aimait refaire les expériences anciennes des physiciens des siècles précédents. La génération de chercheurs de 1946 le méprisait parce qu'il refusait de se servir d'un oscillographe cathodique et continuait à étudier les vibrations à l'aide d'un miroir tournant devant la flamme sensible d'un bec de gaz Bunsen. Mais il était admiré par des physiciens de renom qui étudiaient des phénomènes simples et courants, comme Pierre Gilles de Gennes, et il nous a instruits avec une très grande efficacité sur ce que nous cherchions.

L'avion, le poète, le philosophe et les dragons

Au lendemain de la guerre l'objectif d'une société de moteurs d'avion était donc d'étudier et de produire des moteurs à réaction, propulsant l'avion en lui appliquant une poussée égale et opposée à la quantité de mouvement d'un gaz éjecté vers l'arrière à grande vitesse. Avant d'exposer ces recherches sur les moteurs d'avion, rappelons les rêves à leur propos du philosophe Gaston Bachelard dont des amis me conviaient à cette époque à écouter les conférences à l'École Normale Supérieure, en même temps qu'un apologue imaginé par le poète Francis Jammes dont j'ai pris connaissance un peu plus tard.

John le Sauvage du *Meilleur des Mondes* d'Huxley disait qu'un *philosophe* est un homme qui rêve « de moins de choses qu'il n'en existe sur la terre et dans le ciel ». Pour l'écrivain Raymond Quéneau, les *philosophes* étaient les visiteurs de Luna Park qui s'asseyaient devant un courant d'air artificiel pour le voir soulever les jupes des femmes, mais pas au point de les faire s'envoler[147]. Quant à Bachelard, sans pour autant négliger la connaissance scientifique des choses qui existent sur la terre et dans le ciel, il a longuement médité sur « la matière dont les rêves sont faits », et sur leur forme : en particulier celle du rêve de vol. Contrairement à bien des penseurs de l'Antiquité, ainsi qu'à certains de leurs continuateurs modernes, Bachelard n'était assurément pas un philosophe qui gardait les mains dans ses poches : il fut dans sa jeunesse employé des postes et racontait qu'il avait fait la découverte sensible de l'existence de la *force d'inertie* en coltinant des sacs postaux. Le poète Francis Jammes, dont il cite les expériences imaginaires aéronautiques, était dans la débine en 1937, et avait été discrètement aidé par Paul Louis Weiller, as de l'aviation pendant la grande guerre, puis directeur de la Société Gnome et Rhone ancêtre de la SNECMA : mécène des arts, il avait passé commande d'un livre au poète. Francis Jammes raconta donc en 1937, l'histoire d'une visite rendue au « roi de l'air » (P.L. Weiller) et à son « infante » (sa fille Marie-Elisabeth âgée de treize ans), par « un philosophe très doux qui tenait ses mains enfoncées jusqu'au pouce dans les poches

---

[147] QUÉNEAU R. : *Pierrot mon ami,* Gallimard, 1942.

de veston[148] » : il s'appelait Henri Bergson et l'interrogeait sur le mécanisme de l'avion ; en contemplant les efforts maladroits d'un poulet pour s'élever dans l'air, il se demandait si avec une suffisante volonté de puissance l'homme ne pourrait s'envoler sans ailes, comme le pitre du cirque Medrano qui accomplissait un double saut périlleux, comme Marie-Elisabeth elle-même, qui pratiquait *l'op traken* et à l'occasion le saut à skis, ces ailes au pied.

Bergson allait donc au cirque Medrano, et pourquoi pas à Luna Park, où l'on pouvait voir aussi le *scenic railway* et méditer sur l'équilibre métastable. C'était ce rêve de vol que Bachelard traitait dans ses conférences[149]. Le bergsonisme, disait-il, revendiquait « *l'étude du changement comme une tâche urgente de la métaphysique* » : un être qui se déplace pour changer, dont le mouvement décèle une volonté de changement, ne s'étudie pas en intégrant la volonté de bouger dans l'expérience du mouvement. La cinématique ne donne que des tracés de trajectoires aperçues dans leur achévement, jamais vécu dans son déroulement circonstancié. Si l'on veut étudier les êtres qui produisent le mouvement, qui en sont les causes initiales, il faut remplacer la cinématique par la dynamique, les expériences positives de la volonté et de l'imagination. C'est la poussée du psychisme qui a la continuité de la durée. L'imagination pratique la liaison des contraires : le passé passe au présent dans un dessein, éliminant les souvenirs vieillis ; le présent est à la fois la somme d'une poussée et d'une aspiration, associées dans une explication dynamique de la durée. Le vol onirique constitue l'être comme mu et mouvant, mobile et moteur. Le pilote, l'aviateur réalisent la synthèse du mu et du mouvant, intuition bergsonienne du mouvement. Bergson décrit comme suit ce que nous devrions ressentir :

« Nous nous installons dans l'immobile pour guetter le mouvant au passage, au lieu de nous replacer dans le mouvant pour traverser avec lui les positions immobiles. Nous prétendons reconstituer la réalité qui est tendance et par conséquent mobilité avec les percepts et concepts qui ont pour fonction de l'immobiliser. Avec des arrêts on ne fera jamais de la mobilité ; au lieu que si l'on se donne de la mobilité on peut en tirer par la pensée autant d'arrêts que l'on voudra…il n'y a aucun moyen de reconstituer, avec la fixité des concepts, la mobilité du réel[150] »

---

[148] JAMMES F. : *La légende de l'aile ou Marie-Elizabeth*, La Cigale, Uzès, 1938
[149] BACHELARD G. : *L'air et les songes*, José Corti, Paris 1943, pp.289-293
[150] BERGSON H. : *La Pensée et le mouvant*, pp 212-213.

Il faudrait se donner aussi par la pensée autant d'instants dans la durée que d'arrêts dans l'étendue. Bergson oppose ainsi la vision de Lagrange à celle d'Euler sur la mécanique des fluides. Imaginons par la pensée Euler (ou Parménide), et Lagrange (ou Héraclite) munis d'une caméra et d'une horloge. Le premier immobile comme un « poteau indicateur » sur la rive du fleuve filme une suite de bateaux qu'il voit passer : « *il reste dans son rôle en ne faisant pas la route lui-même*[151] »

Le second immobile comme Ulysse attaché pour résister au chant des sirènes au mât de son bateau, qui se baigne tout le temps dans le même fleuve, filme une file de peupliers sur la rive qui restent dans leur rôle en ne faisant pas la route eux mêmes : deux visions équivalentes de la mobilité, la même connaissance relative au signe près.

Le caillou qu'on lance, qui ne change pas et décrit une parabole n'est qu'un être géométrique ; pour expliquer le mouvement il fallait examiner des êtres dont « *un changement intime soit la cause de leur mouvement* » ; en somme passer du ballon au chien de Gregory Bateson, mais comment créer le chien vivant ?

« le passé n'est pas un arc qui se détend, l'avenir une simple flèche qui vole, parce que le présent a une éminente réalité. Le présent est la somme d'une poussée et d'une aspiration[152] »...

Le problème essentiel pour donner l'image dynamique de l'élan vital « *c'est de constituer l'être comme mu et mouvant, comme mobile et moteur, comme poussée et aspiration* ».

Rappelons alors le fonctionnement du turboréacteur qui propulse un avion à réaction à la vitesse v_e mètres par seconde dans le système international : il *aspire* à son entrée en tête de l'avion l'air atmosphérique à la vitesse relative : $-v_e$ et après l'avoir comprimé et brûlé du kérosène autour dans ses « poumons » éjecte vers l'arrière du gaz à une vitesse très supérieure produite par une turbine : $-v_s$ mètres par seconde.

Le turboréacteur exerce sur l'avion une force qui le propulse, par une *poussée* égale (en newtons) au produit du débit-masse d'air : m kilogrammes par seconde, par la *différence* des vitesses :

($v_s - v_e$), qui constitue bien alors « le présent , *somme* d'une poussée et d'une aspiration ».

---

[151] MICHAUX H. : *L'époque des illuminés*, in Qui je fus, Gallimard, 1927.
[152] BACHELARD G. : *op. cit.* pp.289-293

Le coup de pied au chien fait émerger aussi dans le présent l'énergie canine produisant la somme d'une aspiration et d'une poussée dans la machine vivante chien.

Autre présent mais conditionnel : l'appareil respiratoire, moteur aérien qui aspire de l'air, brûle son oxygène mais expire le gaz carbonique sans poussée sauf nécessité ; il est au présent le moteur de la machine chien, mais il rappelle aussi au présent sans mouvement le turboréacteur qui activé par le pilote est chauffé sur place quelques minutes avant de pousser l'avion au décollage, ou celui qui a fonctionné sans bouger auparavant pendant de longues heures sur un banc d'essais afin qu'on s'assure de son bon fonctionnement.

Quand la SNECMA a réussi à en construire, elle a provoqué la curiosité de nombreuses personnes qui ont demandé à voir la nouvelle merveille. Un ingénieur fut désigné d'office pour organiser des visites au banc d'essai de Villaroche, et accomplit cette corvée d'assez mauvaise grâce dans le langage vernaculaire de l'atelier (les mots de la tribu), différent de celui du poète et du philosophe. Il tenait le discours expéditif suivant :

—Par ce bout de l'appareil il entre de l'air, et une pompe injecte par ce trou du kérosène, qu'on brûle dans ces cages. À l'autre bout il sort un gaz très chaud et très rapide. Entre les deux bouts, ça se démerde.

Si l'un des curieux s'avisait de demander :
—C'est quoi qui se démerde ?
— C'est un moulin qui va très vite, et qui est très difficile à construire...

Il valorisait ainsi au passage sa propre contribution, et tentait peut-être d'exprimer à sa manière l'idée que le turboréacteur était issu d'une volonté humaine de suivre pour s'y adapter une tendance inconsciente de la machine à l'auto-organisation d'un « changement intime cause de son mouvement » : une grille d'aubes de compresseur et une grille d'ailettes de turbine sont parcourues par un écoulement de gaz qui improvise au passage son adaptation aux parois solides par lesquelles le créateur détermine le mouvement qu'il veut imprimer.

Mais avant d'aborder les rêves de l'ingénieur, précisons davantage les vrais rêves des philosophes Bergson et Bachelard, dont nous n'avons considéré jusqu'ici que la partie la plus facile : faut-il vraiment commencer par rêver d'un mouvement horizontal ?

Selon Bachelard commentant Bergson, « *c'est dans le voyage en haut que l'élan vital est l'élan hominisant... qui ne monte pas tombe... L'homme en tant qu'homme ne peut vivre horizontalement*[153] ».

---

[153] BACHELARD G. : *op.cit.*, p.19

L'homme rêve de vol vers le haut. Dans un premier temps cela nous fait revenir au problème du bas et du haut, préoccupation humaine essentielle introduite dès le début qui reviendra comme un *leit motiv* dans toutes les recherches sur le mouvement évoquées par la suite. Pourquoi l'ascension ne serait-elle que rêvée ? En vertu du principe d'Archimède un corps plus léger que l'air comme un ballon gonflé d'hélium monte, poussé vers le haut par l'air ambiant qui vient prendre la place qu'il a laissée en montant un peu lui aussi, poussé par lui-même : un calcul intégral montre que la poussée d'Archimède opposée au poids accélère dynamiquement vers le haut la masse du ballon alourdie d'une masse supplémentaire hypothétique équivalente à la moitié de la masse d'air ambiant déplacée ; l'accélération vers le haut vaudrait donc environ les deux tiers de la pesanteur.

Mais ce n'est pas à ce genre d'ascension que rêvent nos philosophes. Les oiseaux et les insectes ont bien appris à voler dans leur milieu, pour manger et pour ne pas être mangés. Les hommes ont réussi à les imiter en faisant voler un avion, avant cela en tirant un planeur, et bien longtemps auparavant en plaçant dans le vent un cerf volant. Dans tous les cas, et que le corps soit poussé ou tiré, par un « changement intime » d'un moteur ou par la traction d'un câble extérieur, c'est cette poussée-aspiration créant un mouvement horizontal relatif par rapport l'air ambiant qui a entraîné vers le haut une partie de l'objet volant : manifestement celle qui a la forme d'une aile d'avion fendant l'air, ou d'un cerf volant dans un vent relatif.

En avançant horizontalement, l'aile pousse l'air situé sous son ventre vers le bas jusqu'au sol, et tire vers le bas, jusqu'au ciel, l'air sur son dos ; réciproquement l'air ainsi tiré par l'aile vers le bas tire en réponse l'aile vers le haut, par une force verticale qui a reçu le nom de *portance*, et qui n'a rien de métaphysique. L'aile et l'air ambiant forment le milieu associé à l'individu moteur pour que l'ensemble avion vole. Pour qu'il décolle du sol et qu'il y atterrisse, le milieu doit joindre à l'air ambiant sa borne inférieure solide ou liquide, qui figure « le bas ». Dans cette description physique, l'air est une *matière*, caractérisée par une masse pesante (attirée par la Terre) et inerte (soumise à la rotation de la Terre).

Le « cerf » volant est en fait une déformation de « serpent » volant. Des chinois marins experts en voiles l'ont découvert il y a fort longtemps et en ont fait un objet artificiel, servant de signal, ou d'épouvantail ; mais la forme de dragon volant sous laquelle ils le faisaient voler donne à penser qu'il avait rempli d'abord à leurs yeux une fonction magique.

Si nous nous souvenons des tortues et éléphants géants[154] sur lesquels ils croyaient que la terre reposait, il n'est pas impossible qu'ils aient cru que le cerf volant posait son ventre sur des dragons rampants s'appuyant sur le sol pour le repousser vers le haut, en même temps que son dos était aspiré vers le haut par une tour de dragons volants montant jusqu'au ciel. Dans les croyances populaires, l'air invisible n'était pas perçu comme une matière pesante mais comme un *mouvement* : le cerf volant ne flotte pas dans l'air comme la feuille sur l'eau, il est porté par le *vent*. Les dragons volants bien visibles descendant du ciel pour devenir des dragons rampants supportant le cerf volant sont la pluie, la grêle, la neige, l'arc en ciel, etc…

Or à l'inverse des tortues et des éléphants soutenant la Terre que les chinois ont vite abandonnés quand des jésuites leur ont révélé la vision occidentale du haut et du bas, cette explication par des dragons du vol des oiseaux et plus tard des avions est bien plus proche de la réalité que celle, très fantaisiste, avancée de nos jours par certains scientifiques qui croient que l'air « colle » au dos de l'aile par une « vertu collante » semblable à la vertu dormitive de l'opium[155].

Un bon moyen de prouver l'existence des girafes est d'en montrer quelques unes, a rappelé Herbert Simon : on ne peut expliquer la *portance* d'une aile, qui la tire vers le haut, en ignorant l'existence des *tourbillons*, « dragons » plus gros que l'avion parce que composés d'air mille fois plus léger, et dont on peut trouver une grande variété de photos sur Internet[156], la figure 3 ci-après n'en étant qu'un exemple.

Provenant de l'environnement externe à l'aile et non de son changement intime, il est à craindre que ces dragons produisant un élan vital vers le haut ne satisferont pas les philosophes malgré l'évidence, et qu'ils continueront à rêver éveillés. Mais le turboréacteur vient heureusement à leur aide en concrétisant une intériorisation du phénomène : le compresseur et la turbine sont des machines tournantes à l'intérieur d'une enveloppe de révolution et autour d'un axe horizontal ; sans entrer dans le détail, l'écoulement d'air aspiré à travers les aubes du compresseur, de gaz poussant à travers les ailettes de la turbine, engendre un changement effectivement intime cause du mouvement horizontal de ce moteur qui engendre à son tour une portance des ailes de l'avion mu par ce moteur, verticale de bas en haut si le moteur est horizontal : les gaz circulant entre les aubes, entre les ailettes,

---

[154] cf. ch. II p.63
[155] KADOSCH M ; *Avatars de la vérité,* CreateSpace 2015, ch. 7, pp.97-105
[156] *La Portance-Inter Action,* in : inter.action.free.fr/

aspirent leur dos et poussent leur ventre, engendrant ainsi une portance perpendiculaire à l'axe du moteur qui produit une rotation autour de cet axe, laquelle entraîne à son tour l'aspiration et la poussée des gaz productrices de l'avancement de l'appareil.

Fig 3. Tourbillons liés à l'aile de l'avion

Au total l'objet volant est soumis d'une part à la pesanteur, d'autre part à une poussée suivant l'axe du moteur, à une portance perpendiculaire à cet axe équilibrant le déplacement de l'air en sens inverse autour de l'aile, et des forces dissipatives de résistance au mouvement de l'objet. Il peut évoluer dans tous les sens dans les airs, où il n'est plus astreint à un mouvement horizontal dès qu'il a décollé.

Les embûches du pulsoréacteur

Mais ce n'est pas dans cette direction que Jean Bertin faisait des recherches au Centre de Suresnes sur les moteurs à réaction : pas dans le présent bergsonien, mais plutôt dans « le passé d'un arc qui se détend suivi de l'avenir d'une flèche qui vole ».

Le tube de Schmidt est un moteur à explosions périodiques d'une source de carburant : tube droit dont le fonctionnement ressemble à celui d'un moteur deux temps, dont la soupape et le piston auraient été enlevés et remplacés par un clapet travaillant des deux cotés : la poussée est produite par les gaz d'échappement expulsés vers l'arrière du tube, tandis que l'avant est fermé à l'explosion par un clapet, se rouvrant après l'explosion quand l'expulsion des gaz fait retomber la pression dans le tube en dessous de la pression atmosphérique : de l'air frais peut alors pénétrer à nouveau dans le tube de l'autre coté du clapet et permettre une nouvelle explosion qui entretient le cycle. Le pulsoréacteur après avoir aspiré et brûlé prend appui sur le clapet pour pousser.

Il a servi pendant la guerre à la propulsion d'un missile allemand qui transportait la bombe V1. Le clapet très fragile ne durait que le temps d'un seul voyage, jusqu'à Londres, réalisant le but du V1 transporté.

Ce tube inspira à Bertin l'idée d'imiter le fonctionnement de ce modèle médiateur par un appareil ne comportant pas de clapet.

L'ingénieur motoriste recherche la suppression d'un maximum de pièces vibrantes mobiles, parce qu'elles s'usent rapidement, et par désir secret de pureté comme le démiurge. Il est tentant de chercher à construire un moteur *n'ayant pas de pièce mobile du tout*, dont il a existé plusieurs exemples : la tuyère thermo-propulsive de René Leduc a reçu un soutien enthousiaste du Service Technique du Ministère de l'Air.

Ce rêve s'est révélé aussi dans bien d'autres circonstances mais dans tous les cas comme une *création illusoire*, qui fascinait l'imagination inventive, dont le pulsoréacteur a été le premier exemple matériel que j'ai connu.

Revenons pour le moment aux rêves de l'ingénieur motoriste et non avionneur, se limitant au mouvement horizontal. L'idée de Jean Bertin était de réaliser un moteur à explosions *sans aucune pièce mobile*, propulsé par des gaz éjectés vers l'arrière, en éjectant le moins possible de gaz vers l'avant. À cet effet il voulait expérimenter dans les deux sens des tuyauteries et conduits de toutes sortes de *formes* qu'il appelait «détecteurs» (diodes), espérant que leur forme produirait dans les matières une différence des débits de gaz entre les deux sens.

L'équipe chargée de cette réalisation, fascinée par le précédent du V1 et instruite de l'existence d'équipes concurrentes, a fait preuve de beaucoup d'imagination inventive mais pour commencer sans mettre en question l'appareil de base imité : la forme de départ était celle d'un tuyau d'orgue dont la longueur de l'ordre d'un mètre était celle d'une demi-onde sonore ; la vitesse du son étant de 340 mètres par seconde, les explosions y déclenchaient nécessairement des ondes puissantes de basse fréquence inférieure à 100 herz, que l'ouïe supportait très difficilement. Le moyen rationnel pour y remédier aurait été d'augmenter la fréquence jusqu'aux ultrasons inaudibles en réduisant les dimensions du tube et en le démultipliant, mais il aurait fallu diviser la longueur au moins par 200, donc envisager l'assemblage d'une grille de petits réacteurs longs et larges d'un centimètre, mais où l'allumage du carburant aurait été empêché si la flamme était coïncée par la trop grande proximité de parois (*quenching*). Un autre moyen aurait pu consister à essayer d'éviter les explosions, à commander des déflagrations moins bruyantes comme celles d'une *motocyclette, en adaptant au pulsoréacteur le principe de l'auto-allumage* du combustible à haute pression ; ou par un allumage commandé à la fréquence du cycle, mais il fallait trouver un moyen de contrôler et maîtriser la *phase temporelle* en plus de la *fréquence* du phénomène périodique, comme on y parvient dans un moteur Diesel, et d'une certaine manière dans le tube de Schmidt en s'appuyant sur un fond solide : en l'absence volontaire de ce fond et comme les ondes de choc suivant l'explosion du carburant étaient entretenues par les phénomènes aérodynamiques périodiques dans un tube ouvert aux deux bouts, on ne pouvait tenter un contrôle qu'en agissant sur la forme du tube.

Les chercheurs avaient pris le parti de donner libre cours à une imagination remettant en question toutes les formes : ils travaillaient sur une matière dont les transformations doivent satisfaire aux principes de la thermodynamique et dont le mouvement est régi par les lois de la mécanique des fluides : cette matière peut augmenter ou diminuer de volume, et elle prend la forme du récipient qui la contient ; si elle n'est soumise à aucune force et qu'elle est initialement au repos, elle y reste ; si elle est animée d'une vitesse v, elle la conserve et décrit un mouvement rectiligne uniforme. Nous décrivons ci-après une des formes inspirées par ces considérations élémentaires.

Le tube de Schmidt apparaît au départ comme une chose bien simple : un tuyau droit, de section constante s (mètres carrés dans le système international), ne contenant dans des conditions triviales que de l'air au repos ; dans des conditions à peine moins triviales, il est parcouru pendant un temps périodiquement renouvelé, à une pression p (pascals) par un débit-volume : d mètres cubes par seconde, ou un débit-masse : m kilogrammes par seconde, d'un gaz de masse spécifique ρ kilogrammes par mètre cube tel que : $m = \rho d$: gaz dont la vitesse moyenne serait v mètres par seconde telle que : $d = sv$ et $m = \rho sv$. En première approximation ces grandeurs sont à peu près constantes dans un tuyau cylindrique pendant une période.

Si l'écoulement est permanent, et sa vitesse inférieure à la vitesse du son, cet objet de section constante établit la séparation entre un tuyau convergent, dont la section s diminue dans le sens de l'écoulement, et un tuyau divergent dont la section augmente : dans le convergent la vitesse *v* augmente et la section et la pression diminuent ; dans le divergent la vitesse diminue et le fluide est comprimé.

Dans un pulsoréacteur quelle que soit sa forme, l'écoulement est variable, il fait intervenir successivement un travail de compression puis de détente, et les explosions provoquent la propagation d'ondes progressives.

En nous interrogeant sur l'influence de la forme, nous nous sommes demandé s'il n'existait pas, à l'instar de l'écoulement permanent, un écoulement *variable*, périodique, établissant une séparation de référence entre un mouvement compresseur et un autre dépresseur.

Un modèle théoriquement existant fut trouvé[157] (fig 4).

Si on élimine la solution triviale de l'écoulement permanent dans un tuyau cylindrique de section constante, il faut un tuyau dont la section varie comme l'inverse de la distance x à une entrée fictive où elle serait infinie, donc une entrée dont la forme ressemblerait assez à celle d'une tuyère.

Autrement dit, le produit de cette section s variant comme l'inverse de x par cette distance x serait un *volume de référence constant* V = xs mètres cubes, tel que celui représenté par la figure 4, sur une longueur h allant de l'origine des abscisses x jusqu'à l'entrée du tube reportée à l'abscisse h, la section à cet endroit étant : s_o = V/h, puis : s = V/x. La figure 4 représente à droite la section s = V/x variable d'un tube rappelant la forme d' une tuyère.

Si ce volume pénètre dans le tube de section initiale s_o = V/h au temps initial t_0, avec la vitesse initiale v, son débit volume initial sera :
$d_0 = s_o v$ = Vv/h dans cette section
et il pénètre ensuite au temps t à l'abscisse x à la même vitesse v si la section est s = V/x, et que le débit d = sv = (V/x)v = V/t, soit : x = vt.

Le tube de section s = V/x est traversé par un écoulement « *inerte* » de gaz, dont chaque tranche est animée d'une *vitesse* constante v, en traversant le tube en vertu du principe d'inertie, car le *débit* variable d = V/t est une suite de tranches de surface variable s = V/x, mais telle que d et s varient dans un même rapport : d/s = v.

L'évacuation se fait à la vitesse constante v si le débit dont la valeur initiale à un instant initial t_o est : d_0 : $s_o v$ = V/t_0, diminue ensuite comme : d = V/t.

Nous avons appelé *écoulement inerte* ce phénomène à vitesse locale constante.

---

[157] LE FOLL J. et KADOSCH M. : *Définition et propriétés des écoulements inertes*, in : La Revue Scientifique, mars avril 1952, p. 137

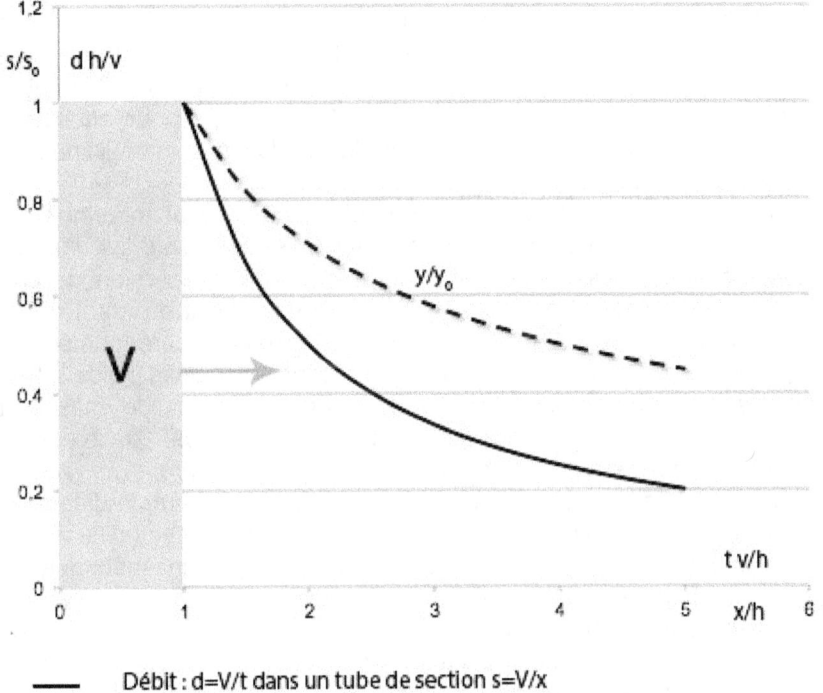

Fig 4 : Écoulement inerte à vitesse v d'un débit variable d = V/t.

Ce débit variable est composé d'une succession de tranches fluides composant le volume $V = sx$, animées au cours de leur mouvement d'une vitesse constante égale à celle qu'elles ont au moment t_0, différent pour chaque tranche, où elles entrent à l'abscisse x_0, à une vitesse constante v, qu'elles conservent ensuite : $v = x_0/t_0 = x/t$.

La forme donnée au tube ne suffisait évidemment pas à produire cet écoulement inerte, à débit décroissant au moment opportun t_0, mais il était théoriquement possible et on pouvait tenter de le provoquer.

On a donc expérimenté un pulsoréacteur de référence qui était censé fonctionner en éjectant une suite de volumes V de gaz.

Comme on pouvait s'y attendre, le pulsoréacteur qui a été construit selon cette forme particulière de tuyère, raisonnablement constructible entre deux abscisses acceptées par le chaudronnier, et qu'on a réussi à faire fonctionner, engendrait un débit considérable, mais produisait une poussée nulle. Si l'air a été aspiré au repos à la pression atmosphérique et refoulé à la même pression, on lui aura apporté de l'énergie pour effectuer son *transvasement* de l'entrée à la sortie du conduit à section variable à la vitesse v constante partout.

On a évidemment cherché à généraliser ce résultat théorique : est-il possible d'avoir un écoulement variable à vitesse constante sur une section décroissante, à débit fonction du temps seul, où la pression de chaque tranche reste également constante dans le temps tout en étant différente d'une tranche à l'autre, de telle sorte qu'on puisse en espérer une poussée?

La position de la tranche étant repérée par la masse fluide comprise entre cette tranche et une tranche origine attachée au fluide, masse qu'on appelle *variable de Lagrange* en mécanique des fluides[158], la pression est partout la même si on a l'écoulement inerte ; si la pression varie d'une tranche à l'autre, le travail de compression peut rester nul, la différence de pression étant exactement équilibrée par les forces d'inertie : d'où le nom de *transvasement pur* donné à cet écoulement qui existant théoriquement a incité les chercheurs à tenter de le réaliser pour obtenir une poussée ; mais ils n'y sont malheureusement jamais parvenus.

Le pulsoréacteur de Jean Bertin a fini par fonctionner d'une manière utile en avril 1948 sous une forme empirique, et sous le nom d' «Escopette» : on a réussi à trouver une forme de détecteur fluide suffisamment performante pour remplacer les clapets. Il a servi au moins à la réalisation d'un planeur auto-propulsé, mais il faisait un bruit épouvantable qui l'a rendu inutilisable à d'autres fins, et en dépit des efforts d'une équipe talentueuse pleine d'idées il a fini par être rejeté par l'environnement : en l'espèce, le Service Technique du Ministère de l'Air, qui cessa de le soutenir.

Le but d'un objet est ce qu'il fait[159]

L'étude du pulsoréacteur a cependant débouché sur un résultat heureux inattendu : au même moment d'avril 1948 où on réussissait enfin à le faire fonctionner sur un banc d'essai, l'ouvrier préparateur du laboratoire où

---

[158] KADOSCH M. : *Ecoulement inerte en variables de Lagrange*, in : La Revue Scientifique, 1952, pp. 138-139
[159] The *Purpose Of a System Is What It Does : POSIWID*, proverbe de Stafford Beer.

j'étudiais un candidat détecteur avait pour tâche de monter une maquette de l'entrée de cet élément, mais il fit un montage défectueux : le gaz supposé sortir droit vers l'avant sortit de travers !

Mon travail consistait à aider Jean Bertin à faire fonctionner un pulsoréacteur : cet incident de labo imprévu nous montrait la voie d'un moyen de *freiner* l'atterrissage d'un avion à réaction, équipé d'un turboréacteur ; sans abandonner le but fixé de faire fonctionner un pulsoréacteur exploitable, l'expérience nous incitait à chercher à atteindre un autre but : à faire un frein au lieu d'un moteur, avec l'appareil qui fonctionnerait en satisfaisant à ce but modifié.

Horace Walpole, se référant à un conte persan sur Serendip (ancien nom du Shri Lanka) a appelé *sérendipité* une *découverte inattendue, faite grâce au hasard et à l'intelligence, et par sagacité accidentelle*.

La *sérendipité* est le fait même de trouver quelque chose de nouveau, d'imprévu, car pour cela d'après le cybernéticien W.Ashby inspiré par Darwin, une source de hasard non programmé dans la recherche mais observée par un esprit attentif est indispensable.

Les figures 5, 6, 7 et 8 ci-après reproduisent des photographies originales, prises en 1948 en plein processus de sérendipité, sans savoir qu'un fait nouveau était photographié.

La figure 5 ci-après montre une maquette rectangulaire d'entrée de pulsoréacteur montée à l'envers sur une bouche d'air. L'écoulement d'air la traversant était censé figurer la sortie vers l'avant de gaz éjecté par une explosion, l'air alimentant ensuite le pulsoréacteur pour préparer l'explosion suivante devait pénétrer en sens inverse par le même conduit ayant alors la forme de tuyère d'admission, figurée dans la maquette par la paroi incurvée à gauche.

Le montage défectueux préparé laissait dépasser de la paroi d'en face une saillie, qui produisit une déviation du jet soutenue par la paroi courbe que montre la figure 5.

Le préparateur, au lieu de corriger ce montage, eut l'heureuse initiative de nous prévenir qu'il se passait quelque chose d'inattendu.

La sérendipité n'est pas tout, ni un simple bonus pour le travail du chercheur : la découverte inattendue, faite par accident, devait d'abord être confirmée par des montages voisins pour être maîtrisée, reproductible et bien comprise.

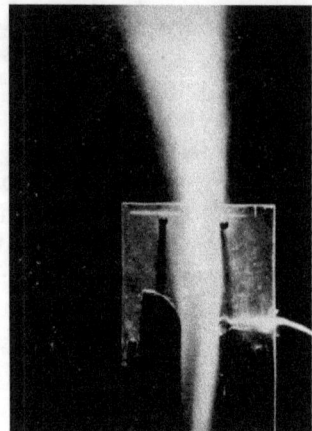

Fig 5. Maquette bi-dimensionnelle d'un jet de réacteur

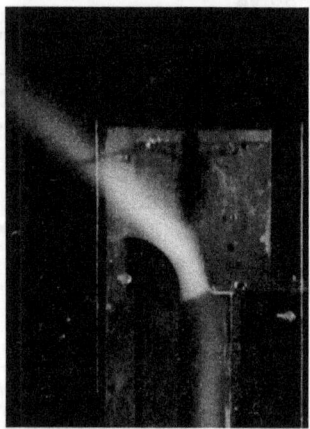

Fig 6. Jet dévié par un obstacle

Une démonstration spectaculaire du phénomène de base fut obtenue aussitôt en montant sur la bouche d'air comprimé du banc d'essais un venturi-tuyère en sens inverse de son montage normal servant à mesurer un débit (fig 7) : la partie tuyère pourvoyait la paroi courbe, le jet se détachait du col de la tuyère, près duquel régnait une forte dépression.

165

Fig 7. Venturi-tuyère monté à l'envers : diode fluide

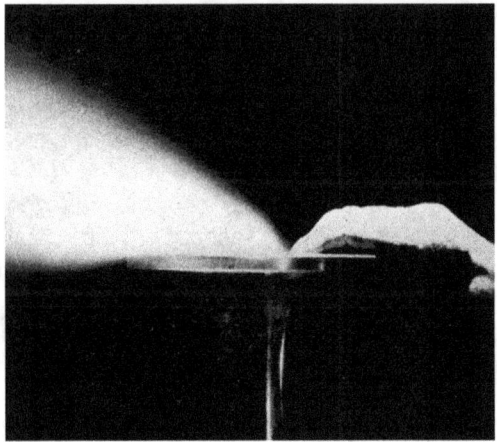

Fig 8. Jet dévié en éventail par décollement partiel

Il suffisait de placer un doigt (fig 8) sur une partie du col pour que le jet se plaque brusquement en éventail sur la partie restante de la tuyère, attiré par cette dépression.

Bachelard a « senti » dans son corps la réalité de la force d'inertie en coltinant des sacs postaux. Je l'ai ressentie physiquement en mettant la main dans le jet d'air dévié : cela m'a évité de tomber dans la croyance métaphysique à une « vertu collante » de l'air aux parois.

La comparaison des figures 5 et 6 démontrait qu'il était possible de dévier un jet en introduisant un petit obstacle, si on avait placé en face une paroi courbe. Nous entrevîmes aussitôt la possibilité d'une déviation de jet *commandée* en introduisant cet obstacle, *découverte inattendue faite grâce au hasard*. Bertin contribua par la suite à m'aider *par son intelligence et sa sagacité* à la compréhension et surtout à la maitrise du phénomène. Il m'en a confié l'étude et la réalisation des applications multiples initiées par la suite.

La première d'entre elles, l'inverseur de poussée de la SNECMA est le résultat du travail collectif des membres de l'équipe que j'ai dirigée, et des techniciens de notre entourage qui s'intéressaient à nos efforts et apportèrent de nombreuses contributions.

Au moment de l'atterrissage, la vitesse v_e est négligeable comparée à v_s, et s'il y avait un appareil capable de retourner vers l'avant le gaz éjecté à la vitesse v_s il produirait une force de freinage dv_s. Cet appareil n'existait pas en 1948.

En y regardant de plus près, il est apparu que le petit obstacle utilisé seul, en l'absence de la paroi courbe lui faisant face, produisait une petite déviation inutilisable, et qu'en l'absence d'un obstacle, la paroi à condition d'être suffisamment incurvée laissait passer le jet sans modifier sa trajectoire. Par conséquent il était possible de munir la tuyère de sortie d'un turboréacteur d'une paroi de courbure assez forte pour ne pas gêner le passage du jet produisant la poussée, mais assez proche pour que l'introduction d'un petit obstacle amorce une déviation substantielle du jet par la paroi, comme le montre la figure 6 : le jet ainsi dévié pouvait être engagé ensuite dans un conduit le dirigeant vers l'avant du réacteur, et produirait une force de freinage à l'atterrissage.

Ce hasard heureux a décidé de mon sort. J'avais enfin trouvé une raison sérieuse de rester à la SNECMA, pour étudier ce phénomène : il indiquait un moyen d'inverser la poussée des turbo-réacteurs et de freiner ainsi sur une piste plus courte l'atterrissage des avions à réaction, qui étaient l'avenir désigné du transport aérien.

Peu de temps après, m'inspirant du but primitif de réaliser un moteur sans pièce mobile, je suis à nouveau revenu à ce but en proposant de réaliser cette fois *un frein sans pièce mobile*, et c'est finalement cet objet artificiel qui a été notre première réalisation, présentée au chapitre VII ci-après.

Par la suite enfin, nous avons découvert dans les livres d'Henri Bouasse qu'en l'absence de tout obstacle il était possible de dévier un jet par une paroi incurvée seule, à condition que le jet soit mince ou que la paroi soit faiblement incurvée : conditions qui ne se prêtaient pas du tout à la réalisation d'un inverseur de poussée, mais dont on espérait d'autres applications. Celle qui était envisagée à la SNECMA ayant conduit à la mise à disposition d'un laboratoire où il était possible d'étudier la déviation d'un jet par une paroi courbe *sans utiliser d'obstacle*, nous n'avons pas manqué quand l'occasion s'en est présentée d'entreprendre cette étude qui a abouti aux très intéressants résultats, présentés dans un autre livre, d'un objet culturel[160].

Mais auparavant un retour en arrière instructif s'impose, pour expliquer dans quel état d'esprit, avec quelles préoccupations, et à l'aide de quelles connaissances acquises, dont l'expérience préalable de quelques créations illusoires dans des contextes très différents, j'abordais ce métier de chercheur, tout en acceptant au passage l'aide bienfaisante d'un Dieu hasard, s'il manifestait son existence.

---

[160] KADOSCH M ; *Avatars de la vérité*, CreateSpace 2015, ch. 7, pp.97-105 ; et : *Coanda effect, Conditions of existence*, Wikipedia, the free encyclopedia

VI

Géographies

LES EMBÛCHES D'UNE LOGE

Enfant, j'ai été instruit tout d'abord à domicile par mes parents, qui enseignaient dans une école de la zone espagnole du Protectorat marocain.

Mon père Élie était un instituteur laïque, républicain, et franc-maçon, vénérable d'une *loge* du Grand Orient Espagnol : il avait peint le plafond du salon de notre logement en bleu parsemé de points jaunes figurant des étoiles, et ajouté un croissant de lune. Il portait un tablier orné d'une équerre et d'un compas, et le jour des «tenues» suspendait un squelette tiré du compendium scolaire dans le W.C. éclairé d'une ampoule peinte en rouge, où le nouveau «frère» était invité à méditer sur la condition humaine pendant la cérémonie d'initiation. Ce fut mon expérience originale de la franc-maçonnerie à domicile. Par cette cérémonie, Élie voulait sans doute imiter la loge où il avait été lui-même initié. Il disait voir dans la loge une manière différente de vivre ensemble, dans une communauté de «frères» partageant un idéal commun : les « Lumières ». Mais je soupçonne qu'une autre motivation secrète qui l'animait était le désir de commander les Autres : désir qui d'après mes proches l'avait amené dans son enfance à former une troupe dont il conduisait la marche. Cela dura pour moi jusqu'à l'âge de huit ans. Puis Élie fut muté à Fez au Maroc français.

Son premier soin dès son arrivée en mars 1929 fut de peindre en bleu ciel le plafond du salon et de l'orner d'étoiles, pour créer à Fez une loge du Grand Orient Espagnol dont il se déclara vénérable. Cette loge connut un grand succès dans l'année qui suivit : tous les commerçants de la ville vinrent s'y inscrire et passèrent la cérémonie de l'initiation.

Le 14 avril 1931, Élie revint à la maison tout joyeux :

— Les Espagnols ont proclamé la république, annonça-t-il. Ils ont chassé le roi. Il est parti en Suisse avec la caisse, ajouta-t-il perfidement.

Dans les mois qui suivirent Élie fut dépité de constater que ses nouveaux frères étaient indifférents à l'idéal maçonnique, laïque et républicain qui l'animait, et finit par découvrir le motif de leur adhésion surprenante : les conséquences du krach du jeudi noir de Wall Street, 24 octobre 1929, avaient atteint le Maroc, et les commerçants étaient menacés de faillite l'un après l'autre. Ils étaient persuadés que tous les juges du Tribunal de Commerce étaient francs-maçons, et demandaient à mon père d'intervenir auprès d'eux pour éviter la faillite, ou retarder au moins la date du dépôt de bilan. Cette croyance provenait d'un phénomène probable de contagion : chaque commerçant s'imaginait que celui qui n'avait pas encore fermé sa boutique était protégé par les juges.

Dégoûté, Élie perdit son illusion créatrice *d'une loge* pour la diffusion des Lumières, qui n'éclairaient pas du tout les frères : il mit fin à ses activités maçonniques, et changea la couleur du plafond.

C'est la première embûche à la création d'un objet artificiel, culturel : une *Loge*, dont je puis témoigner.

À la maison, Élie m'apprit à jouer aux échecs, puis à la belote, à laquelle il jouait avec ses collègues instituteurs. Il m'enseigna enfin les régles du jeu de poker auquel il jouait pour des pois chiches.

Finalement Elie décida de me faire venir à son école, où il me prit dans sa classe de cours moyen élémentaire. J'eus enfin des camarades de classe, un peu plus âgés que moi, avec lesquels je jouais aux billes.

Dieu habite au cinquième

Ce fut l'un d'entre eux qui me parla pour la première fois de Dieu. Jusque là, je me remettais à ce qu'en disait Élie. Bien que laïque, franc-maçon et anticlérical, il croyait en Dieu : celui de Victor Hugo, « qui jette comme avec une fronde au front noir de la nuit l'étoile du matin, caillou d'or et de feu envoyé par l'ange Liberté [161] ».

Mon camarade voulut me montrer où Dieu habitait et m'emmena devant la plus haute maison de Fez, un immeuble de cinq étages : tout en haut sur la terrasse, une lumière éclairait la fenêtre d'une petite construction édifiée sur le toit.

— C'est là, me souffla-t-il. Il travaille en ce moment.

---

[161] HUGO V. : *Stella*, in Les Châtiments.

Cette révélation me troubla : je reconnus l'immeuble, il appartenait à M. Oliel, homme riche dont la fille, Jamila, était une autre de mes camarades de classe. Ainsi Dieu était locataire de M.Oliel ? Or un propriétaire est supérieur à un locataire. M. Oliel était supérieur à Dieu ; mais Dieu n'est il pas au dessus de tout le monde, donc de M. Oliel propriétaire et de sa fille ?

Cela m'embarrassait d'autant plus que mon père venait de m'apprendre les figures formées par les cinq cartes d'une main de poker et quelles étaient les mains gagnantes. Les plus fortes mains étaient les quintes floches, suites de cinq cartes de la même couleur. La suite la plus forte : dix valet dame roi as, battait neuf dix valet dame roi, qui battait huit neuf dix valet dame, etc. Mais si l'un des joueurs produisait la plus basse quinte floche : deux trois quatre cinq six, elle battait la plus haute : dix valet dame roi as si celle-ci était présentée. Ainsi on pouvait concevoir les règles d'un jeu de telle sorte qu'un joueur ne soit jamais certain de gagner, et il m'apparaissait que Dieu était impliqué dans un jeu de cette espèce. Il était supérieur à tout le monde, mais M. Oliel était supérieur à Dieu.

Je n'osai pas en parler à Jamila. Nous avons quitté Fez sans que j'aie découvert qui était ce personnage. Ce fut ma première expérience de doute métaphysique.

J'appris plus tard que c'était une structure de système connue sous le nom de « hiérarchie enchevêtrée », de « circuit réverbérant » plus complexe que les hiérarchies pyramidales usuellement rencontrées : pour un Dieu, c'était bien le moins.

Les années passant, mon passage à l'adolescence a été marqué pour l'essentiel par une passion pour le grec et sa civilisation, et par voie de conséquence par le rejet de tous les monothéismes, considérés comme calamiteux, suivi de l'adoption provisoire d'un manichéisme binaire, conforté par l'actualité dramatique, bientôt tragique : bien contre mal, lumière contre ténèbres, Ahri Mazda contre Ahriman ; puis leur complémentarité interdépendante : yin –yang ; pour finir par m'en tenir aux positions de Don Juan et Saint Augustin qui s'affirmaient croyants : que deux et deux sont quatre, et que quatre et quatre sont huit.

UNE GÉOGRAPHIE BACHELIÈRE

En 1937, j'ai seize ans et je prépare le baccalauréat.

Le professeur d'histoire et de géographie est un jeune agrégé débutant de grande taille : Jean Dresch, qui deviendra par la suite directeur de l'Institut Géographique National, et membre du Comité Directeur du Parti Communiste Français. Pour l'heure il se montre soucieux de nous préparer à faire une prestation correcte à l'oral du baccalauréat. Le programme de géographie est la France. Il a vite fait de repérer qu'aucun de nous ne connaît ce pays, même pas les Français. Il se montre pratique :

—L'examinateur va vous interroger à l'oral sur une région : mettons le Bassin Parisien, ou le Jura. Il faut que vous puissiez parler assez avant qu'il ne s'aperçoive de votre ignorance. Sachez que toutes les régions de France se répartissent quatre types de végétation, formant quatre paysages caractéristiques : la prairie, le bocage, la garrigue et le maquis. Je vais vous indiquer sur la carte où ces paysages se rencontrent. Vous commencerez par vous étendre sur le paysage de la région sur laquelle vous serez interrogé. Si vous gardez bien en tête mes descriptions, vous pourrez en parler pendant dix minutes. Pour le reste, essayez quand même d'apprendre un peu par cœur et de situer la Nomenclature.

Il appelle ainsi les *noms* des villes, des fleuves, des montagnes, etc. : à ses yeux la composante humaine de la géographie, où les gens ont tendance à se rassembler à la limite entre deux végétations, pour échanger leurs produits, ou bien sur les cours d'eau, au bord des mers, parce que l'eau facilite les communications.

Voici quelques précisions sur cette géographie bachelière qui m'a beaucoup servi, ainsi qu'à mon entourage :

Le bocage est une région où les champs sont enclos par des levées de terre portant des haies ou des rangées d'arbres qui marquent les limites de parcelles séparées par des chemins creux : de loin cette végétation créée par l'homme donne l'impression d'être une forêt.

La garrigue est une formation végétale, qui s'établit dans des rochers calcaires en terrain sec et filtrant, et résulte d'une dégradation de la forêt de chênes verts en pins.

Le maquis est une formation végétale très dense, d'arbrisseaux résistants à la sécheresse, formant des fourrés épineux et inextricables. Il s'établit dans les massifs cristallins en terrain siliceux, et résulte de la dégradation d'une forêt de chênes-liège, qui a remplacé les chênes verts.

La prairie est une végétation d'herbes en milieu ouvert, à dominance de graminées : elle peut abriter plusieurs centaines d'espèces de plantes, une grande biodiversité si le sol est pauvre ; s'il est riche ou enrichi, un petit nombre de plantes élimine les autres. La présence de haies, mares, ruisseaux ou tourbières enrichit la diversité de la flore.

Les végétations qui dominent les paysages ruraux portent l'empreinte des populations qui y vivent et qui ont transformé leur structure au cours des siècles. Intéressons-nous à l'influence des *objets techniques* qu'elles ont utilisés, sur l'exemple du *bocage* en temps que création de l'homme : il apparaît comme un objet plus artificiel que naturel, une terre découpée selon des contours portant la marque de l'homme. Le bocage est-il un système végétal dynamique auto-organisé ? Il est un objet mi-naturel par son origine, mi-artificiel par son évolution, apparu lors des premiers défrichements au 13è siècle, entrepris pour augmenter la production de céréales et organisé par les seigneurs : le défrichement débute par un épierrement puis un travail à la *pioche* ou à la *houe* pour enlever l'herbe ; on crée alors des petits champs délimités par leur contour, des *enclosures* pour retenir la terre des collines : un labour superficiel, pour travailler les terres légères faciles est effectué à l'*araire*, dont le soc rejette la terre symétriquement des deux cotés ; il est croisé pour fendre et refendre les mottes par des passages perpendiculaires : ce qui a conduit à découper la terre arable en parcelles *carrées*, entourées par des clôtures dont l'ensemble a formé un réseau maillé linéaire comme un quadrillage : structure émergente ? La *charrue* qui rejette la terre d'un seul coté est mieux adaptée aux terres lourdes à travailler en profondeur, et un *attelage* de bêtes plus puissantes est nécessaire : leurs allers-retours en *boustrophédon* découpent la terre en *rectangles* allongés cette fois. Par la suite des haies vives d'épineux d'une hauteur d'un à deux mètres entourant des parcelles contiguës ont été plantées sur des levées de terre ou talus formant entre les parcelles un *réseau maillé* de chemins creux ; des alignements d'arbres de hauteur jusqu'à vingt mètres plantés au surplus le long de ces talus forment le paysage bocager qui vu d'assez loin a donné l'impression trompeuse d'un paysage forestier. Dans certaines régions, le paysan exploitant une parcelle y fait paître une vache ou un cheval, ou y plante des arbres fruitiers comme le pommier. Souvent un *alambic* est caché derrière le verger, dernier vestige en désuétude d'un privilège de distiller une certaine quantité d'alcool ; mais au milieu de son champ le paysan finit par lui ressembler, et parfois armé menace le représentant de l'autorité qui tenterait de s'approcher : modèle d'un paysage schizophrène, d'un « temple ». Le bocage édifié pour cette finalité a servi de refuge efficace aux résistants lors de la dernière guerre. Mais la structure de cet objet artificiel a constitué une sérieuse embûche au passage des chars Sherman : indifférent à leur nationalité il a retardé la libération de la Normandie. En revanche il n'a pu résister ensuite au ministre qui l'a éliminé «pour faire passer le *tracteur* » et s'en est mordu les doigts après le désastre écologique ainsi engendré dans de nombreux endroits. Artificiels ou non, les objets ne sont pas éternels.

Découverte de la France et peut-être de l'Europe

En juillet 1937, après un séjour dans la station de cure thermale de Saint Nectaire en Auvergne, milieu boisé réel, nous allons en famille visiter l'Exposition Internationale à Paris. Il y a un monde fou, on se bouscule dans le métro. J'admire le Palais de Chaillot, tellement plus beau que l'horrible Trocadéro qu'il a remplacé, mais aucun pavillon n'est vraiment intéressant, excepté le Palais de la Découverte. Je regrette aujourd'hui de n'avoir pas été informé du contenu du pavillon de la République Espagnole, qui exposait sans publicité la réponse de Picasso à l'opposition imbécile des statues se faisant face sur les pavillons de l'Allemagne et de l'U.R.S.S. : son tableau fameux du massacre de Guernica par un bombardement de la légion Condor. Je suis bien plus intéressé par la visite de Paris : le Louvre, les Grands Magasins, et même le Musée Grévin, où je médite devant la statue en cire du champion cycliste Roger Lapébie.

Nous avons loué une chambre dans un hôtel modeste de la rue de la Roquette. Je vais un jour accompagner mon père auprès du Génie de la Bastille. Puis nous nous rendons à un marché tout proche. Élie s'arrête devant l'étal d'un marchand de fruits et commande un quart de cerises. Le marchand lui jette un regard méprisant et refuse de le servir. D'où, chose normale, il s'ensuit un échange de propos peu amènes. Nous finissons par comprendre qu'il a compris : un quart de « livre ». Ah ! Comment ça, quelle livre ? Ses ancêtres ont pris la Bastille, mais la Révolution ne s'est pas arrêtée là ! Elle a jeté aux poubelles de l'histoire les livres, les toises, les pintes, les lieues : le marchand n'est pas au courant ? Chez nous au Maroc, un quart c'est un quart de « kilo » : je montre au marchand ses propres poids sur sa balance qui sont des sous-multiples du kilogramme : — Oui, oui, le cylindre en platine iridié déposé au pavillon de Breteuil à Sèvres par le Bureau International des Poids et Mesures ! — Ici on est en France, pas au Maroc, répond l'homme, repoussant le système métrique sans autre jugement à l'extérieur de son domaine d'exploitation.

À notre retour à l'hôtel, nous racontons l'incident : ma mère se rappelle que lors d'un voyage en Italie en 1935, elle avait remarqué en faisant le marché que les ménagères locales commandaient leur nourriture en *hectogrammes :* des *ettos* en italien, des cinquièmes de livre !

« *Vérité au delà des Alpes, erreur en deçà.* » Sur le moment nous avons cru que les Italiens étaient sous-alimentés, mais lorsque bien plus tard par la suite nous avons découvert dans ce pays la machine à découper en tranches ultra-fines le *prosciuto* à déguster avec du *melone*, et la machine à café ultra-serré, il nous a bien fallu admettre que nous étions comme l'homme de la Bastille des barbares, qui n'avaient pas réalisé que la civilisation était inversement proportionnelle à l'épaisseur des tranches de prosciuto, et à la quantité d'eau dans le café espresso.

La réponse à ce genre de questions est peut-être un exemple de ce qu'il conviendrait que l'Europe mette à l'étude et favorise l'enseignement aux populations europhobes et europhiles, les unes et les autres sans approfondissement culturel aujourd'hui. Jadis un sage a expliqué que la guerre sanglante entre catholiques et protestants était formellement identique à celle qui opposait des personnes cassant l'œuf à la coque par le grand bout à celles qui préféraient le casser par le petit bout, et son raisonnement s'appliquerait à l'identique *mutatis mutandis* à la guerre sanglante entre sunnites et chiites qui sévit aujourd'hui et à ses prolongements délirants. En attendant, le temps du calendrier est *petitboutien* en Europe : JJ/MM/AAAA ; et *grandboutien* en Asie : AAAA/MM/JJ.

PREMIÈRE RENCONTRE AVEC LE DÉSIR

À notre retour au Maroc, nous nous installons à Casablanca, où mes parents ont été mutés. Le lycée Lyautey de Casablanca où j'obtiens la deuxième partie du baccalauréat comporte une classe de mathématiques supérieures, préparatoire aux concours des grandes écoles, qui requièrent au moins deux ans de préparation. Mais la classe de deuxième année n'existe pas encore.

Des camarades plus âgés étudiant à Paris nous mettent au courant de quelques faits importants : la classe scientifique de deuxième année s'appelle *taupe*, et ses habitants sont les *taupins*. La classe correspondante de première année s'appelle *hypotaupe*. Je rentre donc en hypotaupe, où je retrouve mon professeur de première Raymond Badiou, qui deviendra par la suite député maire de Toulouse à la Libération.

On m'informe que les élèves de première année sont appelés *bizuths* par les élèves de deuxième année, qui les soumettent à des épreuves de bizutage. Mais dans notre lycée il n'y a pas de taupins susceptibles de nous appeler bizuths et de nous bizuter. Casablanca n'a pu hériter de la moindre tradition d'élèves précédents. Nous avons du mal à l'imaginer et n'y pensons pas.

Dans la classe de physique d'hypotaupe j'ai commencé à faire la connaissance des ouvrages du professeur Henri Bouasse de l'Université de Toulouse, dont les préfaces sont justement célèbres pour leur combativité.

Croisière sur la Frégate l'Incomprise

L'une d'entre elles recommandait la lecture du livre culte de la Marine *La Frégate l'Incomprise,* datant de 1882, écrit par Palma Gourdon et illustré avec les moyens de l'époque par le caricaturiste Lesage (fig 9 à 11), publié sous le pseudonyme collectif de Sahib.

J'en ai apprécié une théorie physique de la Carte du Tendre dont l'exposé m'enchanta et constitua ma première éducation sentimentale : l'aspirant de marine Toutara doit s'embarquer sur ce navire dont la Préfecture de Brest a ordonné le départ pour se débarrasser de la présence encombrante de marins bruyants qui importunent les brestois (fig 9). Mais elle s'interroge : vers quelle destination et pour accomplir quelle mission ?

Fig 9. La vision de Toutara

Or Toutara voudrait bien se marier. Il a demandé à un ami peintre parisien de lui décrire la femme idéale : l'artiste peint une blonde aux yeux noirs, d'après un modèle qu'il a cherché, et trouvé, mais qu'il se garde de lui montrer. Il lui remet le portrait demandé.

Elle est si belle que Toutara désespère de la trouver à Brest. Il demande et obtient que la mission secrète assignée à la frégate soit de l'aider à trouver la femme de ses rêves.

Un aspirant scientifique, Matapo, propose de l'aider par ses calculs, basés sur le principe de la conservation et l'équipartition de la beauté féminine, répartie dans tous les pays, et dont «la somme est constante».
Si le stock S de beauté attribué à un pays est réparti également sur un nombre égal Br de brunes et Bl de blondes (disons 100) chaque blonde ne possède qu'une portion S/200 du stock de beauté blonde ; mais dans un pays de noires où les blondes sont rarissimes, si on en découvre une par miracle, elle recueille tout le stock S/2 réservé aux blondes, elle est donc (fig 9) d'une beauté incomparable.
— Mais, demande Toutara, s'il n'y a pas de blonde du tout dans ce pays ?
— Le principe est vérifié même aux limites, assure Matapo avec aplomb : nous avons alors un stock de beauté : S/0 = infini, concentré sur une femme introuvable...

On part donc sur la frégate à la recherche de la femme idéale sur les côtes du Sénégal, de Madagascar, on fait le tour du monde des noires sans trouver personne.

Fig 10. La somme est constante

De retour en France Toutara se rend à Paris, frappe à la porte de son ami peintre, la porte s'ouvre, … et il est pétrifié : il voit devant lui la femme idéale que le peintre avait prise comme modèle et dont il lui avait donné une image, mais qu'il avait gardée sournoisement pour lui. La figure 11 termine *La Frégate l'Incomprise*.

Fig 11. Fin de La Frégate l'Incomprise

Pour copie conforme au journal de bord de l'Incomprise.

SAHIB

Cette femme idéale mais désormais réelle dont il était frustré a figuré dans mon imaginaire la première illusion créatrice matérialisant un résultat de recherche, bien avant le moteur sans pièces mobiles : la création avait bien fonctionné, mais n'avait pas servi le but recherché par Toutara et clairement assigné à la frégate.

Mais *La Frégate l'Incomprise* fait mieux que prévoir la théorie du *désir mimétique* proposée par René Girard, vingt ans plus tard[162]. L'homme n'est pas maître de ses désirs, soutient René Girard : tout désir est l'imitation du désir d'un *Autre*, que le *Sujet désirant* prend pour *modèle* et que René Girard appelle *Médiateur* : il faut que *l'Objet de son désir* lui soit désigné par un tiers.

La médiation est *interne* lorsque le Médiateur est réel et au même niveau que le Sujet : il devient alors un rival et un obstacle pour l'appropriation de l'Objet qui engendre de la violence. La médiation est *externe* lorsque le Médiateur du désir est un modèle lointain, un héros, un être d'imagination. Toutara est un *Sujet désirant* qui demande à son ami, qu'il prend donc comme *modèle*, de lui décrire la femme qu'il devrait désirer.

Mais ce Médiateur désigné n'est pas davantage maître de ses désirs : il recherche une femme répondant au désir de son ami Toutara, et il la trouve, comme s'il l'avait fabriquée, comme Pygmalion créant Galatée. Il a copié *le désir de l'Autre* qui est son ami Toutara, et a fini par le désirer lui-même : le Sujet désirant primitif se retrouve malgré lui dans le rôle de *Sujet-Médiateur* du désir que son ami peintre ressent de l'Objet de son désir ; il est devenu le nouveau Médiateur de l'ancien Médiateur, qui devient le nouveau Sujet désirant. Alors, et alors seulement, Toutara découvrant que la femme idéale existe réellement devient jaloux du couple qu'elle forme avec son ex-ami peintre.

On imagine la suite à écrire de cette *médiation double :* les deux amis seront devenus des frères ennemis, dans une histoire pleine de bruit et de fureur, que nous retrouverons dans un autre contexte.

Réapparition du modèle

La métaphore du modèle à imiter, développée au chapitre III, joue un rôle central dans la création d'un objet artificiel, et mérite qu'on s'y arrête un moment à chaque rencontre significative.

Qu'est-ce qu'un modèle ? dans son sens originel c'est *ce qui imite* quelque chose ou quelqu'un, ou son comportement, qui le re-présente, le répète, le re-produit sous un aspect plus accessible, facile à manipuler : par exemple une maquette, ou un être mathématique qui reproduit un

---

[162] GIRARD R. *: op. cit.* p16.

comportement analogue. Dans le sens scientifique un modèle est ce qui imite la nature.

La finalité du scientifique c'est de connaître les phénomènes, d'être capable de les produire et de les reproduire pour les observer : connaître c'est produire un modèle du phénomène qui imite son comportement, si les relations décrivant le comportement sont les mêmes.

Pour René Girard le modèle est à l'inverse *ce qu'on imite : le médiateur* qu'un sujet imite en désirant l'objet qu'il lui désigne, en rêvant de devenir médiateur-modèle à son tour. Il en est de même pour la *science en acte*, celle que pratiquent les ingénieurs, les architectes, et finalement tous les créateurs. Le modèle est *ce qu'ils imitent* : un modèle mathématique de la construction envisagée, ou un prototype, et pour un scientifique en action le « modèle-qui-imite-la-nature », objet médiateur représentation symbolique de la nature. On ne peut pas ne pas imiter.

Le modèle n'a pas pour vocation de *ressembler* à la réalité : « la carte n'est pas le territoire ». Il est significatif que le premier médiateur rencontré soit un peintre. Pour un créateur artiste, le « modèle » n'est pas lui-même sauf exception, il est l'être réel ou imaginaire : femme, vieux soulier, ville bombardée, personnage mythologique, langue en voie de disparition, dont l'artiste *crée* une représentation symbolique l'imitant.

La science en acte construit des objets artificiels : des modèles, qui sont des imitations d'un objet réel représenté.

Ainsi, les premiers appareils volants ont été rêvés par des pionniers qui ont voulu imiter le vol des oiseaux, médiateurs disponibles. Clément Ader était un ingénieur très créatif et compétent, mais dont l'imagination brillante a été bridée par *l'illusion* qu'il suffisait *d'imiter la nature,* de la copier : la chauve souris, en se limitant à son aspect géométrique, supposé contenir l'essence du vol, à l'état achevé comme une Idée de Platon. Il a été fasciné par ce modèle : une aile de chauve-souris c'est si beau ! Il a délibérément ignoré d'autres aspects de la nature : les propriétés de l'environnement, l'air réel, les lois de la mécanique du vol, pourtant déjà découvertes sur des modèles réduits, des maquettes, par Alphonse Pénaud, qui est le véritable précurseur français de l'aviation. Le modèle d'Ader, imitation de la nature, consciente ou inconsciente. était bien plus pur que la maquette, mais n'a fonctionné qu'une fois.

Le *désir* est une modalité de cet effort de toute chose, pas nécessairement vivante, pour persister dans son être, que Spinoza a nommé *conatus :* un effort de l'être pour rechercher la joie, les situations heureuses, et éviter la tristesse, qui conduit son inconscient à *imiter* les modèles qu'il a perçus comme heureux et enviables.

PREMIÈRE RENCONTRE AVEC L'IMPURETÉ

Fin juillet, je me prépare à aller à Paris pour m'inscrire dans une classe de mathématiques spéciales au Lycée Saint Louis : après un séjour de trois semaines en Auvergne, la nouvelle du renversement d'alliance éclate : Staline a signé un pacte avec Hitler qui ne fait aucune difficulté pour lui offrir en échange les États Baltes et un bout de Pologne, comme au bon vieux temps de Frédéric II et de Catherine au XVIIIè siècle. En France, les communistes sont excommuniés. Cette fois la guerre est inévitable. Elle éclatera en septembre : il n'est plus question d'aller à Paris.

La classe de mathématiques spéciales la plus proche, qu'on appelle *taupe arabe* est celle du lycée Bugeaud d'Alger. Après un long voyage, j'y parviens à onze heures du soir. On me dirige vers l'internat, où un comité de réception me demande si je suis bizuth ou ancien. Je réponds pour l'heure être un ancien étranger, très fatigué par le voyage. Mes interlocuteurs traduisent : *Un ans' impur,* tandis que je m'écrase sur le lit qu'on m'attribue. C'est ma première rencontre avec l'impureté.

Alors que l'hypotaupe de Casablanca ne possédait aucune tradition, la taupe arabe existe depuis longtemps et respecte autant de rites et de rituels qu'une vieille religion ! Les taupins du lieu se posent à mon sujet un problème existentiel qui les préoccupe : suis-je un ans' étranger donc impur, ou un bizuth ? En logique ordinaire l'objet *élève des classes préparatoires* possède la propriété *bizuth* ou la propriété *ancien*.

Mais la taupe arabe est engluée dans une logique modale, et même temporelle : les propriétés et les occurrences peuvent être possibles ou impossibles, contingentes ou nécessaires, et ne sont surtout pas immuables, elles varient dans le temps. L'objet peut posséder la propriété *bizuth* jusqu'à une certaine époque, et quand l'époque est passée non seulement il ne l'a plus mais il ne l'a jamais eue. Ce qu'ils expriment par la formule : *un ancien n'a jamais été bizuth*.

Quand un bizuth devient ancien, il l'a toujours été : son futur détermine son passé ; en se réalisant il explique son nouveau passé reconnu. Il efface le passé réel qui n'a jamais eu lieu. Il n'a même jamais été possible, tout au plus un potentiel jamais structuré.

On décrète que je suis encore un bizuth : puisque je n'ai pas été bizuté je dois l'être en toute justice, ne serait ce que d'une manière symbolique. Nous sommes plusieurs dans ce cas, arrivés à Alger à cause de la guerre.

Les taupins ont aussi réinventé l'excommunication, qui est une sorte de non-communication artificielle au demeurant présente dans la plupart des religions, mais ils ne vont pas jusqu'à la condamnation à mort : si un bizuth refuse de se faire bizuter, il est décrété *amorphe*, et mis en quarantaine ; interdiction est faite à tous de lui adresser la moindre parole, sa présence est ignorée. L'amorphe ne deviendra jamais ancien. Il s'agit là d'un rite religieux portant la marque du sacré, à ne pas confondre avec la logique temporelle du bizutage, rite de passage.

La logique des taupins me fut d'un certain secours pour arriver me situer dans le chaos qui allait s'abattre. Comment deviner qu'une catastrophe était imminente, que l'an prochain ce serait la paix, une drôle de paix, supposée mettre fin à une soi-disant guerre franco-allemande perdue.

Une réalité potentielle non encore structurée a été sur le moment jugée très improbable ; pourtant elle allait bientôt se réaliser sous la forme d'une énorme débâcle ; après il a bien fallu admettre qu'elle était nécessaire.

En raison des événements à partir de 1940, j'ai suivi un parcours où j'ai beaucoup appris en lisant des livres datant d'avant la Grande Guerre, passés de mode, très peu en assistant à des amphis, et je n'ai malheureusement pu réaliser qu'un nombre infime de travaux pratiques en milieu étudiant. La nature exceptionnelle des obstacles que j'ai rencontrés mérite quelques lignes d'explications.

Une carte interzone du Directeur de l'École des Mines de Paris m'annonça que j'étais reçu au concours auquel je m'étais présenté, puis une lettre du Directeur de l'École des Mines de Saint Etienne, en zone non occupée me déclara que son École accueillerait les élèves ingénieurs reçus à toutes les grandes Écoles qui ne pouvaient se rendre en zone occupée pour une raison quelconque. Puis au bout d'un an, j'ai été exclu de l'École des Mines, de janvier 1942 à janvier 1945, en application des lois de Vichy.

Inscrit à l'Université de Lyon qui ignora Pétain en ce qui me concernait, j'ai pu y acquérir les diplômes nécessaires pour pouvoir me présenter plus tard au concours d'agrégation de mathématiques, quand la République serait rétablie.

DRÔLE DE PAIX

Ordre de mission

En janvier 1945 un ordre de mission du Ministère de l'Industrie m'est parvenu à Casablanca, m'enjoignant de rejoindre au plus vite l'École des Mines de Paris, demandant à toutes autorités de faciliter mon voyage. Il ne contenait aucune précision sur le motif et l'objet de la mission.

C'était l'occasion que j'attendais de quitter enfin le Maroc. Je suis parti pour Alger où l'on m'a inscrit sur une file d'attente : la fonctionnaire qui m'a reçu m'a montré sur sa table la pile d'ordres de mission émis par Paris sans considération des moyens de transport disponibles. La guerre n'était pas terminée.

J'arrivai enfin à Paris le 2 mai. Reçu à l'École des Mines par le sous-directeur, je me déclarai heureux d'avoir été réintégré à l'École. Il me répondit :

— La France n'a jamais cessé d'être une République, et le Gouvernement a décrété que toutes les décisions du gouvernement illégitime de Vichy étaient nulles et non avenues. Vous n'êtes donc pas réintégré, vous avez toujours été élève ingénieur. Mais vos études ont été perturbées par les événements, vous n'êtes pas le seul !

Tiens ! c'est curieux, j'ai déjà entendu ce refrain : un ancien n'a jamais été bizuth ! Vichy n'a jamais existé : ayant cru que la France avait perdu une guerre franco-allemande gagnée par l'Allemagne qu'elle avait stupidement attaquée comme en 1870, le glorieux ancien Pétain, appelé pour redresser la situation, a préféré faire don de la France à sa personne, et s'est installé dans la place, qu'il a trouvée bonne. Mais elle ne l'était plus.

Je m'enquis de la nature de ma mission. Le sous-directeur de l'École me déclara :

— L'hiver 44-45 a été très rude. La France a grelotté. Elle a un besoin urgent de charbon, du travail de ses mineurs dans les mines de charbon, elle a donc besoin d'ingénieurs des mines ! Et maintenant, allez vite rejoindre vos camarades sur les bancs de l'amphi : nous avons un professeur extraordinaire qui a inventé une science nouvelle, l'économétrie, une manière scientifique de traiter l'économie...

Il s'agissait de Maurice Allais, futur Prix Nobel. Mais à mes yeux l'économie n'était qu'une forme déguisée de comptabilité : pourtant l'économie de compte n'intégrait pas le troc, que je pratiquais à l'occasion et auquel j'aurais dû réfléchir ; mais la science seule m'intéressait, ce n'en était pas une à mon avis, et je m'ennuyai ferme au cours dont je ne tardai pas à adopter la qualification de « déconométrie » : n'étant pas demandeur de son offre d'objet artificiel culturel je me situais négativement dans son environnement externe.

Je ne garantis pas dans le détail l'exactitude des souvenirs que je remets à jour en interrogeant ma mémoire à long terme à plus de soixante dix ans de distance, mais Maurice Allais nous parlait d'introspection psychologique sur les accroissements successifs d'un même bien, et des variations de la *désirabilité*. La demande croissante quand l'offre diminue me faisait penser au vers fameux de *Polyeucte* : « *Et le désir s'accroît quand l'effet se recule* ». La définition de la *désirabilité* comme une fonction de la satisfaction produite par la possession d'un bien rare pendant une longue durée et/ou de façon répétitive me paraissait s'appliquer assez bien à l'orgasme, et plus tard au développement durable, mais Maurice Allais avait choisi de mettre en équation les prix du beurre et de la margarine, et cherchant à en déduire comment varierait le prix de la margarine si celui du beurre augmentait, disait avoir besoin que la désirabilité soit une fonction dérivable au moins deux fois.

L'introspection psychologique sur un même bien m'ayant par la suite amené plus tard à m'interroger sur le désir de l'objet du désir de l'Autre, j'ai rêvé un moment à la dérivée seconde du désir mimétique, mais conscient de mon ignorance en cette matière je me suis gardé de poursuivre.

Voulant expliquer la notion de taux d'intérêt, Maurice Allais l'avait désigné par la lettre grecque ρ (ro). Il répétait tout le temps : — « *Soit le taux ro* », ce qui nous faisait rire comme des idiots. Je le regrette aujourd'hui. En revanche je fus très intéressé par un calcul entrepris par un de mes camarades, Dubroeucq, précurseur de la Recherche Opérationnelle, en vue de déterminer s'il fallait changer à la station Odéon ou à la station Saint Michel du métro pour aller de la rive droite à la rive gauche et rejoindre l'École. Le calcul montrait que le facteur déterminant était le temps de réponse de la poinçonneuse de Saint Michel, qui ne se séparait jamais de son ouvrage à tricoter, poinçonné par ses aiguilles entre deux trous dans les tickets. Serge Gainsbourg n'avait pas encore étudié le problème.

Dernières tribulations géographiques

En Octobre 1945, les cours terminaux de l'Ecole des Mines de Paris qui m'intéressèrent le plus furent ceux de thermodynamique et des machines. C'est alors que j'ai fait la connaissance du GEHL de Suresnes : après m'avoir posé quelques questions sur la thermodynamique des soupapes, on fut satisfait de mes réponses et on me proposa de m'embaucher dès que j'aurais fini mes études. J'acceptai cette proposition, à titre provisoire dans mon esprit : à mon arrivée à Paris j'avais demandé un visa d'immigration aux Etats Unis, et m'étais inscrit à l'Université Stanford. Par l'intermédiaire de l'Ecole des Mines, je me vis proposer une place de professeur de Résistance des Matériaux à l'Université de Rosario en Argentine : je pourrais y attendre de recevoir mon visa d'entrée aux Etats Unis.

Mais alors, j'étais condamné à terme à épouser une américaine : c'est ce que j'ai cru et qui m'a bizarrement inquiété. Vivre ensemble en partageant quels goûts communs dans la vie quotidienne, quels *divertissements* (Pascal cite lui-même « *le jeu et la conversation des femmes*[163] » !) de quoi allions nous parler, n'ayant pas la même culture ? J'espérais rencontrer une française ou une francophone, avant de quitter le Vieux Continent.

Puis comme dans *La Frégate l'Incomprise*, une piste pour trouver la femme idéale se présenta : je découvris qu'il existait une *association française des femmes diplômées de l'université* et je me mis en quête d'une « affdu ».

La première femme que je rencontrai en dansant à la Maison des Mines par *divertissement* (« *occupation qui détourne de penser à soi ... la danse, il faut bien penser où l'on mettra ses pieds*[164] »!) se trouva en être une, d'où l'illusion. En outre son frère était un polytechnicien sympathique de mon âge. Sa famille m'accueillit à bras ouverts : nous fûmes bientôt fiancés. Cependant quand je l'informai de mon projet d'émigration en Amérique elle refusa catégoriquement l'idée de quitter la France et même Paris. Je découvris à cette occasion que nous n'avions guère de goûts communs, ce qui mit fin à ce projet de mariage prématuré.

Finalement mon destin n'a pas été d'émigrer aux Etats Unis, et après plusieurs tentatives manquées la femme de ma vie m'est apparue dans la lumière d'un phare, bien loin du pied du réverbère où je la cherchais. Ou peut-être est-ce elle qui m'a découvert ? Elle n'était pas une « affdu ».

---

[163] PASCAL B. : *Pensées I 126* Gallimard folio p.119
[164] PASCAL B. : *op. cit* ; p. 120

VII

Comment arrêter un cheval emballé

> ¡ Soy la voz de tu destino !
> ¡ Soy er fuego en que te abrasas !
> ¡ Soy er viento en que suspiras !
> ¡ Soy la mar en que naufragas !
>
> Manuel de Falla y G. Martinez Sierra,
> « *El amor brujo* » *L'amour sorcier*

Au début de l'ère de l'aviation à réaction, le turboréacteur, engin nouveau, était approché au sol avec une certaine appréhension : le jet arrière faisait peur. Au voisinage des bancs d'essais au sol, la Direction interdisait de traverser l'arrière du banc à moins de cent mètres : il arrivait que des morceaux de tôle brûlante arrachés soient projetés au loin dans le jet. Les pionniers de l'avion à réaction confrontés dès l'origine au problème de l'atterrissage ont dû commencer par atterrir sur des terrains longs, couper le moteur, déployer des aérofreins, un parachute derrière l'avion ou sur le porte-avions, puis faute de mieux ils ont contemplé la situation avec la philosophie de la vieille troupe :
— Pas de panique ! On n'a jamais vu un cheval emballé qui n'ait pas fini par s'arrêter...

Maîtriser la course du cheval, l'arrêter au plus près apparaissait comme un besoin essentiel pour l'aviation commerciale à réaction dont on commençait à prévoir l'avènement : « *les ailes de géant de l'albatros l'empêchent de marcher* », remarque le poète, mais l'avion à réaction a une voilure réduite ; sa très grande vitesse l'avantage aux hautes altitudes mais l'empêche en revanche d'atterrir ailleurs que sur une piste très longue s'il ne peut inverser la poussée du moteur, comme elle empêche le lion d'attraper le zèbre (ch. I) : l'atterrissage sur une piste pas trop longue était l'une des conditions nécessaires pour en déterminer l'emplacement, pas trop loin du centre des agglomérations urbaines constituant sa destination, l'autre condition étant de réduire autant que possible le bruit de l'avion à réaction à un niveau supportable par la population locale. Il fallait donc trouver un moyen d'inverser la poussée du turboréacteur, de développer un *inverseur de poussée.*

À l'évidence semblait-il, la piste d'atterrissage ferait partie du milieu associé au moteur muni de cet accessoire, qui est la réalité dominante dans l'aviation commerciale d'aujourd'hui. Mais pendant la période de développement, l'affaire ne fut pas aussi simple. L'inverseur de poussée a été utilisé par le pilote d'essai pour faciliter l'approche du terrain d'atterrissage, en augmentant l'angle de descente, jusqu'à 14 degrés au lieu de 4 pour un atterrissage commercial supportable par tous le passagers, afin de raccourcir le temps et la distance de descente : le milieu associé à cet usage était alors la basse atmosphère dans le voisinage de la piste. L'avion DC9 a fonctionné avec un tel équipement. On a vu apparaître aussi des avions à réaction à décollage et atterrissage vertical, qui n'ont pas plus besoin de longueur de piste que les hélicoptères.

Un hasard heureux nous avait fait découvrir le mécanisme, commandé par l'introduction d'un petit obstacle, de la déviation d'un jet bordé par une paroi incurvée que nous avons nommée *bord de déviation.*

Après avoir constaté cette action d'un petit obstacle introduit vers une paroi convexe située en face, j'ai eu l'idée de la remplacer par l'action d'un petit jet soufflant dans une direction perpendiculaire au jet de gaz, qui le dévie de la même façon, comme le montre la photo originale (fig 12), prise en 1950.

L'idée directrice était une fois de plus de remplacer une pièce solide mobile, fragile, par un jet de gaz susceptible de produire un effet directionnel : elle s'est révélée très féconde et a été utilisée dans bien d'autres inventions, mentionnées à la fin du chapitre.

Pour produire ce petit jet dans le turbo-réacteur, nous opérions un prélévement d'air à la sortie du compresseur, réinjecté dans la tuyère propulsive à la sortie du réacteur(fig 13).

Cette idée m'a été inspirée à l'origine par le chant de la gitane Candelas en andalou cité en épigraphe du chapitre, à la fin de *L'amour sorcier* :

¡Soy er viento en qué suspiras !
Je suis le vent en qui tu soupires !

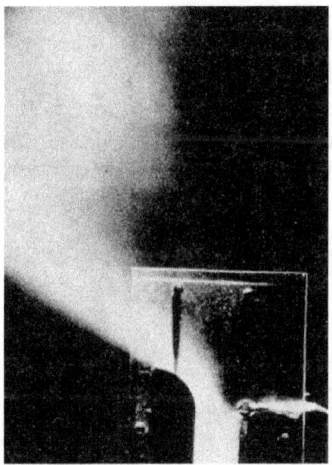

Fig 12. Jet dévié par un jet : effet Candelas

Effet Candelas

Partant d'une intention de pureté simplificatrice, une rencontre de *sérendipité* (figures 5 à 8) a engendré une *métaphore* qui a inspiré une *invention* (fig 12). Candelas fut le modèle lointain qui m'a servi de médiateur externe, dont j'ai tenté d'imiter les rêves, de réaliser inconsciemment le rêve d'Henri Bergson « *d'un être dont le changement intime serait la cause de son mouvement* »).

On a obligé jadis Candelas à épouser José dans un mariage forcé. Puis José meurt, mais son fantôme la poursuit. *L'amour sorcier* raconte comment Candelas, éprise de Carmelo, forme avec l'aide de ses amies gitanes un cercle magique autour d'un feu, pour faire apparaître le fantôme de José.

Dans le *zapateado* sublime de la Danse du Feu, elle se débarrasse de l'amour encombrant de ce fantôme, en le «déviant» vers une autre gitane, Lucia. Puis elle chante qu'elle est le feu, le vent, la mer, métaphores successives, et elle demande à Carmelo de venir *en elle* sous ces formes : « en qui » est une *relation* d'inclusion.

En étendant l'analogie à mon objet et lui appliquant la relation, j'ai opéré sans le savoir une *abduction*, métaphore efficiente pour innover.

Ayant prélevé de l'air comprimé pour « soupirer dans le vent » à la sortie d'un turbo-réacteur, sur lequel j'effectuais des essais à l'aéroport de Melun-Villaroche, j'ai moi-même dû contourner bien des embûches avant de réussir à inverser la poussée : il a fallu deux ans de tentatives, au cours desquelles j'ai parfois couché sur un matelas pneumatique dans le banc d'essai pour tenter de repérer dès la première heure du matin, pendant que les compagnons procédaient aux modifications demandées, où se nichait dans le « milieu associé » le mauvais esprit qui empêchait le jet transversal de produire la déviation, réalisée sans peine au laboratoire à Suresnes.

Fig 13. *Inverseur de poussée par jet transversal diamétral, pour le réacteur Goblin d'un avion Vampire*

J'ai ainsi découvert sur le tas ce qu'était une perte de charge : l'air comprimé prélevé ne devait pas être acheminé dans de minces tuyaux d'eau, mais dans des tuyaux de cheminée (fig 13) ; s'il était délivré dans un corps central profilé (au milieu de la tuyère du turbo-réacteur NENE), il formait un jet qui se réattachait aussitôt à ce corps, plaqué par une forte dépression : pour la supprimer il aurait fallu que le jet déviateur fût délivré dans un environnement à la pression atmosphérique.

Fort heureusement on me fournit alors un turbo-réacteur BMW, qui était muni d'une tuyère de sortie à section variable, modifiée en déplaçant un corps central creux installé là pour un autre objet, mais dont la présence se révéla opportune comme un adjuvant providentiel : en amenant le jet déviateur à l'intérieur de ce creux qui était à la pression atmosphérique, on obtint enfin l'inversion de poussée recherchée !

Il fut alors décidé d'entreprendre les essais en vol sur un avion VAMPIRE, muni d'un turbo-réacteur GOBLIN (fig 13), dont on aurait au préalable étudié le comportement dans une soufflerie : comme ce réacteur ne disposait pas d'une tuyère de sortie munie d'un corps central par lequel on pouvait amener un jet déviateur débouchant à la pression atmosphérique, il a fallu au moins l'amener par un corps diamétral profilé, où l'on espérait que la pression atmosphérique s'installerait à partir des deux extrémités : peine perdue, les « louvres » d'aération, les « crevés » de capot moteur que Bertin me demandait d'entr'ouvrir pour que le jet ne se réattache pas, furent les derniers fantômes encombrants dont il a fallu se débarrasser, pour finir par tout supprimer ; à la fin plus aucun « crevé », pas de capot du tout pour que la poussée s'inverse.

On pourrait dire que dans un certain sens l'inverseur de poussée dont le principe a été imaginé, réalisé sur un modèle au laboratoire, s'est concrétisé lui-même en phase finale, le fonctionnement recherché imposant les modifications du moteur existant nécessaires à l'exercice de la fonction d'inversion au banc d'essai de Villaroche.

Un avion VAMPIRE muni d'un réacteur GOBLIN ainsi équipé pour un freinage à l'approche et à l'atterrissage, put faire enfin l'objet d'essais : pour commencer à la soufflerie de Chalais-Meudon, puis à celle de Modane, dont il a inauguré l'ouverture au début de 1952 ; puis en vol, avant d'être enfin présenté au Salon de l'Aéronautique du Bourget en 1952 pour une démonstration de freinage à l'atterrissage et même à l'approche comme indiqué au début du chapitre, par le pilote d'essai Léon Gouel qui au préalable se servit de l'inverseur pour *effacer la piste*, faisant rouler au sol son avion en marche arrière devant les tribunes à l'ébahissement de la foule devant ce spectacle nouveau.

On m'a donc crédité d'avoir imaginé en 1950, puis dirigé la réalisation finalement obtenue en 1952 par ce procédé aérodynamique pionnier, du premier inverseur de poussée des avions à réaction[165], dont le jet propulseur était dévié en grande partie vers l'avant par l'action d'un jet perpendiculaire, sans interposer aucun déflecteur solide mobile (fig 13).

Peu après en 1955, dans la même *mouvance* une autre innovation issue d'une motivation voisine de la nôtre, utilisant l'action d'un jet transversal à un écoulement, nommée *jet flap*, fit l'objet de recherches par des avionneurs, d'abord en Grande Bretagne puis en France : ils essayaient de supprimer la *ferraille* mobile, le volet que le pilote *sort* au bord de fuite de l'avion pour en augmenter la sustentation aux faibles vitesses lors du décollage et de l'atterrissage, en le remplaçant par un jet vertical issu d'une fente placée au même endroit ; le but était de modifier le profil porteur sans recourir à une tringlerie compliquée. Mon avis ayant été sollicité, j'ai calculé l'action d'un jet agissant comme un rideau de gaz transversal obligeant l'écoulement autour de l'aile à prendre la direction que lui aurait imposé un volet braqué au même angle, et le calcul montra que cet effet angulaire d'un jet produirait une sustentation de l'aile par une combinaison de tourbillons[166].

La SNECMA fit une recherche d'antériorité, qui prouva que ce jet d'air avait été proposé dès 1938 par un pilote d'avion de l' Aéropostale, nommé Antoine de Saint Exupéry[167], connu pour d'autres oeuvres, devenu pilote de guerre (le feu) et disparu en mer (l'eau) en 1944 : ainsi la gitane de Manuel de Falla avait prédit son destin par son chant sur les quatre éléments !

Saint Exupéry proposait en 1938 de disposer le long du bord de fuite une rangée de fusées dirigeant leur jet vers le bas, ou une fusée rectangulaire allongée le long de l'envergure : le texte du brevet, qui mentionne à de nombreuses reprises une « circulation Joukovski », démontre qu'à cette époque encore héroïque de l'aviation ce pilote a eu la curiosité de demander, sans doute aux ingénieurs de Latécoère, de lui expliquer le mécanisme du vol des avions sans recourir aux simplifications fallacieuses à l'usage de profanes peu soucieux de rigueur scientifique.

---

[165] KADOSCH M. : *Mécanisme de la déviation des jets propulsifs,Thèse,*Publications Scientifiques et Techniques du Ministère de l'Air, BSTMA n°124, Paris, 1959
[166] KADOSCH M. : *Action d'un jet transversal à un écoulement* in : Comptes rendus de l'Académie des Sciences 241,16/11/1955, pp. 1912-1914, et Bulletin de la Société Française des Mécaniciens n° 18, 1956
[167] SAINT EXUPÉRY A. : *Système de sustentation et de propulsion, notamment pour avion* Brevet 850. 093, France, 17/11/1938

Son idée, exposée dans un brevet public par un personnage célèbre, fut pourtant ignorée à cause de la guerre, alors que ces fusées existaient bel et bien et avaient été utilisées pendant la guerre aux USA et en Allemagne : des moteurs fusées JATO *(jet assisted take-off)* pour aider au décollage des avions avaient été proposés dès 1936 par le professeur Von Karman qui avait créé à cet effet la compagnie Aerojet pour les fabriquer.

Théodore Von Karman, élève de Ludwig Prandtl qui a créé en 1904 la science aérodynamique moins d'un an après l'avénement de l'aviation, était un grand savant, auteur de contributions scientifiques majeures dans ce domaine. C'était aussi un ingénieur de valeur. Les premiers moteurs-fusées réalisés en 1941 utilisaient la détente de vapeur d'eau sous pression pendant dix à vingt secondes. Les fusées JATO étaient légérement dirigées vers le bas pour participer à la sustentation.

Le hongrois Von Karman connaissait probablement comme tout le monde la musique de *L'amour sorcier* ; je ne sais pas s'il avait entendu les paroles de la chanson de Candelas, mais c'était comme s'il en avait subi le sortilège, le premier de tous !

Pourtant personne à ma connaissance ne songea à réaliser un *jet flap*, même expérimental, en plaçant sur toute l'envergure des fusées JATO jointives dirigées vers le sol dans le but de former un volet, et aucun montage de ce genre n'a été entrepris au hasard : la sérendipité ne fut donc pas à ce rendez-vous du haut avec le bas.

La raison probable en était que les fusées JATO n'étaient plus employées parce que les turboréacteurs ont rapidement produit une poussée assez grande et n'avaient plus besoin d'une aide pour le décollage des avions.

LES EMBÛCHES D'UNE CRÉATION

Jean Bertin était parti aux USA dès 1952 pour tenter de céder la licence des brevets de la SNECMA à quelque compagnie américaine ; la plus intéressée fut évidemment Aerojet General, productrice des moteurs fusées, sponsorisée par Von Karman, qui acquit cette licence. Mais les constructeurs de turboréacteurs, acquéreurs potentiels d'un inverseur de poussée, considérèrent ce constructeur de fusées comme un concurrent futur plutôt qu'un fournisseur d'accessoire, de frein d'atterrissage.

D'où, chose remarquable, le sort exemplaire qui s'ensuivit pour notre création se heurta à des embûches présentant une forte ressemblance avec celles de la fable de l'espadon et des requins telle que la raconte Ernest Hemingway dans sa nouvelle *Le vieil homme et la mer*.

Le vieux pêcheur Santiago qui a pêché un énorme poisson le ramène au port attaché à sa barque, mais une bande de requins attaque cette proie tout au long du chemin de retour.

Le prototype d'inverseur aérodynamique de poussée était lourd et encombrant : l'avion qui le portait subissait une importante perte de vitesse. Le ministère de l'air demanda la réalisation d'un modèle prouvant que l'appareil pouvait être opérationnel dans un avenir prévisible. Il était soutenu par l'armée de l'air qui avait aussi besoin d'avions capables d'atterrir sur des pistes courtes.

Nous n'étions pas en situation de souscrire sur le champ à cette demande, mais il fallait prévoir l'avenir. Il fut donc decidé dans une étape préliminaire de se fixer comme objectif une perte de vitesse acceptable, ne dépassant pas deux pour cent, et d'en tirer les enseignements pour la production d'un inverseur de poussée ultérieur sans aucune perte, qui serait réclamé bientôt non seulement par les militaires, mais aussi par l'aviation à réaction commerciale naissante.

Pour la déviation du jet, on décida d'interposer plutôt qu'un jet transversal, une *ferraille*, un volet déflecteur solide : deux profilés tournant de 0 à 90°, (fig 14) formant un petit obstacle comme dans la découverte initiale par sérendipité (fig 6 et 8).

Je manifestai avec véhémence ma désapprobation totale de ce choix. Je défendis les solutions pressenties pour améliorer la déviation par un jet transversal, mais on ne m'écouta pas : la mise au point de ces solutions parut trop lointaine et leur réussite incertaine : je proposais d'effectuer une prélèvement conséquent sur le compresseur, mais les ingénieurs en charge de cette partie du turbo-réacteur poussèrent de hauts cris à l'idée qu'on risquât de détériorer ce composant essentiel pour la performance du moteur.

Jean Bertin me demanda malgré tout de superviser les efforts de tous pour obtenir l'homologation d'un modèle opérationnel. Peu après, il quitta la SNECMA pour fonder sa propre société, où je devais le rejoindre plus tard.

Pour le retournement vers l'avant du jet dévié par cet obstacle interposé, Bertin avait conçu une grille d'aubes ultra-légère que l'atelier de chaudronnerie put construire (fig14) : ce fut le début de l'intervention des *choumacs* dans l'affaire, et de la mise à l'écart des aérodynamiciens.

Le terme *choumac*, qui désigne le chaudronnier dans l'industrie aéronautique, vient de l'allemand *schumacher*, fabricant de chaussures : les deux métiers sont voisins et remontent à la plus haute antiquité, à l'âge de bronze.

Le *schumacher* travaille le cuir sur la forme à chaussure, il l'allonge ici, le rétrécit là ; le choumac en fait autant sur la tôle : d'un coup de marteau il déforme le métal d'un dixième de millimètre à un endroit précis pour arriver à la perfection ; il façonne les pièces à l'aide de ses mains, de sa tête et de son cœur. C'est un travailleur intellectuel autant que manuel.

Tant qu'elle est sur la forme, qu'elle n'est pas achevée, la ferraille de l'inverseur est une pièce qu'on fabrique, elle n'est pas une chose susceptible de servir, encore moins d'etre homologuée ; mais dès qu'elle sera finie, elle sera soumise à l'homologation : sans le savoir, et *mutatis mutandis*, suivant ce que rapporte Emmanuel Levinas dans son livre *Du sacré au saint*[168], je raisonnais comme l'avait fait jadis Rabbi Eliezer à son heure dernière, presque dans les mêmes termes, sur la capacité du cuir, plutôt que de la tôle, à constituer un récipient ouvert.

Propos de l'heure dernière

Qu'on veuille bien me pardonner d'introduire ici une digression qui pourrait apparaître comme une divagation incongrue ; mais en lisant plus tard Levinas sur le conseil d'Henri Atlan[169], j'ai pris un plaisir extrême au récit qu'il conte de la fin de Rabbi Eliezer, intitulé *propos de l'heure dernière*, pour une raison très profane : j'ai été frappé de la similitude entre les préoccupations talmudiques pour obtenir la sainteté, et le souci de *pureté* sous-jacent à la création d'un appareil sans pièce mobile candidat à

---

[168] LEVINAS E. : *Du sacré au saint*, Éditions de Minuit, Paris,1977, p. 116
[169] cf. ch. X p. 281

l'homologation d'un inverseur de poussée pour avion à réaction ! Je rencontrais à nouveau l'impureté.

Rappelons que le contact d'un mort est source d'impureté, donc de sacré d'après Levinas. De quoi parle Rabbi Eliezer à son heure dernière, pour que son âme sorte dans la pureté ? Des objets en cuir situés dans la chambre où il va mourir.

Les talmudistes qui l'entourent se livrent à une discussion insolite qui ressemble curieusement à *l'analyse de la valeur* pratiquée comme méthode de compétitivité dans la gestion des entreprises.

Dans chaque objet le cuir exerce la fonction de contenant, de récipient, mais il remplit aussi d'autres fonctions ; ainsi le cuir du ballon contenant de l'herbe sèche dans une enceinte fermée doit être assez souple pour ne pas blesser le pied qui shoote ; si l'objet en cuir est un récipient ouvert, il recevra l'impureté, le sacré, et devra être purifié en entier, pas seulement son cuir.

Fig 14. Inverseur de poussée par obstacle sur avion Vampire

En particulier l'impureté reçue dans l'un de ces « récipients » : une forme sur laquelle on travaille une chaussure, ne prête pas à discussion, mais qu'en est-il de la chaussure elle-même ? Elle n'est pas encore une chose qui reçoit, elle est un objet qu'on fabrique, elle ne saurait recevoir l'impureté, étant inachevée. Mais elle est sur sa forme à la limite de l'achevé, en passe donc de devenir sacrée. Le grand homme dit[170] :

— Elle reste pure. Et son âme sortit dans la pureté.

Il expira dans la pureté de la chaussure, s'amuse Levinas, tout en admirant dans cette déclaration finale la sainteté véritable : un souci de définir ce qu'est la pureté qui passe avant celui d'avoir des intentions pures.
Comme on le verra plus loin, ce souci de *pureté* a marqué les recherches ultérieures dans la même illlusion créatrice par des inventeurs de toutes origines.
« Il m'est permis d'espérer » qu'après demain on pourra dévier le jet à l'aide d'un autre jet et non à l'aide de ferrailles. Mais aujourd'hui « ce que je dois faire est plus important que ce qu'il m'est permis d'espérer ».
Il me faut aider à la réalisation de ce tas de tôles qui dès qu'il sera achevé demain sera soumis à l'épreuve d'homologation par un pilote d'essai qui *sortira la ferraille*, laquelle sera détrônée ensuite par une autre ferraille plus efficace, tant qu'on n'aura pas remis en cause le processus de freinage.
En tant que superviseur j'étais désigné d'avance comme l'auteur, non du succès recherché qui serait attribué à un effort collectif, mais de l'échec éventuel dont je serais considéré comme le responsable.
Je supervisai l'opération, qui surtout grâce à la diligence des ingénieurs chargés des essais en vol aboutit à l'homologation à la fin de l'été de 1954.
Ce fut pour moi l'occasion paradoxale de recevoir la plus belle engueulade de toute ma carrière : engueulade dont personne ne crut devoir partager l'honneur avec moi, qui étais pourtant le moins responsable de tous du motif qui l'avait provoquée.
Le professeur Von Karman de passage à Paris, invité à visiter le dernier modèle, devint furieux en le découvrant et m'exprima sa colère en termes violents :
— Mais enfin, qu'est-ce qui vous a pris, c'est une régression totale ! Vous proposiez une invention formidable, pleine de promesses : le jet d'un réacteur inversé à l'aide d'un simple jet sans interposer aucune pièce mobile, et voilà que vous revenez en arrière ! Vous me montrez maintenant un jet retourné par une cuiller placée en travers de son trajet ? C'est se moquer du monde ! Souvenez-vous de ce que disait Groucho Marx dans

---

[170] LEVINAS E. : *op. cit.* p.118

son film : un enfant de quatre ans aurait trouvé cela ! Où est votre enfant de quatre ans ?

J'approuvai en silence ce point de vue que j'avais défendu de mon mieux sans succès. Je défendis mollement la décision des autorités :

— Professeur, on nous a demandé de préparer un modèle opérationnel, nous devions réussir une homologation, répondis-je.

— *Homologation my ass* ! s'exclama-t-il, comme l'eût fait la Zazie de Raymond Quéneau.

La suite devait lui donner raison : ce fut comme si Candelas la gitane nous avait jeté un sort.

La SNECMA invita de nombreux visiteurs du monde de l'industrie aéronautique à des démonstrations de son inverseur de poussée, sur le banc d'essai et en vol. Témoin de leur étonnement, je comprenais à demi-mot ce qu'ils en pensaient :

— Comment ? On peut inverser la poussée d'un turboréacteur sans danger ? L'avion ne brûle pas ? Le pilote non plus ? Les commandes lui obéissent ? Bravo la SNECMA ! Bravo Léon Gouel ! Merci la SNECMA d'en avoir pris le risque, de nous avoir montré la voie à suivre ! De quoi s'agit-il ? d'obtenir la plus grande contre-poussée, la plus courte piste d'atterrissage. Puisqu'il n'y a pas de danger, retournons le jet en obturant le plus possible la sortie, à l'aide de la plus large ferraille. Messieurs les aérodynamiciens, bonsoir.

Les inverseurs de poussée de tous les avions sont ainsi conçus « par un enfant de quatre ans » et réalisés désormais, y compris ceux de la SNECMA.

Aerojet General n'a jamais vendu un seul exemplaire de l'inverseur prototype décrit par les brevets dont elle avait acquis la licence, et qu'elle fabriquait à grands frais : il n'inversait le jet qu'en partie, avec des précautions désormais reconnues inutiles.

De guerre lasse un contrat d'échanges de brevets a été conclu un jour entre Aerojet et Boeing ; la licence des brevets de la SNECMA a été cédée à Boeing pour la somme d'un dollar, dont Aerojet a reversé cinquante pour cent : un demi-dollar, à la SNECMA, appliquant la clause du contrat en cas de rétrocession de la licence à un tiers.

Les requins ont mangé le bel espadon : Santiago le vieux pêcheur d'Hemingway a ramené au port la tête et l'arête de son ami poisson qui l'avait vaillamment combattu.

C'est la condition implacable du progrès technique : la chauve souris d'ADER a volé, mais une seule fois. Le Flyer des frères Wright est le premier appareil qui ait vraiment volé et montré les conditions à remplir, mais ce type de cerf volant a très rapidement disparu, remplacé par l'avion de Blériot qui occupe toujoujours le terrain.

La SNECMA a conçu et réalisé le premier inverseur de poussée du moteur à réaction, et les craintes éprouvées à retourner la trajectoire de ce monstre bruyant ayant été dissipées, on a réalisé qu'elles étaient la seule embûche à la création d'un inverseur simple comme une vanne papillon.

Mais Von Karman lui-même était frappé à son tour par le mirage du fonctionnement sans pièces mobiles et nous encourageait à poursuivre l'étude de l'action d'un jet transversal à un autre, au lieu d'utiliser des volets et des clapets.

Marrainée par Candelas, l'idée d'agir sur un flux important à l'aide d'un «petit soufflage» (soupirer dans le vent) rencontra un grand succès auprès de tous les collaborateurs de Jean Bertin, qui en recherchèrent le plus d'applications possibles, et en trouvèrent beaucoup (cf. chapitres VII et VIII), outre les miennes par lesquelles ce chapitre se termine.

Les turboréacteurs devenant de plus en plus puissants finirent par produire une poussée supérieure au poids de l'avion. La mode fut alors pendant un temps assez court aux avions à décollage et atterrisage vertical.

La première tentative fut faite en 1957 par la SNECMA qui présenta au salon de 1957 le turboréacteur *ATAR Volant* : le moteur ATAR surmonté d'une nacelle pour le pilote produisait assez de poussée pour décoller à la verticale.

Une tuyère à *striction directionnelle* a été construite pour régler à la fois la détente productrice de poussée et le pilotage de cet engin expérimental par des petits *jets déviateurs du grand jet*, régulant la position verticale[171].

Genèse de la Fluidique

Dans le sillage de la révolution cybernétique, d'autres applications furent proposées dans le nouveau domaine prédominant du contrôle d'un signal, de la régulation par feedback, des servomécanismes. Peu après l'apparition en 1948 du *transistor*, composant électronique solide qui détrôna les lampes triodes pour amplifier un signal, et les lampes diodes pour inverser le sens d'un courant électrique, on chercha pendant quelque temps des solutions rivales de ce modèle triomphant en essayant de réaliser une version pneumatique de ces fonctions, utilisant des courants d'air dans des canaux plutôt que d'électrons dans un solide semi-conducteur.

---

[171] BERTIN J. et KADOSCH M. : *Principes et applications de la striction axiale et directionnelle* in Bulletin de la Société Française des Mécaniciens n°24, 1957. La tuyère à détente d'un jet par « striction » est une autre application « sans pièce mobile ».

Des micro-déviateurs de courant d'air par obstacle ou vanne furent proposés, puis les équivalents du déviateur par soufflage d'air, sans aucune pièce mobile : les inventeurs américains de ces derniers les ont spontanément qualifiés de *pure fluid amplifiers*, et de *pure fluid flip-flop* [172], pour se démarquer des amplificateurs à déviation de fluide par des vannes mobiles, et ont longtemps veillé à ce que cette pureté ne soit pas contaminée ! L'absence de pièces mobiles, *illusion créatrice* originelle a été au surplus revendiquée comme *source de pureté*, leur présence étant source d'impureté, tout comme dans les non-récipients et les récipients de sacré impur selon Rabbi Eliezer... Après de nombreux avatars dont l'oxymore aberrant de *solid-state pure fluid amplifier*, cette filière d'automatismes a reçu le nom de *fluidique*.

Les promoteurs de la fluidique savaient que de toutes façons leur signal allant à la vitesse du son ne pouvait rivaliser avec un signal allant à la vitesse de la lumière, et visaient des applications simples. Réciproquement, à notre connaissance, le souci de pureté n'a pas été un moteur de recherche important pour le perfectionnement des transistors, dont le développement fulgurant balayant toute concurrence est dû à son extraordinaire capacité de miniaturisation, que la fluidique était incapable d'imiter : un nombre énorme de composants peut être rassemblé sur un espace réduit, autorisant la construction d'architectures très complexes.

En fin de compte l'absence de pièces mobiles comme objectif d'invention s'est révélée là aussi comme un mythe abducteur, guidant la création, mais illusoire dans le domaine des servo-mécanismes pour la production d'un signal : il est évident que le fluide déviateur est aussi mobile que les pièces mobiles solides qu'il remplace, et n'en diffère que parce qu'il est dans une phase gazeuse ou liquide « qui ne se casse pas » : c'est sa seule vertu.

À vrai dire, ce n'est pas dans le choix du « fluide » : air, eau, feu, électrons, CO_2 ou bile noire, que réside l'originalité des dispositifs proposés, mais plutôt dans la capacité d'intelligence artificielle communicable à un flux de n'importe quel fluide par des canaux de forme appropriée et dont les parois de consistance bien solide, qu'elles soient fixes ou non, sont les « contours » agissants.

---

[172] cf articles *Fluidics*, et *Microfluidics*, in *Wikipedia*, Internet. Les inventeurs sont Billy Horton et R. E Bowles, de Harry Diamond Labs.

Du pulsoréacteur au respirateur artificiel

Par la suite reprenant l'idée que l'appareil respiratoire des animaux, de l'homme, était un moteur atmosphérique tout comme les moteurs à piston et à réaction, producteur comme eux de ce gaz carbonique honni par nos contemporains, mais doté d'une finalité différente ! nous avons observé que le principe du déviateur par soufflage et du *pure fluid flip-flop* ressemblait au bouche-à-bouche.

J'ai proposé un respirateur artificiel alimenté par de l'air comprimé, qui s'auto-déviait lui-même de l'inspiration vers l'expiration en alimentant une dérivation sans aucune pièce mobile (fig 15). Il a été réalisé par mon collègue Cyrille Pavlin à la Société BERTIN[173] et nous l'avons d'abord présenté au laboratoire des pompiers de Paris, où il passionna aussitôt le général des pompiers, qui l'expérimenta lui-même ; il y voyait un appareil de secourisme pour la réanimation d'urgence dans les lieux publics, et nous conseilla vivement de confier sa réalisation opérationnelle à une PME comme celles des fabricants de pipes, montures de lunettes et objets en plastique semblables qui abondaient dans le Jura.

Puis l'appareil fut adopté par des médecins aux Hôpitaux Foch et Bichat, enthousiasmés à leur tour par le mythe de l'appareil sans pièce mobile[174] : ils n'avaient bien entendu aucune expérience de la réanimation d'urgence sur le terrain, mais étaient préoccupés par le traitement des insuffisants respiratoires sur lesquels on avait pratiqué une trachéotomie pour que l'air pénètre directement dans les poumons par une canule adaptée.

Peut-être était-il possible avec un système sans pièce mobile de revoir ce traitement, de le rendre plus économique, voire de favoriser un traitement à domicile pour les patients dont l'état ne nécessitait pas l'hospitalisation, avec l'aide d'une personne habilitée à effectuer l'aspiration.

Notre respirateur fit donc l'objet dans ces hôpitaux des essais préalables à l'autorisation de mise sur le marché (AMM) et les inventeurs se préparèrent à explorer des PME du Jura.

---

[173] PAVLIN C. et KADOSCH M. : *Mechanical characteristics of a pure fluid respirator with curved walls* in : 1st International Conference on Fluid Logic and Amplification, Cranfield, 1965
[174] KADOSCH M., PAVLIN C.,GILBERT J., et ISRAEL-ASSELAIN R. : *Appareil de respiration artificielle basé sur le principe des commutateurs fluides, sans pièce mobile*, in : Journal Français de Médecine et Chirurgie Thoracique, vol XX, n°1, 1966, pp 6 à 22

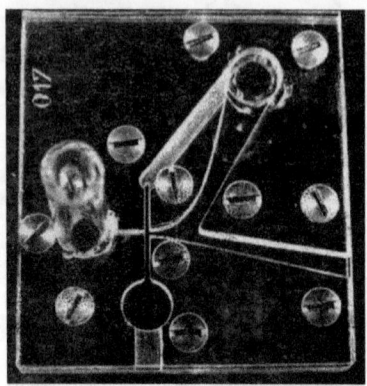

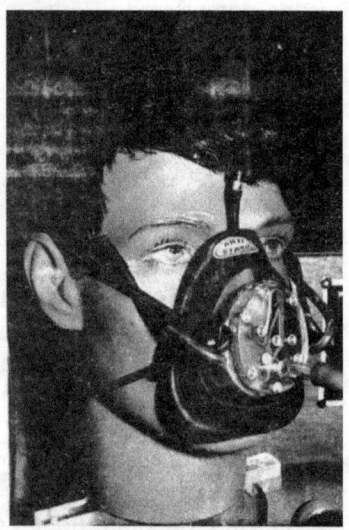

Fig 15. Respirateur artificiel de la Société BERTIN

Mais la Société BERTIN se jugea incompétente et dépassée dans le domaine médical, et son service commercial mal inspiré se laissa impressionner par un fournisseur des hôpitaux en bouteilles d'air comprimé, qui se déclarait intéressé par cette commercialisation, et bénéficiant de l'appui d'un grand groupe : impressionnée, la société BERTIN se laissa convaincre de lui céder la licence de son brevet...

Malheureusement l'homologation et l'AMM furent refusées au motif officiel que la pression faisant basculer l'air de l'inspiration vers l'expiration : vingt centimètres d'eau, était trop forte dans le prototype, les alvéoles pulmonaires ne supportant que cinq centimètres.

Pour y remédier, il suffisait de modifier légèrement le profil, ou tout simplement de doubler la section de passage, divisant par deux la vitesse pour diviser par quatre la pression de basculement jugée excessive. Il est vrai que sur le moment l'appareil serait devenu instable, mais le licencié qui semblait ne voir en lui qu'un gadget susceptible de favoriser son commerce de bouteilles ne se soucia pas un instant de chercher comment « sauver le phénomène » sans pièce mobile, et l'abandonna aussitôt sans rien chercher, au grand dam des médecins de Foch et de Bichat qui manifestèrent avec force leur indignation et leur désapprobation totale de l'avis de l'examinateur, à leur avis aussi incompétent sur le sujet que le licencié ; mécontentement partagé par les pompiers qui avaient besoin d'un appareil de secourisme pour des urgences supportant bien plus que cinq centimètres d'eau.

Pourtant ils étaient eux aussi comme nous-mêmes victimes du mythe : le transfert de gaz qu'on appelle ventilation pulmonaire résulte de l'action de muscles, du mouvement automatique d'une pièce « solide » mobile, le diaphragme, commandé par un signal de pression qui n'inverse pas lui-même le sens des gaz, mais est transmis au cerveau qui produit une commande à du *hardware* d'origine divine selon certains[175] ; autre mythe, mais à la limite moins inquiétant que l'*illusion créatrice* de l'homme qui viendrait au secours de Dieu quand Il serait en panne de créativité.

Dans une exposition publique de l'appareil, nous l'avons monté au-dessus d'une cuve remplie d'eau censée représenter la pression dans un poumon et son diaphragme par la hauteur d'eau variable oscillant dans la cuve. Les spectateurs fascinés respiraient en cadence avec le niveau de l'eau de la cuve, comme la tête munie du masque portant le respirateur (fig 15). Un jour quelqu'un eut l'idée de placer une cigarette allumée sur le conduit d'expiration : au bout d'un quart d'heure, l'eau de la cuve pulmonaire devint noire ! Sérendipité créatrice : troublés, les passants fumeurs jetèrent vite leur mégot.

---

[175] NELSON K. : *The God Impulse Is Religion Hardwired into the Brain?*, Simon and Schuster, mars 2011.

VIII

Les avatars du rêve de vol

ORIGINES DU COUSSIN D'AIR

Dédale est le grand ingénieur de la mythologie : sa sœur Perdix lui confie son fils Talos comme apprenti. On ne sait pas ce que le maître lui a enseigné, mais la légende affirme que le disciple a dépassé son modèle : l'arête de poisson lui inspire la scie, il invente le tour de potier, et le compas qui chosifie une abstraction promise à un brillant avenir. Une réaction violente est inévitable : Dédale jaloux de ce rival imaginatif le précipite du haut de l'Acropole, mais il est transformé en perdrix, oiseau qui vole au ras des paquerettes, par Minerve-la-Science qui l'a rattrapé juste avant qu'il ne s'écrase au sol.

Condamné, Dédale est exilé en Crète où il construit pour le roi Minos le Labyrinthe pour y enfermer le Minotaure, fils d'un taureau et de la reine Pasiphaé : une aberration de la nature, qui sera tué par Thésée. Il indique à Ariane, fille de Minos et de Pasiphaé, un moyen pour qu'elle aide Thésée à sortir du Labyrinthe. Puis il fabrique des ailes pour s'en échapper par les airs. Mais ceci est une autre histoire, rapportée plus loin.

L'appui du pied sur le sol pour s'en détacher est l'effort primitif de lutte contre la gravitation dont un être humain dépourvu d'ailes est capable : le saut, la danse en sont les réalisations à sa portée. Le pas des patineurs, la pratique du roller skate sont des variantes de ce geste d'autonomie qui dure une fraction de seconde. Il est naturel qu'il apparaisse dans les contes. Dans une de ses aventures, le Baron de Münchausen s'extirpe d'un marais en se tirant lui-même par les *bootstraps*, les lacets de ses bottes.

Dans sa psychanalyse du rêve de vol, Gaston Bachelard affirme que c'est ainsi que dans le sommeil nous nous détachons de la terre d'un léger coup de talon, et planons dans l'air d'un mouvement continu avec une impression de légéreté : si dans le rêve nous nous sentons portés par des ailes, ce sont les ailes au talon de Mercure - Hermès, nous volons sur des talons ailés[176].

L'effet de sol utilisé par les coussins d'air et autres objets volants identifiés, a réalisé ce rêve.

Quelques millénaires après Talos changé en perdrix, Louis Duthion découvre en 1957 chez BERTIN l'effet de sol suspendant une charge sur un coussin d'air de hauteur très faible.

Le coussin d'air est un moyen de sustentation d'une charge portée par une enceinte contenant de l'air sous pression qui s'échappe en formant un jet de hauteur très faible à la base de l'enceinte (un «petit soufflage», aimait à dire Duthion), à la périphérie d'une jupe souple qui assure la stabilité de la suspension : l'absence de contact avec le sol permet la manutention et le transport de la charge sans aucun frottement sur le sol. Plusieurs appareils volant au ras des paquerettes comme la perdrix mythologique, ou au ras des vagues, sont bientôt imaginés et réalisés.

La société BERTIN a investi beaucoup d'énergie et de matière grise dans les véhicules à coussin d'air, dont certaines réalisations comme le Terraplane et le Naviplane ont pu trouver un marché.

On connaissait déjà le coussin d'huile découvert par Osborne Reynolds, lors de ses expériences sur l'écoulement laminaire où il expliquait que dans un palier l'arbre reposait sur un coussin d'huile sans toucher le métal, et décrivait l'écoulement d'une couche très mince d'huile séparant l'arbre du palier. Il existe aussi des paliers à coussin d'air sous pression.

Les frères Wright à la maison à Noël

Au cours de l'histoire l'homme éveillé a traduit son rêve selon la réalité qui lui semblait naturelle. Dans l'antiquité légendaire Dédale et son fils Icare ont formé l'image de l'homme volant sur le type de l'oiseau et fabriqué des ailes battantes. Archimède s'est senti porté par de l'eau, mais c'est bien plus tard dans une montgolfière que le premier homme a volé, soulevé par de l'air chaud. Encore un siècle et l'homme, voyant planer les buses et les cerfs volants dans le vent, a quitté le sol dans un planeur.

---

[176] BACHELARD G. : *Le rêve de vol*, in : L'air et les songes, Corti, 1943, p.27

Cependant l'histoire des pionniers comme celle des incroyants de l'aviation a été une longue suite *d'illusions créatrices*. Un siècle auparavant, le grand savant D'Alembert avait démontré que les poissons ne pouvaient avancer dans l'eau, ni les oiseaux dans l'air. La raison en était que l'eau et l'air étaient assimilés à des fluides *parfaits* dont l'écoulement ne subissait pas de frottements. Or les fluides sont visqueux. Mais si la viscosité de l'air et de l'eau est trop petite pour tout expliquer, elle explique la formation de tourbillons. Fort à propos le savant russe Joukovski émit l'hypothèse que l'aile placée sous incidence produisait un tourbillon à son bord de fuite, et calcula que ce tourbillon produisait une force sustentatrice : ainsi l'aviation était possible ! Autre manière de prouver scientifiquement une vérité. C'était en 1906. On respira, et l'oiseau de Minerve put à son tour prendre son vol... qui avait déjà eu lieu depuis deux ans, comme l'avait prévu Hegel.

Pendant ces débats scientifiques, l'homme de la rue et les journalistes adoptaient une attitude sectaire ; le 8 Décembre 1903, ils applaudirent à l'échec de la tentative de vol de Langley : son engin subventionné par le gouvernement américain et piloté par Manly s'était écrasé dans le Potomac à Washington. Il était évident que l'homme ne pouvait pas voler, voyons ! Pas avant un million d'années, proclama un journal de New York.

Neuf jours plus tard, le 17 Décembre 1903, les deux frères Wright, Orville et Wilbur, réparateurs de bicyclettes à Akron, effectuèrent un *vrai* vol dans un coin perdu à Kitty Hawk : un vol de perdrix presque au ras de terre lui aussi, mais enfin un vol, avec un décollage, le maintien en l'air sans réduction de vitesse et un atterrissage à la même hauteur que le départ. Ils télégraphièrent à leur père : « Avons réussi stop Quatre vols stop Le plus long 852 pieds stop Serons à la maison à Noël».

Le journal du coin, mis au courant, ne crut pas un mot de cette galéjade, mais il ne pouvait ignorer le message. Les frères Wright étaient célèbres dans leur comté à la manière de Gary Cooper en Mr Deeds : comme réparateurs de bicyclettes. Le journal publia une annonce ironique en bas de page : « Les frères Wright à la maison à Noël ». Ce n'est qu'en 1908 que les journaux voulurent bien admettre que ces hommes avaient volé, pendant que les autorités, vexées, demandaient à Curtiss de refaire l'expérience de Langley, décédé entre temps, et ont prétendu pendant des décennies que son engin avait effectué le premier vol.

Aux yeux de beaucoup, les pionniers sont des saltimbanques, des idiots qui se font tuer pour rien : ils prétendent changer l'ordre naturel des choses pour une vaine gloire. L'histoire est ancienne. C'est pourquoi Pieter Bruegel a lié la chute d'Icare à des symboles de l'universelle indifférence, dans un tableau qu'on peut voir au Musée des Beaux Arts de Bruxelles : tableau qui après avoir disparu a été retrouvé, deux ans après que Blériot non loin de là réalisait enfin le rêve de Dédale et d'Icare en volant de Calais à Douvres. Les deux héros antiques avaient déplacé les ailes du talon vers les épaules. Blériot déplaça l'hélice de la queue vers la tête de son « avion », tira au lieu de pousser, et cela marcha aussi bien.

> There'll be blue birds over
> The white cliffs of Dover
> To-morrow just you wait and see...

chantait-on trente deux ans après cet événement, en 1942 : les oiseaux bleus étaient les avions américains attendus pour se joindre aux Spitfire britanniques qui avaient sauvé la civilisation de la barbarie.

Fig 16. Piete Bruegel : La Chute d'Icare

C'est peu après que le philosophe allemand Hempel, sans sortir de sa chambre et sans voir autre chose par la fenêtre qu'une vache blanche, avait cru établir *par induction* que : Tout objet non bleu sera autre chose qu'un oiseau ; tout objet non blanc sera différent d'une falaise de Douvres ; alors qu'il avait seulement prouvé que la vache blanche n'était pas bleue, et n'était pas une falaise de Douvres.

Le tableau de Bruegel montre les blanches roches de l'île de Crête où l'on devine le palais du Labyrinthe, d'où Icare a réussi à s'échapper par le haut, grâce aux ailes confectionnées par son père Dédale en assemblant des plumes avec de la cire.

Oui, Icare s'est élancé du sol, il vole, plus haut, encore plus haut ! Au dessus de la mer de Crête, le jeune fou monte vers le soleil, il se jette vers le haut dans la fournaise...

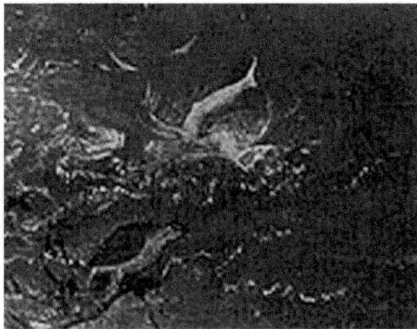

Fig. 16a. Icare et la perdrix

Mais le peintre ne montre rien de cela. Dans un coin de rivage surnagent encore les deux jambes et une main du petit prétentieux minable qui a rejeté les conseils de prudence de son père.

Tandis que les jambes de l'imprudent s'abîment dans les flots près du rivage, un pêcheur tout proche du point de chute fait semblant de ne pas l'avoir vu, et baisse la tête vers sa ligne. Un peu plus loin à l'intérieur des terres le laboureur et le berger et même son chien ignorent l'accident en lui tournant le dos purement et simplement : le berger regarde en l'air, le laboureur fixe sa charrue.

Fig. 16 b. Les Indifférents

On devine dans cette attitude plus que de l'indifférence : le rejet de ce monde que le jeune fou volant a fait se dévoiler, à l'horizon d'un instrument détraqué ; un instrument étant-là, caché jusque là, trop tôt mis à disposition. Où était l'avion, au temps de Minos et de Dédale ? Il était dans l'espace des essences possibles, dans le rêve de voler comme les oiseaux, médiateurs externes non pas de la création mais de l'imitation d'un étant-là déjà créé. Une hostilité aveugle suinte des acteurs primaires vis-à-vis de l'inventeur, de la folie du dévoileur, de l'empêcheur de marcher en rond.

Bruegel peint la noblesse du travail de la terre et de la mer, et sa réussite, l'avance de l'agriculture flamande. Ni le berger ni le laboureur ne portent de sabots enfoncés dans la glèbe comme les paysans de l'Angelus de Millet. Le laboureur parcourt son sillon, symbole gravé de l'avantage acquis auquel il n'a pas encore besoin de s'accrocher, les pieds munis d'excellents brodequins, fruits légitimes de sa productivité...

La condition sociale élevée du laboureur est attestée par les symboles de son triomphe : sa bourse et son épée qu'il a déposées sur le rocher voisin de son champ.

Pourtant un jour des successeurs triomphants de l'homme volant le jetteront hors de son sillon : qu'à cela ne tienne, il changera de sillon quand « ça ne payera plus », et de brodequins.

LES EMBÛCHES DE L'AÉROTRAIN

Revenons au contact de la terre : en 1964, on apprend que les Japonais ont réalisé un train, nommé Shinkansen, qui relie Tokio à Osaka à une vitesse supérieure à 200 kilomètres à l'heure, qui semblait réservée à l'avion.

Intermède Japonais

Au Japon, ce Shinkansen traverse un grand nombre de tunnels, à une vitesse qui atteint le quart de la vitesse du son : à chaque sortie un coup de tonnerre retentit à l'extérieur, et les voyageurs en ont les oreilles bouchées. Les créateurs de ce train à grande vitesse (TGV) n'ont pas cru que c'était une manifestation du Dieu du tonnerre Faijin combattant contre le Dieu du vent Fujin, mais une onde de choc qui se réfléchissait en une onde de détente : la suite des tunnels se comportait bruyamment, comme le tube de Schmidt ou pulsoréacteur évoqué au chapitre V.

L'environnement externe ayant manifesté avec force son mécontentement, les créateurs voulurent résoudre le problème en *imitant la nature*, pour que le Shinkansen persiste dans son être : qui avait affronté un passage violent d'un milieu léger à un autre plus lourd ? Entre l'air et l'eau? *Le martin-pêcheur* ! On imita donc la forme de son bec et de sa tête, et le TGV japonais à tête de martin-pêcheur s'en trouva très amélioré et accepté par tous.

Naissance de l'Aérotrain

Jean Bertin avait imaginé depuis 1962 un véhicule en forme de carlingue d'avion suspendue sur des coussins d'air, glissant sans frottement sur une surface plane, qui pourrait atteindre la vitesse d'un avion : l'Aérotrain. *Imagination créatrice :* une maquette de 1,5 mètres de long alimentée par une bouteille d'air comprimé illustrait l'invention et fit l'objet d'une démonstration auprès de la SNCF et de la RATP, qui ne furent pas impressionnées. Dès 1964 et à la veille de la réalisation d'une grande vitesse au Japon, la SNCF ne voyait pas comment elle pourrait utiliser l'Aérotrain, avançant déjà l'argument d'incompatibilité avec son réseau existant : aussi bien celle du coussin d'air que celle de la grande vitesse elle-même. Elle n'imaginait pas, même en rêve, les préoccupations des philosophes Bergson et Bachelard évoquées au chapitre V.

L'idée et l'ambition de Bertin, c'était de prouver qu'on pouvait amener tout le savoir de l'industrie aéronautique à quelques centimètres du sol, en remplaçant les ailes par un coussin d'air, et relier des agglomérations éloignées à la fréquence du métro par l'équivalent d'une rame suspendue sur un coussin d'air.

Réintroduisons ici les préoccupations des philosophes Bergson et Bachelard évoquées au chapitre V. Un coussin d'air qui lutterait contre la pesanteur en suspendant une plateforme à quelques millimètres au dessus d'un sol bien plan pour des déplacements dans un atelier, réalisation minimale du rêve de vol, n'était pas de nature à donner l'image dynamique d'un élan vital constituant l'être comme mobile et moteur, comme poussée et aspiration, dont la somme serait le présent causant par un changement intime un mouvement vertical en plus du mouvement horizontal obtenu par un autre moyen : l'ascension serait minime et le seul changement intime supprimant le contact direct avec le sol n'aurait pour effet que de supprimer les frottements de glissement et de roulement sur ce sol. Le changement n'est intime que si le compresseur est vu comme un organe de l'être du véhicule sans considération du milieu associé ; l'autre organe qui produit l'aspiration et la poussée se heurte à l'autre source de frottement, la résistance de l'air. Les ambitions de l'Aérotrain l'éloignent du modèle simple de la maquette : au surplus ce dispositif a un coût, proportionnel au périmètre du coussin et à sa hauteur au dessus du sol qu'on ne peut diminuer indéfiniment : le véhicule a une surface, longueur multipliée par largeur, proportionnelle au nombre de voyageurs transportés, et s'il se déplace sur une voie aérienne supportée par des poteaux, le poids du véhicule lui fait subir une flèche entre poteaux qui augmente d'autant la hauteur du coussin d'air, qui se compte alors en centimètres.
Mais ce n'en était pas moins une nouvelle version du rêve de vol.

Sans le savoir Bertin va connaître un destin rappelant celui de l'infortuné Talos. Évoquons une dernière fois la fable de l'espadon que des requins dévorent pendant que le pêcheur qui l'a ferré rame pour entrer au port. Vingt ans après n'avoir pas réussi à placer l'inverseur de poussée prototype, et malgré d'importants appuis politiques, Bertin s'acharne à promouvoir son Aérotrain à coussin d'air sans succès en dépit de ses performances techniques, et doit subir une nouvelle déconvenue. Il n'y survivra pas. Même après sa disparition en 1975, l'Aérotrain prototype vandalisé au fil des ans finira par être brûlé dans un incendie dix sept ans plus tard. Il aurait pu connaître le destin d'un chaînon de l'innovation, mais il ne naîtra jamais, son heure est passée. L'idée de départ était de supprimer le frottement, cause de résistance à l'avancement du véhicule transportant les voyageurs, en le suspendant sur un coussin d'air Aujourd'hui l'*illusion créatrice*, le rêve qui passe encore, c'est la suspension magnétique.

Consolation prodiguée au pionnier : — En vérité je vous le dis, si le grain ne meurt, il demeurera seul ; mais s'il meurt il produira des fruits.

Le pionnier : —Ah, la belle, la belle... jambe que ça lui fait ! Le grain Aérotrain n'est pas mort : il n'a pas vécu. Il a subi une interruption involontaire de grossesse. Le grain Concorde est mort, après avoir vécu un certain temps tout de même : il a produit le grain Airbus, qui se porte bien. Où est l'erreur ?

L'Aérotrain et la SNCF

L'Aérotrain est un moyen de transport terrestre à très grande vitesse proposé par Bertin pour des liaisons interurbaines, qu'il imagine à grande fréquence, par un véhicule léger de construction inspirée par l'aéronautique.

Il a présenté son modèle réduit de 1,50 mètre aux pouvoirs publics au président Pompidou qui fut séduit, et à la SNCF qui ne l'a pas été. Mais il a reçu l'aide de la Délégation à l'aménagement du territoire et à l'attractivité régionale (DATAR), grâce à laquelle une Société de l'Aérotrain a été créée, et a fait construire à Gometz une voie d'essai de 6 kilomètres posée au sol.

En 1965 un prototype de l'Aérotrain à l'échelle ½ a été construit avec des coussins d'air pour assurer la sustentation et le guidage, et un moteur d'avion pour la propulsion : il pouvait embarquer 4 passagers. L'Aérotrain prototype a fonctionné, a été utilisé par un public de visiteurs invités, et aurait rendu le service qu'on attendait de lui si une liaison à grande vitesse avait été envisagée et construite : le prototype a atteint une vitesse de 422 kilomètres à l'heure.

Mais on ne saura jamais quel aurait été l'accueil du public à un service d'Aérotrain semblable à celui du métro, les rames se suivant à quelques minutes d'intervalle, sans qu'il soit besoin de se préoccuper d'un horaire ni de réserver sa place.

Le remplacement du contact roue-rail par un coussin d'air sans frottement, l'avion au ras des paquerettes n'a-t-il été qu'un rêve sans suite, et dans l'affirmative pour quelle raison ? L'inertie des acteurs à convaincre, leur résistance au changement, leur rejet du produit, la concurrence d'autres moyens plus attractifs ? C'est *un exemple d'embûche à l'illusion créatrice*, dont l'inadaptation à l'environnement externe où elle s'intégrait mérite d'être contée dans les détails, car c'est bien là que s'est situé le diable, comme l'assurait Nietzsche, confirmé par la sagesse populaire.

Rappelons son origine : l'ingénieur Bertin loué par les medias pour son inventivité et la qualité de ses réalisations a connu de nombreux succès industriels de moyenne et grande importance, qui ont assuré une certaine longévité à son entreprise. Il a fourni une aide précieuse à des grandes entreprises comme EDF, aux aéroports, et à beaucoup de PME en résolvant des problèmes mécaniques ou de maintenance par des moyens originaux. Mais il a aussi connu des demi-succès et quelques échecs qu'il a mal vécus, notamment l'échec commercial de l'inverseur de poussée. Il n'en était pas responsable car il avait quitté la SNECMA. Mais sa création illusoire d'un pulsoréacteur a abouti à une impasse : son développement poursuivi pendant huit ans par une équipe de grande valeur n'a débouché sur aucun résultat exploitable. Le Ministère de l'Air, désappointé, a peu soutenu à ses débuts l'entreprise créée par Bertin.

Quand le coussin d'air a été découvert et son utilisation mise au point avec une jupe souple en concurrence avec l'anglais Cockerell, Bertin et ses collaborateurs en ont fait une suspension performante, commercialisable sur plusieurs applications utiles. Mais Bertin rêvait de s'investir dans un grand projet auquel son nom serait attaché, et son rêve a été soutenu par l'enthousiasme de nombreux supporters et de politiques très influents.

Le coussin d'air est un moyen de transport à effet de sol. Après le Terraplane et le Naviplane, véhicules tous terrains ayant la capacité d'un autocar, Bertin imagine de déplacer à quelques millimètres de hauteur un moyen de transport important certains avantages de l'aviation dans des liaisons interurbaines : le transport à grande vitesse dans des véhicules se succédant à une fréquence élevée avec un confort comparable à celui des transports terrestres, voire supérieur. Il perd la liberté de se mouvoir sans contrainte dans les trois dimensions de l'espace, mais peut en revanche pénétrer à l'intérieur d'une ville.

Son premier modèle-obstacle est l'avion interurbain à moyenne distance qui offre ces avantages mais souffre de la servitude de devoir décoller et atterrir loin des centre – villes, donc être complété par des liaisons centre-aéroport classiques, pas évidentes puisque pas encore réalisées à Paris depuis bientôt un siècle d'existence des aéroports. Il est concrétisé en France par Air Inter, et connaitra plus tard un réel succès avec Sir Freddy Laker, précurseur de l'aviation *low cost*, qui s'attaqua aussi aux liaisons intercontinentales mais dont la tentative fut démolie par un trust des compagnies aériennes.

La deuxième embûche est le réseau d'autoroutes qui se met en place peu à peu, concurrent virtuel autorisant des liaisons rapides en automobile de porte à porte.

En troisième ligne enfin, l'embûche locale est en France le fait que la SNCF détient un quasi-monopole d'exploitation, qu'il faut donc la convaincre d'adopter le système pour disposer d'une liaison phare aboutissant à des centres-villes : vitrine indispensable pour séduire des pays étrangers où l'Aérotrain serait une liaison idéale par des navettes (*shuttle*) entre de nombreux sites par des lignes de transport terrestre, dont la multiplication formerait par la suite un réseau.

La vocation que se fixait Bertin c'était depuis toujours : « *Amener une idée au point où la preuve de son intérêt industriel est faite* ». L'idée de Bertin, c'était de prouver qu'on pouvait amener tout le savoir de l'industrie aéronautique à quelques centimètres du sol, en remplaçant les ailes par un coussin d'air, et relier des agglomérations éloignées à la fréquence du métro par l'équivalent d'une rame. Son souhait : que la SNCF s'en empare, et fasse de l'Aérotrain *sa chose*, en trouvant elle-même la solution des nombreux problèmes du transport terrestre qu'il faudrait résoudre, ce qu'il n'était pas en situation de faire sans aide importante, et n'en avait peut-être pas envie.

Or la SNCF qui roule à 120 kilomètres à l'heure vient seulement de découvrir sur Paris-Toulouse avec le Capitole que ses trains pourraient aller beaucoup plus vite mais sur une voie spéciale supportant une grande vitesse. Elle commence à réaliser qu'elle en a besoin non par amour de la vitesse mais parce qu'elle perd des clients.

Pendant un temps assez court, Bertin a disposé seul d'une voie de démonstration où il pouvait réaliser une très grande vitesse alors que la SNCF ne l'avait pas encore, mais avec son véhicule que la SNCF regardait avec méfiance : *Pas Inventé Ici, P.I.I.*

Bertin a demandé à ce moment la réalisation d'un Lyon-Grenoble, et pourquoi pas d'un Paris-Lyon : des enjeux considérables nécessitant des appuis politiques importants qui ne lui ont pas fait défaut.

Bertin a été pendant un moment le *modèle-médiateur* qui a poussé la SNCF à l'imiter pour obtenir l'Objet désiré selon Bertin : un transporteur terrestre à grande vitesse et fréquence. Mais nous sommes ici en présence d'un médiateur bien plus fragile et moins puissant que son imitateur, auquel il a suffi d'attendre de disposer à son tour d'une voie rapide Paris-Caen-Cherbourg. Les techniciens issus de la SNCF qui ont développé un turbotrain, puis le TGV qu'on connaît, n'étaient pas formatés pour intégrer l'Aérotrain dans leur raisonnement. A la lecture des rapports officiels, on peut parler de parti pris d'avance : l'Aérotrain était un objet étranger, dont ils n'ont jamais songé à développer l'exploitation possible en cherchant eux-mêmes à résoudre les problèmes que poserait son intégration à son réseau de transport.

La SNCF est donc devenue de ce fait en retour un médiateur envié par la Société de l'Aérotrain, obligée de se mesurer avec ce TGV qui occupait la place, restant engluée à cet obstacle comme un mollusque à son rocher, suivant l'image forte de Girard[177].

Pour Bertin comme pour Kaplan, président de la Société de l'Aérotrain, le refus des cadres de la SNCF d'étudier la solution qu'ils proposaient, de participer à son développement avait valeur de sacrement : les techniciens de la SNCF dès 1968, puis sa Direction à partir de 1971 étaient enfin acquis à l'idée de réaliser des liaisons interurbaines à grande vitesse, mais en aucun cas par l'Aérotrain. Ils ont réussi à en convaincre les pouvoirs publics.

Les embûches dressées contre cette création ont pu faire croire certains à un « complot » : ce n'est pas mon truc. Pourquoi faire compliqué sans nécessité, quand on peut faire simple ? interrogeait déjà Guillaume d'Ockham, il y a très longtemps : pour se faire plaisir ? Dédale n'a pas précipité ce Talos du haut de l'Acropole : aucun besoin de meurtre virtuel. Il y avait bien des obstacles à surmonter pour rendre opérationnelle une voie d'Aérotrain, des problèmes à résoudre, qui apparaissaient *dans* la boîte noire ; *au dehors* on se contentait de regarder sans proposer d'intervenir. Icare s'est noyé dans la mer, sous les yeux du pêcheur, du laboureur et du berger, en apparence indifférents et détournés, mais au fond soulagés par sa disparition.

La SNCF n'a pas envisagé de développer l'Aérotrain, parce qu'il glissait sans contact sur une surface de béton, guidé par un monorail de 50 centimètres de hauteur, et n'utilisait pas sa voie ferrée.

Curieusement, elle n'a même pas mis en avant un avantage important de cette voie. Le poids de ses trains très lourds, contrairement au poids de l'Aérotrain, est transmis au sol non seulement par la base élargie des champignons et par les traverses, mais aussi par le ballast : un empilement pyramidal d'un ou deux mètres de graviers concassés qui répartit le poids sur une grande surface horizontale par effet de voûte, réduisant de façon spectaculaire la pression sur le sol, et dont la *dilatance* de Reynolds (un espacement des graviers par roulement) laisse passer l'eau de pluie.

---

[177] GIRARD R. : *op. cit.* pp. 208-209

Par une vision plutôt myope de l'évolution, les cheminots appuient des roues sur des rails comme les paysans de l'angelus de Millet enfoncent leurs sabots dans la glèbe, certains que leur espèce est issue d'une sélection naturelle : ils gèrent un réseau étendu de voies ferrées qui couvre la France, inaccessible à l'Aérotrain. Ailleurs il existe dans le monde des dizaines de millions de kilomètres de duorail au sol, contre environ deux cents monorails de quelques kilomètres, au demeurant sans coussin d'air et aériens, pour la plupart dans des aéroports ou des parcs d'attraction ; en France six kilomètres d' Aérotrain au sol à Gometz, dix huit d'Aérotrain aérien dans la Beauce, et le monorail construit par la Safège en 1950 à Chateauneuf-sur-Loire, qu'on a pu voir dans le film «*Fahrenheit 451*». Dernière arête vestige de défaite, le monorail de l'Aérotrain repose avec les restes du train suspendu de la Safège dans la Beauce.

C'est malgré tout l'Aérotrain, au moins autant que le Shinkansen Tokyo-Osaka, qui a réveillé la SNCF de son inertie, et l'a poussée à tenter l'aventure du TGV, dont elle a fini par construire un réseau nouveau, venant s'ajouter au réseau existant qui ne supporte pas la grande vitesse.

Un modèle mathématique

En 1967 le Ministère de la Production Industrielle a demandé une étude technico-économique de ce train à grande vitesse de technique inspirée de l'aéronautique, qui m'a été confiée : l'objectif était de voir si cette innovation séduisante avait un marché, si la grande vitesse répondait à un besoin général ou à un désir du public, et dans quelle direction optimale il était indiqué de tenter sa réalisation.

Vaste programme ! L'environnement externe contenait à coup sûr, sous forme potentielle, l'information à partir de laquelle on pourrait induire quels seraient les désirs futurs du public et ses besoins nouveaux susceptibles d'être satisfaits quelques décennies plus tard, s'il apparaissait sur le marché dans un avenir prévisible un véhicule de conception et de contenance similaire à celle d'une carlingue d'avion commercial, donc semblable à un autobus, à un car, capable de rapprocher deux grandes cités au point qu'on puisse dans une même journée effectuer un trajet domicile- travail aller et retour, desservi à la fréquence du métro. Mais trouver l'information nécessaire pour écrire ce *futurible* relevait de la science-fiction ou de la divination. Rappelons-nous l'inventeur du téléphone, Graham Bell, qui croyait que son invention aurait pour utilité principale de permettre à des mélomanes d'entendre l'opéra à domicile : et l'inventeur de la T.S.F. la télégraphie sans fil de Marconi, qui n'a pas imaginé qu'on pourrait transmettre sans fil autre chose qu'une suite de points et de traits. Nous aurons l'occasion, dans les chapitres suivants, d'évoquer de nombreuses *illusions créatrices* d'objets de transport répondant à un besoin, un désir imaginé, qui ne s'est pas manifesté, ou alors sous une forme différente de celle à laquelle on avait pensé.

En revanche, il était possible de recueillir l'information utile pour réaliser tout objet dont on possédait la maitrise et l'expérience, et pour prédire par extrapolation les propriétés de tout objet de conception voisine ; et en déduire son coût, et ses avantages compétififs en répondant à un besoin supposé. *L'imitation* d'un objet existant était un moyen puissant d'obtenir cette information extrapolée.

Le concept d'une étude technico-économique, comme la science de la conception, de l'artificiel, était à l'époque dans l'enfance et se réduisait à l'utilisation des techniques de la Recherche Opérationnelle. Mais le travail demandé consistait à évaluer l'utilisation d'un appareil n'ayant donné encore lieu à aucune exploitation, pour satisfaire à des besoins et désirs qui ne s'étaient pas encore exprimés ; on pouvait seulement rechercher des *trade-offs :* les valeurs de caractéristiques de construction variant en sens contraire, optimisant un coût et une performance.

Ainsi partant de l'Aérotrain prévu de 80 places réparties en 16 rangées de 5 places, nous avons commencé par comparer les véhicules de n rangées de p places tels que n x p = 80.

L'Aérotrain «panoramique» : une seule rangée de 80 places, convenablement profilée, de 50 mètres de largeur offrait la moindre traînée, donc la moindre consommation pour la propulsion, mais la contrainte d'insertion dans l'environnement était maximale et prohibitive tant par son coût que par sa nuisance.

L'Aérotrain «serpent» : file de 80 places à la queue leu leu, avait la plus grande trainée, la consommation maximale ; son insertion dans l'environnement était minimale mais il n'en tirait pas profit, car le matériel de propulsion était déjà plus large qu'un seul siège de passager.

À la satisfaction générale le calcul du *trade off* plaça l'optimum à 16 rangées de 5 places ! On ne pouvait pas faire mieux. On s'interrogea sur l'utilité de ce calcul. Elle était évidente : pourquoi 80 places ? Et si le calcul avait prouvé qu'un Aérotrain serpent ou panorama était viable, voire préférable en offrant la possibilité d'un service nouveau, inédit et désiré par un certain public ?

Le principal sujet de discussion qui s'ensuivit porta sur la formulation de la fonction d'utilité définissant le service rendu à optimiser : cela revenait à calculer pour une technologie, une vitesse donnée ce qu'on appelait un «coût généralisé» : un coût du kilomètre–passager fonction des paramères retenus, auquel on ajoutait la «valeur du temps» passé par le passager dans le train.

Dans sa conception de la grande vitesse, Bertin exposait à la DATAR qu'il fallait remplacer la notion de distance par celle du temps de transport acceptable. Dans cette perspective, un temps de transport trop long devrait être considéré comme une perte de la collectivité transportée, s'il pouvait autrement être utilisé à effectuer un travail ; la valeur du temps serait alors le coût de l'heure de travail que le passager peut fournir avec le temps économisé.

Cette conception n'est pas très éloignée de celle du philosophe Bergson, qui méditait sur le temps vécu à attendre que le morceau de sucre fonde dans son verre, et qui réfutait le paradoxe de Zénon sur Achille et la Tortue en concluant que « *le temps est invention ou il n'est rien du tout*[178] ». Traduction mathématique : la valeur de ce temps dont la physique ne peut pas tenir compte mais qui est significative dans une science de l'artificiel est zéro ou l'infini.

Si la valeur du temps était zéro, le mode de transport optimal, sur la liaison Paris-Lyon pour fixer les idées, serait la péniche sur le réseau fluvial, ou en se restreignant au domaine de la SNCF, l'acheminement en petite vitesse en un seul trajet de la totalité de la demande éventuelle sur un seul long train de la longueur voulue.

Si la valeur du temps pouvait augmenter indéfiniment, le mode de transport existant optimal en 1967 était l'avion d'Air Inter, qui mettait Paris à 2 heures et demie de Lyon auxquelles il fallait ajouter les temps de liaison des villes aux aéroports : c'était la performance minimale que devrait accomplir un train grande vitesse, Aérotrain ou autre.

Le calcul d'optimisation mathématique rationalisait ces considérations en quantifiant tous les coûts et en imposant au modèle comme *contrainte* une condition dite *de Kuhn –Tucker* imitant le multiplicateur de Lagrange, modèle mécanique d'une *contrainte* rationnelle : on recherchait le minimum du coût du trajet augmenté de la valeur du temps du passager supposé perdu en transport, en fixant la valeur à attribuer à l'unité de ce temps ; à chaque valeur fixée correspondait une vitesse optimale.

Mais était-il vraiment nécessaire d'aller vite ? Le comité de Prospective du Ministère de la Production Industrielle qui a examiné ce travail en a retenu mon interrogation sur l'intérêt des hautes vitesses. À l'époque nul ne

---

[178] BERGSON H. : *L'évolution créatrice*, P. U. F.Paris, 1969, pp 9 et 341

savait quel serait l'accueil de la population : le train allait à la vitesse de 120 Kilomètres à l'heure, la SNCF ne pensait à l'augmenter que parce que l'avion commençait à la concurrencer, ainsi que l'automobile sur autoroute. Elle perdait des clients, mais elle en était encore à se demander s'il y avait vraiment des personnes intéressées par un train mettant Paris à 2 heures et demie de Lyon. Pourtant Air Inter apportait un début de réponse : il transportait déjà 500.000 clients/an, le double quinze ans plus tard.

Le modèle étudié rappela «l'argument du Petit Prince» : un marchand de pilules contre la soif attire son attention sur le temps considérable, une heure par semaine, qu'on passe à boire et qu'on pourrait économiser en ne buvant pas :

— « Moi, dit le Petit Prince, si je gagnais une heure, je marcherais tout doucement vers une fontaine ».

Traduit en temps de transport, c'était l'argument écologiste défendu par des penseurs tels qu'Ivan Illich : si l'on tenait compte du temps passé pour produire les matériaux utilisés puis pour produire des automobiles, la vitesse moyenne de ses usagers serait celle de la marche à pied ; quel temps ont-ils gagné ?

Mais cela n'allait pas à ce moment dans le sens de l'histoire : la communication, le gain de temps réalisé grâce à l'informatique, c'était perçu comme le Bien ; il en était de même de celui qui serait réalisé par la grande vitesse : non, en ces jours, le sacré identifié à la non-communication, la lenteur, la lecture, la méditation, c'était le Mal, jusqu'à nouvel ordre. Le Petit Prince qui gagnerait une heure de temps grâce à son moyen de transport, l'emploierait à l'imiter, à faire du *jogging*...

Le projet CO3 du TGV

En 1967, la quasi-totalité des liaisons ferroviaires était gérée par deux entreprises publiques : la SNCF et la RATP : il n'y avait plus de tramways, et un seul métro à Paris, avec un RER (réseau express régional) en gestation. La Direction des Transports Terrestres (D.T.T.) au Ministère de l'Équipement n'avait pas d'organisme de recherche. Elle avait pour vocation principale de gérer la subvention d'équilibre de la SNCF et de la RATP, notion apparentée à la valeur du temps : l'État payait par ses ressources, donc par l'impôt, la différence entre le coût réel du ticket de métro et du kilomètre de chemin de fer et le prix que l'usager acceptait de payer, enjeu social et politique. La SNCF et la RATP étaient vues par les pouvoirs publics, notamment les Finances, comme des entreprises offrant un service obsolète mais indispensable, dirigées par des techniciens compétents mais peu soucieux de l'équilibre financier. Un peu plus tard en 1970 on demanda à ces entreprises publiques de faire l'effort d'équilibrer leurs comptes.

La SNCF commença à prendre en compte le concept de la grande vitesse en 1965 : elle ne tirait pas d'enseignement utile du Capitole au delà de la conviction qu'elle pouvait réaliser une grande vitesse ; après avoir examiné un moment l'éventualité de créer une voie de chemin de fer de gabarit réduit sur une piste supplémentaire ajoutée à une autoroute, elle créa en 1966 un « Service de la recherche », qui fit travailler ensemble des économistes qu'on venait de recruter et des techniciens, en équipe avec *feedback*, suivant ce qu'il appelait une « approche système » : ils étudièrent systématiquement les transports terrestres à grande vitesse sur infrastructure nouvelle (Projet C03), y compris l'Aérotrain ; une équipe de techniciens de la SNCF en avait suivi le développement, et le Service de la recherche avait pris connaissance de son modèle technico-économique de 1967 avec intérêt, n'ayant pas encore d'expérience de ce mode de calcul.

La SNCF comptait environ 600 chercheurs répartis dans ses services, mais ce Service de la recherche particulier dit Service du Projet C03 qui compta 130 personnes n'avait pas vraiment pour vocation en dépit de son nom de faire de la recherche : son objectif était de définir les moyens et la nature d'une exploitation satisfaisant mieux le public.

La grande vitesse n'était pas réalisable sur l'infrastructure existante et nécessitait donc la création d'une infrastructure nouvelle. C'était le cas de l'Aérotrain qui utilisait une voie en T inversé. Alors pourquoi ne pas étudier les possibilités éventuelles d'une grande vitesse sur une infrastructure ferroviaire, éventuellement comparée à celle de l'Aérotrain, mais qui aurait eu au départ l'avantage d'être compatible avec l'infrastructure existante, alors que le passage de l'Aérotrain au réseau ancien pour les passagers qui en auraient eu besoin aurait nécessité une rupture de charge ? Avantage que la SNCF a dès l'origine présenté comme un critère décisif de choix a priori, et qui n'a jamais fait l'objet d'une étude coût-avantage selon les critères d'un modèle technico-économique comparatif : ce qui revenait à attribuer dans le calcul à cette rupture de charge un coût infini.

En 1966 un train à turbine à gaz spéciale (TGS) fut expérimenté, puis en 1968 une étude dont l'objet était de déterminer si un TGV ferroviaire était possible et rentable fut engagée : c'était donc aussi une étude technico économique, car la conception du TGV à créer dépendait de la demande supposée. On entreprit l'étude détaillée sur un Paris-Lyon d'une demande probable, puis d'un modèle technico-économique, afin d'explorer les conditions d'une véritable mutation par rapport aux réalisations existantes : le TGV pouvait-il comporter une part importante de ligne en voie unique ? comment variait l'exploitation suivant la fréquence, la capacité des rames ?

La SNCF lança en 1967 la fabrication d'une rame TGV de 250 places dans 7 remorques entre deux motrices portant 4 turbomoteurs, rame articulée par anneau d'intercirculation, les bogies étant placées entre les caisses. Il s'agissait d'un train destiné à une expérimentation commerciale en vraie grandeur du Turbotrain, mais le Service de la recherche avait déjà acquis sur modèle la conviction que la SNCF devait faire le TGV, cela dès le mois de mai 1968, époque à laquelle il avait pu travailler sans être dérangé en raison des événements qui retenaient ailleurs l'attention des décideurs. À ses yeux la grande vitesse était possible et rentable, sa réalisation impliquait de toutes façons la nécessité de construire une infrastructure nouvelle, et il existait une solution avec une infrastructure ferroviaire compatible avec l'existante, économiquement valable selon le modèle mathématique : donc en dépit des assurances du Service de la recherche la solution Aérotrain était d'ores et déjà rejetée d'avance au motif avancé sans évaluation que sa voie était incompatible avec les voies existantes pour cause de rupture de charge, et le Service n'était intéressé que par son modèle technico-économique.

En 1968, la D. T. T. créa l'I.R.T. (Institut de Recherche sur le Transport). Informé du projet C03 de la SNCF, il commanda à la Société de l'Aérotrain une étude technico-économique plus réaliste et plus fouillée qui me fut confiée, dont l'objectif précis était de voir si l'Aérotrain pouvait ou non convenir quand même à la SNCF réticente, sans considération de son réseau existant, et l'inciter à étudier la possibilité de son installation et de son exploitation. Il fallait établir un modèle pour 3 systèmes de propulsion à comparer : turbine à gaz, moteur électrique linéaire, roues pressées contre le rail de guidage. Les résultats obtenus étaient discutés devant un aréopage composé de deux représentants de la Société de l'Aérotrain, deux de la SNCF et deux de l'I. R. T.

Les représentants de la SNCF m'assuraient qu'ils étudiaient l'Aérotrain comme une option intéressante, disaient-ils. Mais je ne savais rien du futur TGV, et il ne m'a jamais été demandé, par exemple sur la ligne Paris-Lyon, de calculer le coût supplémentaire, valeur du temps comprise, pour un passager prenant l'Aérotrain pour aller à Lyon, puis devant changer de train pour continuer sur Marseille par le réseau existant, en attendant une prolongation future : cette rupture de charge, vue par ce passager, consistait en un peu de marche à pied sur les quais, et en un temps d'attente déterminé par la fréquence des trains à prendre à cette correspondance : c'était à l'époque une contrainte non négligeable de l'environnement externe, mais il est apparu par la suite qu'on pouvait l'éliminer complètement en organisant l'exploitation des trains à grande vitesse par une coordination du passage des trains de deux lignes différentes, pour qu'ils s'arrêtent au même moment à la station de correspondance, où le voyageur n'avait plus que le quai à traverser.

L'exploitation est soumise à un certain nombre de ruptures de charge acceptées comme une donnée incontournable de l'environnement externe : quand l'écartement des rails change, qu'on passe sur une voie à crémaillère parce que la pente est trop grande, (mais alors pourquoi un chemin de fer plutôt qu'un autre moyen grimpant mieux), quand il faut acheminer les voyageurs vers leur destination finale en autobus, ou quand les voyageurs doivent transiter entre un avion ou un navire et un chemin de fer, il faut bien qu'ils quittent un moyen de transport pour passer dans un autre. Pour l'exploitant, la rupture de charge est le résultat de l'inadaptation de l'environnement interne de ce moyen de transport aux dessertes finales, qui existent de toute façon.

Mais dans tous les rapports de l'époque, la SNCF a présenté une rupture de charge entre transports à grande vitesse sur des voies différentes comme une tache rédhibitoire justifiant le rejet *a priori* d'une innovation prometteuse, sans procéder à aucun autre examen comparatif. La SNCF avançait qu'elle gérait un réseau : pour les besoins de cette cause elle entendait par là l'ensemble existant connecté de duorails en forme de champignon pour roues guidées par un boudin latéral ; voies ferrées installées à l'origine sur les ornières creusées par des chariots à bœufs à un entre-axe de roues devenu par la suite l'écartement standard normalisé de 1,435 mètres, inaccessible à tout véhicule non standard.

Les représentants de la Société de l'Aérotrain, mieux avertis que moi, voyaient bien que la Direction de la SNCF comme les pouvoirs publics étaient très réticents, pas encore convaincus de l'intérêt économique et commercial de la grande vitesse faute d'une expérimentation en grandeur ; tandis que les techniciens de leur coté avaient pu s'en convaincre, mais étaient bien déterminés à faire un TGV, à l'époque dans la version du Turbotrain, et avaient éliminé l'option Aérotrain.

Sur le moment je n'ai pas réalisé que l'étude de l'Aérotrain qui les intéressait était son modèle mathématique technico-économique dans plusieurs versions. Les débats furent passionnés : les représentants de la Société de l'Aérotrain et ceux de la SNCF passaient leur temps à se jeter à la figure des passages de mes rapports techniques, censés représenter l'objectivité selon l'optique de chacun.

Excédé, je finis par me retirer, arrêtant mon étude sans l'avoir terminée. Je n'arrivais pas à obtenir de l'entreprise de génie civil retenue pour construire la voie qu'elle me donne les éléments pour un modèle technico-économique de l'infrastructure : elle n'était pas formatée pour la science de la conception, et ne savait que calculer un devis pour une voie à établir sur un terrain déterminé, supportant une charge dynamique donnée, n'arrivant pas à généraliser. Je n'ai pu faire aucune étude de la pénétration de l'Aérotrain en ville. L'étude des vibrations périodiques et aléatoires engendrées par le passage sur les poteaux successifs et les irrégularités de la voie n'a pu non plus être menée à bien. L'avantage comparatif de légèreté de la voie et de la fréquence élevée dans la formule Aérotrain n'a donc pu être étudié sérieusement dans le modèle.

L'étude économique de la ligne Paris Sud Est par la SNCF fut présentée au Ministère des Transports en mai 1969 et a joué un rôle central dans les options adoptées. Les rapports finaux affirmèrent que le modèle technico-économique du TGV avait été «confronté» à celui de l'Aérotrain : je le crois volontiers, car lorsque les conclusions du modèle du Turbotrain ont été présentées dans une conférence et publiées, on s'est aperçu que le Service de la recherche avait purement et simplement repris les notations mathématiques du modèle du système concurrent : le représentant de la Société de l'Aérotrain qui assistait à la conférence n'a pas manqué de féliciter le conférencier de « ses bonnes lectures ».

L'expérimentation commerciale en vraie grandeur fut opérée à partir de mars 1970 sur la ligne de turbotrain Paris Caen Cherbourg. On s'aperçut alors qu'il y avait du monde dans d'autre trains que ceux de midi et de 18 heures pour la Normandie, ou ceux de 8 heures 47 du matin et du soir avec couchettes pour des destinations plus éloignées, et qu'on avait intérêt à améliorer la qualté de service pour augmenter la demande.

Il fallut ensuite trois ans au Service de la recherche, jusqu'en 1971, pour convaincre sa direction générale, puis l'autorité publique (Pompidou). Donc dès 1971 il était acquis que l'Aérotrain ne serait pas retenu : ni pour Paris Lyon, ni pour aucun trajet interurbain, même pas Paris-Orléans malgré les 18 km construits.

Aujourd'hui il apparaît que la Société de l'Aérotrain aurait dû cesser de s'accrocher à Paris-Lyon, chasse gardée par le Service CO3, et insister sur Orléans ou Grenoble (les jeux olympiques d'hiver, l'avantage de l'Aérotrain pour grimper les côtes), mais à cette époque même Paris-Lyon n'était pas accepté par les Finances, qui ne croyaient pas à la grande vitesse sur terre, et bloquaient tous les projets.

Dès lors l'environnement externe de l'Aérotrain (le « milieu associé » à son infortune) cessait d'être représenté par la SNCF, dont il aurait fallu abandonner le territoire.

Le dossier économique du TGV fut bouclé en octobre 1971, mais pas les choix techniques : de mars 1971 à mars 1974, on opéra ces choix dont les principaux furent la traction électrique, et la modulation de la capacité en fonction de la demande par la fréquence d'un train de composition fixe, et non par le nombre de wagons du train comme sur le réseau existant. La décision définitive d'électrifier fut prise en novembre 1974, non pas à cause de la crise de l'énergie, l'augmentation du prix du pétrole qui aurait rendu plus chère l'exploitation en turbine à gaz, mais parce que la traction électrique coûtait beaucoup moins cher en investissement, préoccupation majeure des Finances au moment de la décision.

En 1975, après l'appel d'offres pour la construction du TGV, la SNCF supprima son Service de la recherche, qui n'avait pas d'autre vocation que le projet C03 : plus besoin de chercher désormais ; on se cantonnait à l'exploitation du TGV, la «recherche» étant limitée à son perfectionnement éventuel.

La décision politique du TGV Paris Lyon fut prise par le président Pompidou avant sa mort en mars 1974 pour 1980, malgré l'hostilité des Finances aussi bien envers le TGV qu'envers l'Aérotrain.

Le nouveau président après s'être fait prier l'entérina ensuite en juillet : il finit par admettre qu'un retour sur investissement honorable pouvait être espéré au vu du bon accueil du public sur la ligne Paris Caen Cherbourg, et il fit en passant quelques économies virtuelles en enterrant l'Aérotrain.

Quelles conclusions en tirer ? De fait, la SNCF recherchait le système optimum de transport soumis à la contrainte de rouler sur des rails : comme elle confinait sa recherche au pied de ce réverbère, elle trouva d'abord le Turbotrain, puis sa version électrique, le TGV actuel, qui coûtait moins cher, fut agréée par le pouvoir avec réticence, mise en service en 1978 et adoptée par le public avec un succès inattendu qu'on attribua à la formule technique choisie, alors que la vitesse, le gain de temps répondait à un besoin, ou peut-être un désir du moment. En fait ce public engendré à l'origine par Air Inter et l'autoroute aurait adopté de la même façon l'Aérotrain, voire n'importe quel moyen de transport à grande vitesse étant-là à-disposition, qui a contribué à créer d'autres activités économiques : il n'a même pas demandé *à quoi ça sert*. Les medias comme le public, environnements externes (deuxième couche), ne se sont pas davantage questionnés sur la technique, ne se sont demandés par la suite *comment ça marche* que lorsque le train est tombé en panne, ou a été victime d'un sabotage.

Le public n'a pas rejeté l'Aérotrain, qu'il n' a jamais vu, pour réclamer un TGV : il a adopté la grande vitesse sur terre qui lui était présentée.

En fait la SNCF qui n'a jamais sérieusement envisagé d'adopter l'Aérotrain pour une liaison interurbaine, a cessé d'y penser quand Bertin a disparu, alors qu'il n'y avait pas lieu de choisir, mais de se demander s'il fallait arrêter une recherche d'innovation. À partir du moment où la grande vitesse répondait à l'engouement du public et de ses élus, qu'elle était impossible sur le réseau existant et n'était concevable que sur une voie nouvelle, un réseau étendu de voies nouvelles TGV a vu le jour, et se développe encore, ainsi que la multiplication des versions de TGV mises en exploitation, à la longue au détriment des infrastructures existantes dont on remettait à plus tard une modernisation aussi nécessaire pour le réseau ancien, la vitesse n'étant pas le seul objectif commercial. Dans cet état d'esprit il est incompréhensible qu'on n'ait pas trouvé un seul endroit où implanter une ligne d'Aérotrain, hors réseau existant puisque c'était la raison de son refus, fut-ce au sol, comme à Gometz et presque partout à la SNCF.

Une ligne d'Aérotrain était utile pour poursuivre l'expérimentation de ses composants, et ensuite pour disposer en France après l'expérimentation d'une vitrine pour commercialiser cette invention à l'étranger, partout où elle n'était pas incompatible avec l'existant local. Une ligne *shuttle* (navette) Paris-Orléans aurait parfaitement convenu pour ces objets, venant s'ajouter à sa propre utilité, sans gêner le TGV qui à ce jour ne dessert toujours pas Orléans. On n'a même pas profité de l'existence des 18 kilomètres de voie abandonnés dans la Beauce, cimetière des illusions perdues, pour examiner si un tel ouvrage d'art continu, solution éventuelle d'infrastructure, conserve ses caractéristiques géométriques au cours du temps, et peut concurrencer le ballast.

Ce n'est qu'aujourd'hui en 2017, que la demande de TGV faiblit, le public commençant à trouver que la vitesse coûte cher. La SNCF, son TGV, et ses fabricants sont mis en concurrence avec d'autres dans le cadre de l'Europe, et à la gare d'Atocha à Madrid, on demande au passager voulant poursuivre jusqu'à Séville de bien vouloir traverser le quai, nonobstant la rupture de charge !

Les 13000 visiteurs qui ont essayé le prototype de l'Aérotrain ont loué son confort ; la voie en béton coûtait moins cher que le rail pour grande vitesse ; le coussin d'air était un moyen de suspension remarquable, mais il fallait comme pour le Turbotrain et pour les mêmes raisons renoncer pour la propulsion à la turbine à gaz et trouver un moyen électrique ; la distance d'arrêt d'urgence d'un TGV était de 2300 mètres, celle de l'Aérotrain de 900 mètres seulement à la même vitesse, or la distance d'arrêt en exploitation qui en est le quadruple conditionne la fréquence des rames.

Le reproche fait à Bertin de n'avoir travaillé que sur le coussin d'air, de n'avoir pas étudié les problèmes d'intégration à un réseau, n'avait de valeur que sur le réseau existant de la SNCF qui avait rejeté l'Aérotrain depuis longtemps, en particulier pour cette raison politique, qu'elle n'a même pas appliquée sur Lyon-Marseille quand le TGV Paris-Lyon a été prolongé, à Valence et au delà.

Il est vrai que la roue sur rail fournissait en principe la solution de quelques problèmes non résolus par le coussin d'air : il assurait la signalisation, comme le pas des chevaux reconnu au loin par le Sioux collant son oreille au sol ; l'aiguillage pour changer de voie était plus facile et sa technique éprouvée par une longue pratique, alors que le changement de voie à grande vitesse de l'Aérotrain n'a pas été étudié.

Cependant il arrive encore qu'un train déraille catastrophiquement, alors que ce genre d'accident paraît impensable dès le départ avec une voie d'Aérotrain : comment imaginer la sortie d'un rail de plus de 50 centimètres de hauteur ? Il faudrait un obstacle qui provoque le décollage de l'Aérotrain à grande vitesse. Certes des catastrophes comme celle de Fukushima ont montré que les scénaristes souffrent d'un défaut d'imagination, et auraient intérêt à lire des romans d'anticipations invraisemblables : on ne devrait pas ignorer les scénarios inimaginables d'une probabilité infime, ils trouvent le moyen de se produire, et à mesure que leur probabilité diminue et devient voisine de zéro, les dégâts qu'ils sont susceptibles d'engendrer augmentent de façon vertigineuse. Raison de plus pour disposer d'une ligne pour expérimenter les solutions sur Aérotrain proposées pour ces fonctions, comme pour le freinage et la motorisation.

Le récit de l'Aérotrain suburbain

En raison de l'opposition de la SNCF à toute liaison interurbaine, même Paris-Orléans, on chercha une liaison suburbaine, dans la région parisienne pour des raisons de prestige : la liaison entre les aéroports d'Orly et de Roissy en passant par Joinville pour aller à Paris par le RER était le choix idéal pour le but recherché d'une vitrine internationale visant l'étranger, dont les usagers n'auraient pas discuté le coût du transport utilisé une seule fois par voyage ; mais les Finances ont jugé sa construction trop chère.

On aurait pu dans un premier temps construire seulement Orly-Joinville, mais l'étude n'en a pas été faite, car on s'est emballé tout de suite pour la création illusoire d'un autre projet, d'origine administrative cette fois.

Une liaison de la ville nouvelle de Cergy avec le quartier d'affaires de La Défense semblait la plus économique et avait donc la préférence des Finances raisonnant à court terme donc à courte vue, parce qu'elle utilisait une enveloppe financière déjà existante prévue pour une liaison ferrée Cergy-Paris par le RER Nord-Sud : future ligne B qui se fera quand même plus tard en 1977 mais pour relier Paris à l'aéroport de Roissy en prolongeant vers le nord le chemin de fer existant desservant Robinson et la vallée de Chevreuse. Cette liaison Cergy-La Défense, proposée par la DATAR et l'Institut d'Aménagement de la Région Parisienne (IAURP) était absurde aussi pour d'autres raisons : La Défense voyait en Cergy un concurrent comme centre d'affaires, et surtout le but de vitrine internationale n'était pas atteint, aucun aéroport n'était desservi ; enfin les habitants de Cergy voulaient être reliés à Paris et non à La Défense, et n'auraient accepté de payer qu'un ticket de coût social : l'exploitation aurait donc coûté à l'État une subvention lourde.

La Société Aéropar créée pour réaliser un Aérotrain Cergy-La Défense l'avait quand même jugée rentable, à plus forte raison la liaison entre les aéroports Orly et Roissy, et même l'Aérotrain Paris-Orléans qui aurait mis Orléans à vingt minutes de Montparnasse. Mais oubliant la vitrine internationale, la décision majeure à prendre à ce moment était de nature géographique et sociale : entre quels pôles habités par quelles populations réaliser une liaison expérimentale à grande vitesse par ce procédé innovant ? La décision à prendre dépendait de nombreuses administrations qui mettaient en balance d'autres préoccupations qui leur étaient propres.

Finalement aucune des considérations techniques et économiques énumérées plus haut n'est intervenue dans la décision administrative qui a été prise *de ne rien faire du tout :* prise par qui ? pour quelles raisons ?

Lucien Sfez a écrit à ce sujet un livre fort instructif[179] : une décision administrative impliquant de nombreux acteurs (le promoteur, la DATAR, les aéroports de Paris, l'IAURP, le RER, les Finances, les banques, ...) résulte *d'illusions multiples* qui sont présentées par ces acteurs comme des rationalités juxtaposées : chacune prend une valeur nouvelle en acceptant d'être codée par sa voisine. Cette décision *surcodée* est comme un nuage qui s'accumule (par *condensation* des finalités multiples des acteurs), ce qui

---

[179] SFEZ L. : *Critique de la décision*, Fondation Nationale des Sciences Politiques, 1976, pp. 363-381.

finit par le faire tomber en pluie, ou disparaître, dispersé par des vents contraires : le surcode engendre un *feedback* positif.

Un conte merveilleux

L'activité administrative, a écrit Herbert Simon, n'est pas très différente de celle d'un acteur jouant un rôle[180], ce qui est une manière d'appliquer un code. Lucien Sfez va dans ce sens quand il considère une décision administrative comme un *récit,* structuré comme les contes merveilleux[181] dont l'école des formalistes russes a fait l'analyse vers 1920.

La structure d'un récit est systémique : la question de savoir *ce que font* les personnages, quelles sont leurs actions, est seule importante ; peu importe qui les font et comment, s'ils les font bien. Lucien Sfez considère ces actions comme des sous-systèmes dont les rationalités juxtaposées travaillent entre elles de façon supposée créative.

J'ai relevé dans l'analyse des contes merveilleux par Vladimir Propp les actions typiques suivantes : la *princesse* (Président Pompidou) exige la construction d'un *palais magnifique* (l'Aérotrain) que le *héros* (Bertin, la Société de l'Aérotrain) pourrait bâtir grâce à *l'objet magique :* un *trésor,* gardé par le *dragon* (Ministère des Finances) qui en interdit l'accès ; l'objet magique n'est pas mis à la disposition du héros, il est remplacé par un *nouvel objet magique* (suburbain à la place de l'interurbain) ; le héros subit une *épreuve* (moteur électrique) qu'il réussit ou non, un *questionnaire* (modèle technico-économique), une *attaque* (le projet C03) ; le héros et son agresseur s'affrontent dans un *combat,* ils *jouent aux cartes* (confrontation des modèles) ; le dragon lui ordonne de soulever une *lourde pierre* (renoncer à la vitrine internationale) ; chassé, le héros a été emmené *loin de chez lui* (à Cergy !) ; deux *géants* (la DATAR et l'IAURP) lui demandent de partager entre eux *un bâton* (Aérotrain futur Paris-Cergy-Le Havre) et *un balai* (l'Aérotrain fait partie du RER, mais à partir de La Défense) ; on vole l'objet magique pour *détruire* le héros (on décide de ne rien payer, l'Aérotrain est enterré) ; le héros est transporté dans un autre *royaume* où se trouve l'objet de sa quête (aux États Unis, où l'Aérotrain devient le TACV, *Tracked Air Cushion Vehicle*, que la Compagnie Rohr essaie de promouvoir).

---

[180] SIMON H. : *Administrative Behavior*, p. 252
[181] PROPP V. : *op. cit.*

Un train pas comme les autres

Une autre illustration avant l'heure de la structure d'une décision administrative comme un récit a été fournie en 1946 par la genèse paradoxale de l'innovation dans le ferroviaire du centralien Boris Vian, qui a raconté dans son roman : *L'Automne à Pékin,* la conception suivie de création «d'un train pas comme les autres» : la ligne de chemin de fer du désert d'Exopotamie, accessible par l'autobus 975, lui-même inaccessible ; ligne montée sur cales sans ballast, en attendant d'en trouver dans le désert ; conçue pour être desservie par une station unique placée au même endroit que l'habitation unique du désert ; tracé retenu comme le seul possible, résultant de calculs techniques suivis d'une décision d'expropriation d'intérêt public par le Conseil d'Administration de la Compagnie ; mais ne tenant pas compte du danger réel de ce choix, qui conduisit à une catastrophe finale par la survenue simultanée au même endroit d'événements d'une probabilité infime (dont nous avons appris depuis qu'elle peut parfaitement se produire).

Le choix administratif de l'emplacement d'une station unique n'est pas sans rappeler le choix primitif d'une station unique de chemin de fer desservant le futur aéroport de Roissy, placée à égale distance des futurs aéroports Roissy 1 et Roissy 2 : à deux kilomètres de l'un et de l'autre.

Il se peut que le visionnaire Boris Vian ait été inspiré par la promotion absurde du chemin de fer Transsaharien, que des émissaires du gouvernement de Vichy venaient nous vanter à l'Ecole des Mines (et sans doute aussi à l'Ecole Centrale) au printemps 1941, pour nous faire rêver à autre chose qu'à la misère ambiante, avec la bénédiction de l'autorité d'occupation. Le rail contournant les dunes était posé sur une plate-forme élevée de quelques centimètres pour éviter l'ensablement, et les cailloux pour le ballast étaient cherchés sur place. Le tracé rencontrait l'Oued Guir, dont les crues, *nemesis* du milieu associé, emportaient en novembre et en mars la voie posée qu'il fallait rétablir tous les six mois.

IX

Rêve de transports pour l'An 2000

Cybernétique technique

Jean Bertin avait engagé comme directeur scientifique de ses activités François Giraud, thermodynamicien de grande valeur, et de vaste culture technique, qui participa à la promotion de l'Aérotrain en l'équipant d'une fusée pour obtenir la vitesse record de 422 kilomètres à l'heure.
Nous comprenant très bien, nos formations scientifiques étant voisines, nous avons décidé de travailler ensemble. François Giraud avait fait ses études à l'École Polytechnique de Zurich puis au Massachussets Institute of Technology, et avait donc beaucoup d'amis aux États Unis.

En 1969, François Giraud et moi-même avons fondé en France et aux USA une société d'aide à l'innovation *Cytec* (Cybernétique et Technique) avec les amis américains de François Giraud.

Les circonstances semblaient favorables. C'était l'époque où le programme Apollo et la guerre du Viet Nam touchaient à leur fin. Reprenons l'historique de 1970 évoqué dans le chapitre I introductif.

TRANSPORTS NOUVEAUX EN ZONE URBAINE

Le *transport de masse en zone urbaine* selon des moyens nouveaux dont l'étude avait été initiée par l'UMTA (Urban Mass Transit Administration) a donné lieu à de nombreux projets, et réalisations plus ou moins réussies, dont l'histoire qui se poursuit encore de nos jours remplirait tout un livre.

Tous les grands noms de l'industrie mécanique y ont participé. Chacun a poussé en avant son poulain : un PRT ou un People Mover, conçu par le bureau d'étude maison, ou acheté à un inventeur dûment sponsorisé. Plus de deux cents systèmes proposés ont été recensés en 1972 ! Enumérons quelques-uns de ces promoteurs et le nom de leur système.

AUX USA :
Westinghouse (Transit Express Way, à Pittsburg),
Ford (ACT),
General Motors puis Otis (TTI),
Bendix (Dashaveyor),
Rohr (Monocab),
Boeing (Alden StaRRcar à Morgantown),
Ling Temco Vought (Airtrans, VEC),

EN ALLEMAGNE :
Demag (Cabinentaxi),
Siemens (Neoval),...

et **EN FRANCE :**
Matra (Val, Aramis),
Pomagalsky (Poma 2000),
Saint Gobain (TTI, puis VEC),
Thomson (un tramway),
Hydromécanique et Frottement (Delta V),
RATP (Trax), ...

J'en ai visité une demi-douzaine. On m'a expliqué le fonctionnement de quatre ou cinq autres.

Le but de cette revue n'est pas d'en faire une description exhaustive. Il n'y a pas lieu de douter de la compétence des techniciens qui les ont conçus, dans un milieu industriel de la plus haute qualité. Mais il fallait convaincre les autorités politiques, insérer le système dans l'espace urbain, le mettre à disposition de la société, pour que le public l'utilise, et l'adopte ou non.

Les techniciens n'ont donc pas été et de loin les seuls acteurs, ni même les principaux de cette aventure.

Les circonstances où nos interlocuteurs ont travaillé ainsi que nous-mêmes se révélèrent pavées d'embûches, que forts de notre expérience nous réussimes à déceler et à dénoncer ; et d'une ou deux illusions dont nous-mêmes avons été victimes.

Mon témoignage ne me permet de décrire que la technique de nos modestes contributions, et nos heurs et malheurs, dans le cadre où ils se sont déroulés entre 1970 et 1980, ainsi que les conclusions que nous en avons tirées et enseignées, qui demeurent instructives jusqu'à présent.

François Giraud obtint la commande d'un programme de recherches de la compagnie aéronautique LTV (Ling Temco Vought) implantée à Dallas qui construisait des avions pour porte-avions, et qui amorçait une activité importante de diversification dans le transport terrestre. Cytec US confia l'exécution de ce programme à Cytec France, qui possédait la compétence dans ce domaine.

Comme nous venions de la Société BERTIN, LTV nous consulta d'abord sur l'avenir du transport à grande vitesse pour étudier les moyens de captation de courant adaptés.

Aux USA, on avait créé un nouveau ministère : le Department of Transportation, (DOT) qui créa à son tour son organisme de recherche, le Transportation Research Institute (TRI), où l'on plaça le personnel inemployé de la NASA en lui confiant comme nouvelle mission de phosphorer tant sur le train à grande vitesse que sur les transports urbains automatiques. Le ministre Volpe lui recommanda du réalisme — *Don't throw moon dust in my metroliner !* Plusieurs compagnies américaines dont LTV et Rohr s'intéressaient à la technologie du coussin d'air et de l'Aérotrain, que les américains appelaient *Tracked Air-Cushion Vehicle* ou «TACV». En poursuivant ce développement, ils étaient conduits à se tourner vers la suspension magnétique, et vers le moteur à induction linéaire : dans ce domaine aussi une idée directrice fut de supprimer le plus possible de pièces mobiles, jusqu'à ne plus laisser que les portes d'entrée et de sortie ; le résultat obtenu fut au moins une amélioration considérable de la fiabilité, de la disponibilité des systèmes, une réduction de la maintenance.

Mais LTV nous orienta vite vers le sujet bien plus actuel du transport urbain automatique (AGT), et puisqu'il semblait y avoir un marché potentiel, nous avons cherché à développer des composants pour de tels systèmes : des dispositifs d'aiguillage, de voie active, et plusieurs principes de propulsion et de sustentation.

Notre effort a été soutenu en France par l'I. R. T. qui après l'étude technico-économique de l'Aérotrain raisonna comme LTV et nous confia une étude similaire sur les transports urbains automatiques.

L'un des principes de sustentation et de propulsion proposés par Cytec : le Flexdyn, séduisit l' I. R. T. qui soutint un projet de faisabilité présenté à la DGRST (Délégation Générale à la Recherche Scientifique et Technique) : il consistait à créer un plancher «simulant» la surface oblique d'une onde de surface artificielle, sur laquelle un véhicule, un plancher à roulettes, pourrait avancer par gravité comme sur un plan incliné progressant horizontalement. À la déception de tous, ce projet fut rejeté par la DGRST (notre environnement externe), officiellement pour une raison de budget, mais on nous laissa entendre que le décideur responsable objectait que *«l'onde traversait la matière sans la transporter»* : il est vrai qu'à l'époque il fallait aller à Hawaï pour voir un surfeur avancer sur une vague...

En 1970, l'UMTA estima le moment venu de passer de l'expérimentation à trois installations de démonstration, dont la troisième fut à l'origine du programme de recherche commandé à Cytec par LTV.

L'UMTA avait commandé à LTV un système de transport automatique nommé *Airtrans* reliant par 33 stations les terminaux de l'aéroport Dallas-Fort Worth entre eux et aux parcs automobiles, par des minibus électriques munis d'un dispositif d'aiguillage sur 24 kilomètres de voie. Ce système programmé par l'Institut Battelle de Génève a fonctionné pendant 30 ans.

L'UMTA commanda un autre système de transport automatique nommé *StaRRcar*, pour expérimenter en exploitation le concept de Personal Rapid Transit (PRT). La réalisation de ce système pour la desserte de l'université de Virginie Ouest à Morgantown fut confiée à Boeing.

Enfin l'UMTA organisa une participation active à la grande exposition Transpo sur le nouvel âge du transport, programmée par le tout nouveau Department of Transport (DOT), qui devait se dérouler à l'aéroport de Washington Dulles en 1972 sur le modèle européen du Salon de l'Aviation au Bourget et de l'exposition de Farnborough, étendu d'abord au transport terrestre interurbain à grande vitesse, mais aussi aux transports automatiques AGT : exposition dont on espérait que le succès aiderait à la réélection de Nixon en 1972. L'exposition Transpo de Washington a été l'événement phare de cette fièvre d'innovation. Les journalistes ont parlé de «Transports de l'An 2000» ! Nous sommes aujourd'hui en mesure d'évaluer cette prédiction imprudente.

L'UMTA lança un programme de quatre systèmes de transport guidé automatiques (AGT), des People Movers, pour une démonstration à Transpo 72.

Les quatre systèmes choisis à l'origine furent : un *TTI* à coussin d'air, présenté par Otis ; un vieux système à roues *Monocab* de Rohr ; le *Dashaveyor*, construit par Bendix, utilisant un convoyeur inspiré des galeries de mines ; enfin un AGT commandé à LTV, qui demanda à Cytec d'en étudier le principe et de créer un prototype : le VEC, innovant avec un convoyeur glissant, création qui se heurta très vite à une embûche de taille.

En 1971, Ford manifesta à son tour de l'intérêt pour ce créneau et posa sa candidature à Transpo 72 en proposant un système Ford *ACT*. L'UMTA ne pouvait que se réjouir de cette initiative qui favorisait l'avenir des systèmes de transport automatique, et demanda à LTV de se retirer en faveur de Ford, lui représentant qu'on lui avait déjà commandé Airtrans.

LTV s'inclina, et mit fin en conséquence au contrat de recherche confié à Cytec. En compensation, elle offrit à Cytec le prototype VEC de démonstration en cours de réalisation, et sa licence sur le Vieux Continent.

François Giraud accepta cette transaction, qui se révéla à l'usage inexploitable par une société comme Cytec, trop petite pour attaquer un marché hors de sa portée, et au surplus à créer car encore inexistant, et fut de ce fait une sorte de cadeau empoisonné.

Cytec obtint de l'Institut d'Aménagement de l'Urbanisme dans la Région Parisienne (IAURP) un crédit pour réaliser à partir du prototype VEC une démonstration sur la dalle de La Défense à Paris juste après Transpo 72. Cette action incita un visiteur : le directeur de la Fnac, à nous commander une première exploitation de ce système dans le garage de la Fnac rue de Rennes ; exploitation prototype qui nous permit d'étudier et de résoudre beaucoup de problèmes posés par l'insertion d'un *people mover* dans un site urbain, et nous donna beaucoup d'espoirs. Mais François Giraud épuisa ensuite ses forces en vain pour convaincre un industriel et un financier de promouvoir ce *people mover*, dans le monde politique et dans les medias, pour commercialiser le VEC auprès d'un public absent ou indifférent : bien que peu onéreux en raison de sa simplicité, il incitait à revoir les conceptions urbaines en vigueur, et apparaissait à l'époque comme un luxe dont le piéton pouvait se passer ; le VEC subit le même sort final que l'Aérotrain, pour d'autres raisons.

Qu'est-ce qu'un transport de personnes?

Appelons «transport de personnes» leur déplacement d'un point vers un autre s'il est intentionnel, ou obligé, et d'une longueur supérieure au maximum qui serait parcouru à pied sans fatigue et sans ressentir le besoin d'une aide. Sa finalité est d'économiser du temps et d'éviter de la fatigue. Il implique l'emploi de technologies de transport de personnes et une dépense d'énergie conséquente.

Ce concept est distinct de celui de «déplacement de piéton», étudié dans l'Annexe D. L'amélioration de ces déplacements de piétons passe peu par la technologie, elle implique l'emploi de peu d'énergie et de beaucoup d'information. A la limite un piéton qui marche vers un but peut se considérer comme un véhicule se transportant lui-même, motorisé par son métabolisme ; de même une bicyclette, des patins à roulettes, un skateboard, sont utilisés par une personne pour se déplacer.

Un système de transport doit être animé d'une vitesse relative suffisamment élevée pour que le gain de temps de transport incite à son utilisation. L'usager standard pourrait monter dans le sens du mouvement sur le tapis d'un trottoir roulant à 0,7 mètre par seconde, ou en Europe de l'Est à 0,8 mètre par seconde maximum, en limitant l'accès du trottoir aux personnes suffisamment ingambes. Sinon, il faut que le plancher du transporteur s'immobilise un moment pour que l'usager puisse s'y transférer par lui-même avant d'être transporté.

Les promoteurs de *people movers* ont estimé pour la plupart qu'il fallait arrêter un véhicule et en ouvrir la porte pendant un certain temps pour laisser les usagers y pénétrer ou en sortir. Mais le système s'en trouvait pénalisé par une limitation sévère du trafic. On a donc cherché s'il était possible d'ouvrir la porte d'un véhicule circulant dans une station à vitesse assez faible pour permettre aux usagers d'y monter ou d'en descendre sans que le véhicule s'arrête ; contrairement au trottoir roulant il fallait que les usagers entrent et sortent latéralement et non dans le sens de la marche. À cet effet on a utilisé d'abord la troupe, public non significatif, puis des bénévoles, pour expérimenter l'accès latéral à une plateforme en mouvement : l'usager moyen peut monter latéralement sur un véhicule qui défile devant lui à 0,35 mètre par seconde maximum, sans s'appuyer sur un support pendant le changement de référence. Il faut accélérer ensuite le véhicule à une allure supportable par tous les usagers : environ 15% de l'accélération de la pesanteur terrestre, jusqu'à atteindre une vitesse de croisière intéressante.

Deux techniques sont possibles :
- ou bien l'usager parvient à se placer dans un véhicule motorisé qui se déplace sur une voie fixe, dite passive ;
- ou bien il parvient à se placer lui-même ou dans un habitacle non motorisé, passif, sur une voie mobile, dite active ; le téleski, la télécabine qui remontent la pente tirés par un câble sont des voies actives transportant des personnes dans des véhicules passifs.

Il est intéressant de noter que dans ce cas précis l'interface de l'artefact avec l'environnement externe, en la personne de l'usager, a fait apparaître des conditions physiques incontournables de fonctionnement de l'appareil : une circonstance lourde de conséquences obligeant à le développer en présence du public avec sa participation active, ce qui a fait reculer beaucoup de promoteurs qui ne concevaient pas qu'on puisse développer une innovation autrement qu'en milieu intérieur, sans cette participation.

Des méditations de ce genre se présentent à l'esprit chaque fois qu'on utilise un moyen de transport inhabituel. Ce fut mon cas pour la première fois à Alger en 1940, lorsque j'allais rendre visite à un ami habitant en banlieue sur la colline d'El Biar.

À cette occasion j'empruntais le tramway qui parcourait les tournants Rovigo, *là où le tram y se tord et y se casse pas,* avant de longer la Casbah (fig 17a). C'est assurément le trajet qu'un romancier local aurait choisi s'il avait conçu un jour le projet de s'inspirer de la démarche de Joyce pour décrire le voyage d'Ulysse comme un transport urbain. On y traversait des populations provenant de tous les bords de la Méditerranée occidentale, et de ses îles : elles y ont élaboré une langue : le *pataouete,* comprise de tous.

À chaque tournant Rovigo, le tortillard avançait à une vitesse de tortue qui ne devait pas dépasser 0,35 mètre par seconde, car beaucoup d'usagers y montaient ou en descendaient en marche après avoir parcouru le trajet *à ouf* (à l'œil, en *pataouete*) en esquivant la présence du contrôleur.

Il arrivait aussi que le tram soit poursuivi par une passagère essoufflée ou un demandeur qui levait la main loin d'un arrêt ; il se trouvait toujours un voyageur pour crier au machiniste : — *Tiens bon* ! (stop ! en *pataouete*) et le tram compatissant s'arrêtait ou ralentissait un moment (fig 17b).

Montant à cette allure j'ai payé mon ticket, suivi d'un autre homme que le contrôleur voulut faire descendre parce que le tram était complet, mais il refusa en déclarant : —J'ai le droit de monter en surcharge, je suis ingénieur des mines.

Je n'ai jamais su quelle était la raison de ce privilège, mais le tram supporta ce poids supplémentaire.

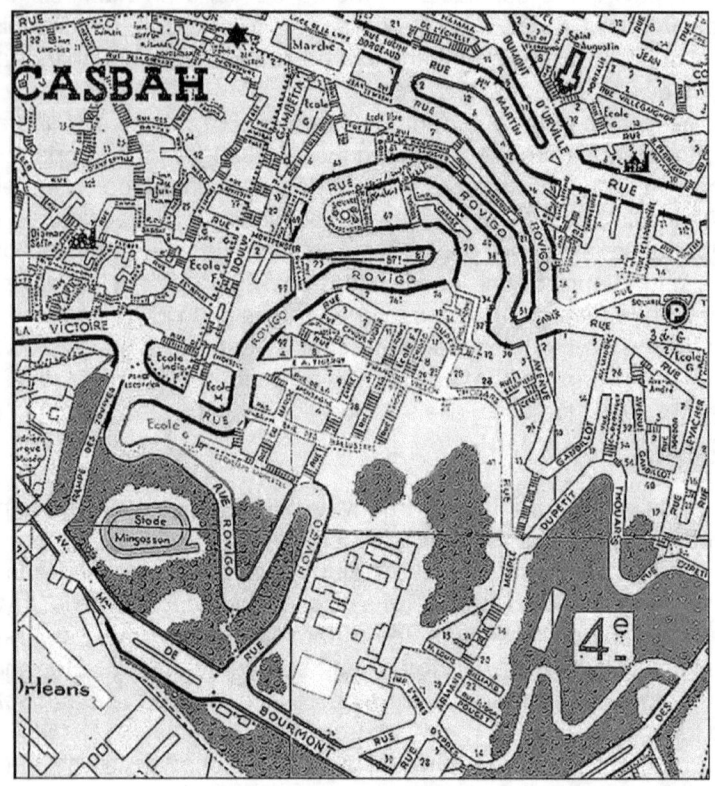

Fig 17a. Les tournants Rovigo (Alger)

En 1948 le film documentaire « Transports urbains », de Marcel Gibaud, mit à la portée de tous ces propriétés élémentaires, commentées avec le plus grand sérieux par Claude Dauphin à propos du tramway de Versailles.
Il expliquait sentencieusement le fonctionnement de ce tramway dans lequel on monte à l'arrêt : — Vous mettez pour commencer le pied droit sur le marche-pied. Puis vous placez à coté le pied gauche, en saisissant la rampe de votre main droite...(fig 18).

Fig 17b. Le tram dans les tournants Rovigo

Fig 18. Marchepied du tram de Versailles

Puis Claude Dauphin décrivait l'oblitératrice du contrôleur qui après vous avoir vendu un ticket y faisait le petit trou glorifié plus tard par Serge Gainsbourg. Mais la grande scène dramatique du film était le tournoi inquiétant des deux tramways (fig 19) se jetant l'un contre l'autre nez à nez, prêts à croiser leurs perches comme deux lances, l'un montant, l'autre descendant à toute vitesse en passant devant l'église dont la croix présageait le sort funeste réservé aux passagers, lorsqu'au dernier moment Claude Dauphin annonça l'intervention miraculeuse d'un *Deus ex machina* : l'aiguillage bicentenaire, qui transportait l'un des deux trams sur une autre voie pour qu'ils se croisent en s'évitant.

Fig 19. Le croisement

Les People Movers

Dans les transporteurs de personnes proposés le référentiel mobile est une *voie active* qui se déplace elle-même d'une origine à une destination pour transporter les piétons préalablement chargés comme expliqué plus loin. Les usagers y sont chargés soit à pied, soit dans une nacelle immobile sur la voie qui les transporte, comme dans les «œufs» des sports d'hiver tirés par un câble.

Le trottoir roulant accéléré : TRAX (RATP), ou SPEEDAWAY (Bouladon), utilise un mécanisme multipliant par 5 la vitesse de chargement de 0,8 mètre par seconde et en même temps la distance séparant les piétons auxquels on demande de «jouer le jeu» en restant immobiles, sans se rapprocher, la distance étant redivisée par 5 à l'arrivée.

Il est probable qu'à cette vitesse augmentée la plupart des usagers par jeu ou non se garderont de lâcher la main courante du trottoir.

Mais on peut parier que des petits malins joueront un autre jeu : ils auront vite fait de repérer qu'en montant, disons derrière une jolie fille, à la distance «honnête» de 50 centimètres, démultipliée à 2,50 mètres dans la partie accélérée, ils auront la faculté de s'y rapprocher à la distance cette fois malhonnête de 50 centimètres, qui sera réduite à 10 centimètres dans la partie finale ralentie du parcours, quittes à prononcer une vague excuse après une collision recherchée...

D'autres *People Movers* offrent de charger le passager dans une cabine, voire sur une simple banquette, qu'un support mobile fait défiler devant lui lentement et dans laquelle il monte latéralement, puis cette cabine est accélérée soit par un mécanisme multiplicateur (le DELTA-V) comme le trottoir roulant accéléré, soit par l'équivalent d'une rampe de lancement qui la porte à la vitesse de la voie active où elle est transférée, sans risque de collision entre cabines consécutives.

Le VEC (Cytec), et le POMA 2000 (Pomagalsky) transportent les usagers dans des cabines ainsi chargées sur une voie active déposées sur un convoyeur pour le VEC ; accrochées à un câble par une pince située sous la cabine pour le POMA 2000.

Une technologie simple : le VEC

François Giraud a élaboré un système d'une grande simplicité, d'une technique d'emploi très souple, sur lequel on pouvait fonder l'espoir d'une haute fiabilité pour un coût peu élevé : entièrement basé sur des principes physiques élémentaires, il n'utilisait ni ordinateur ni microprocesseur encore inexistant, mais de simples relais électriques.

Les explications techniques détaillées ci-après sont données comme exemples d'une adaptation progressive d'un système artificiel imaginé dans un laboratoire à la demande de son destinataire dans son environnement externe.

Nous avons expérimenté tout d'abord dans notre atelier en 1970 le *people mover* VEC, destiné à l'exposition Transpo 72, dont le véhicule était une sorte de canapé à trois places qui défilait latéralement, porté par une courroie animée d'une vitesse de 0,35 mètre par seconde.

Si une personne montait dans le véhicule en posant le pied sur le marchepied, celui-ci basculait, provoquant un arrêt, et la personne s'asseyait dans le véhicule immobilisé ainsi, mais qui repartait aussitôt que la personne libérait le marchepied en s'asseyant. Ce mode d'embarquement combinait la technique du tram versaillais avec celle des tournants Rovigo.

Le VEC expérimental ainsi construit a été mis en service pendant deux mois en 1972 à titre démonstratif sur la dalle de la Défense.

L'installation du VEC à La Défense consistait en une galerie de 170 mètres reliant deux abris de station, couvrant un convoyeur mu par des moteurs électriques linéaires, transportant d'un terminal à l'autre des véhicules de trois places. Dans les stations à chaque extrémité, on avait disposé une plaque tournante pour le retournement des véhicules du quai d'arrivée au quai de départ dans l'autre sens situé en face, et un caisson de retournement de la chaîne de convoyeur formant une boucle.

Cette exploitation réelle a montré que le public ne réagissait pas comme les promoteurs l'avaient imaginé en laboratoire, et a permis au public d'inventer lui-même la manière dont il acceptait d'emprunter un système inconnu : le passager qui voit la cabine s'immobiliser quand il pose un pied sur un marchepied, perplexe, reste sur place sans monter tandis que les cabines suivantes s'empilent derrière en file d'attente ; on devine qu'il cherche du regard un objet à saisir de sa main pour avancer l'autre pied tout en conservant un certain équilibre : il n'ose pas monter dans un véhicule qu'il a lui même immobilisé, mais qui va se remettre en mouvement sous ses pieds dès qu'il aura quitté la terre ferme, s'il ne voit pas où il peut prendre appui avant de s'être assis.

Fig 20. Vue d'une station Vec dans la zone d'arrivée

En somme, il réinvente le besoin de «main courante», et le système a fonctionné sans problème dès que la cabine défilant sans s'arreter lui a fourni des poteaux verticaux à agripper (Fig 20).

Les moteurs électriques linéaires étaient des inducteurs (primaires) disposés au sol le long de la voie tous les 5 mètres entrainant à la vitesse de 5 mètre par seconde des induits (secondaires) réduits à de simples plaques de cuivre ; les éléments composant la chaine du convoyeur étaient ces plaques de cuivre portées par des patins, parallélipipèdes en bois ou en matière plastique glissant dans deux rails en U lubrifiés avec de l'huile soluble dans l'eau (fig 21).

Fig 21. À gauche une cabine quittant le convoyeur est portée par
une courroie de freinage jusqu'à l'arrivée.
À droite une cabine au départ est portée par une courroie d'accélération
pour être transférée au convoyeur

Un premier résultat remarquable a été la réalisation de ce convoyeur très silencieux, par comparaison avec les convoyeurs rapides utilisés en manutention automatique qui font un grand bruit de roulements ou de galets.

Le problème était de charger sur ce convoyeur des véhicules portant des usagers qui y avaient pénétré à la vitesse de 0,35 mètre par seconde, avant d'être accélérés jusqu'à 5 mètre par seconde, puis de les décharger vers une station d'arrivée en les décélerant de 5 mètre par seconde à 0,35 mètre par seconde pour que les occupants puissent en descendre (fig 21).

Le mode de production automatique de cette accélération-décélération est le seul point réclamant quelques explications techniques, qu'on trouvera dans l'Annexe A : Capacité de débit du transporteur VEC.

La caisse des véhicules suspendue sur des ressorts d'automobile, était portée derrière les sièges par deux roues diabolo roulant sur un rail cylindrique, et posée à l'avant sur le convoyeur. Dans les stations, elle était posée à l'avant sur une courroie mue à 0,35 mètre par seconde (fig 20).

Arrivée en bout de station, elle était transférée sur une courroie mue à 5 mètre par seconde comme le convoyeur, en y reposant à son centre de gravité par une roue freinée ; une partie du poids du véhicule était transmis aux roues diabolo roulant sur le rail cylindrique, une autre partie à la roue freinée en venant au contact de la courroie rapide, elle subissait une force de frottement de glissement qui ralentissait de 5 mètres par seconde à zéro la vitesse relative entre le véhicule et la courroie rapide, ce qui revenait à accélérer le véhicule à la vitesse à laquelle il pouvait être déposé sur le convoyeur, animé de cette vitesse de 5 mètres par seconde.

L'action de la roue freinée équivalait à celle d'un embrayage à friction. La suspension conçue comme celle d'un pèse-personne transportait à la roue freinée une fraction constante du poids, quelle que soit la répartition aléatoire du poids des usagers. Le freinage par rapport à la courroie produit par la roue freinée, équivalait à une accélération du véhicule par rapport à la station, qui était constante dans la mesure où le coefficient de friction roue freinée sur courroie était constant (égal à 0,2) avec des matériaux de friction éliminant l'effet de l'humidité : il était égal à la fraction constante de poids portée par la roue freinée, multipliée par 0,2.

À l'usage François Giraud s'est aperçu que ce système fonctionnait même quand on laissait les cabines s'empiler sans avancer en une file d'attente derrière un usager en difficulté.

En plaçant en amont de la rampe de lancement une série de supports mobiles lents, voire immobilisés portant une cabine chacun, on obtenait un service très souple, où chaque usager montait à son tour à sa vitesse propre comme dans une file d'attente devant un guichet quand les usagers antérieurs sont servis chacun à son tour et à son rythme.

A contrario les tenants d'un mécanisme multiplicateur semblable à celui du trottoir roulant accéléré (comme le *Delta V*) soutenaient que le *People Mover* ne pouvait fonctionner qu'avec une cinématique rigoureuse, un mécanisme d'horlogerie faisant défiler l'offre de transport avec une précision de chronomètre à intervalles temporels bien constants. Mais englués dans des difficultés mécaniques, ils n'ont pu transporter du public et n'ont pas profité de son expérience : l'usager maladroit qui n'a pu monter n'avait plus qu'à se replacer dans la file. Si le synchronisme lui avait fait perdre l'équilibre le système était arrêté. La controverse technique en est restée là, il y a quarante ans.

Le VEC à la Fnac

Un utilisateur-innovateur s'est manifesté sur le site de La Défense : le directeur de la Fnac.

Lorsque la Fnac a envisagé d'ouvrir un magasin à la rue de Rennes à Paris en 1972, l'autorité publique lui a demandé, dans la crainte d'un parking sauvage de ses clients sur cette rue, de trouver un garage avant de lui accorder le permis de construire. Elle a négocié à cet effet le sous-sol du Collège Stanislas voisin, et dans un premier temps, on a pensé faire sortir les clients du garage par un ascenseur, qui malheureusement sortait au milieu de la cour de récréation...

On a pensé ensuite à un escalator débouchant juste en face du magasin, mais il lui fallait contourner quelques mètres plus haut vers la droite un site classé des catacombes, puis encore un peu plus haut vers la gauche la piscine souterraine du collège : cela s'appelle une *contrainte d'insertion dans un site urbain* ; elle s'était déjà imposée au couloir d'accès des automobiles au garage, qui existe toujours et dont on peut voir sur les murs les marques provoquées par ces contraintes ; la hauteur disponible pour la voie aller-retour était de 2,75 mètres, contre plus de 5 mètres pour tout autre moyen de transport existant (le tramway compris), d'où un appel d'offre pour un «*parcours du combattant*» des *people movers* : 2,75 mètres de gabarit aller-retour sur une pente de 8% avec un virage sur la droite de rayon 15 mètres aussitôt suivi d'un virage sur la gauche de même rayon sans partie droite intermédiaire, dessinant un S (fig 22).

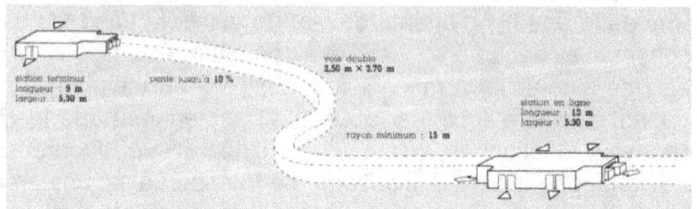

Fig 22. Gabarit maximum du VEC.

Pas commode à réaliser avec des véhicules accrochés à un câble par une pince, ne pouvant tourner que dans un sens : il aurait fallu arrêter le véhicule à mi-parcours et changer de câble pour tourner dans l'autre sens.

La plupart des systèmes mentionnés ci-dessus POMA 2000, trottoirs, escalators et même ARAMIS ont soumissionné, puis ont reculé devant la difficulté ; le VEC, qui l'a fait grâce à son convoyeur (Fig 23), mais après une mise au point difficile, a pu être exploité deux ans (1977-1978) dans le garage de la Fnac, rue de Rennes.

Pendant ces deux ans d'exploitation, environ un million de parisiens par an ont utilisé ses cabines légères sans moteur, celui-ci étant réparti le long de la voie, donc sans risque de collision, et dépourvues de toit puisque se déplaçant à l'intérieur d'un immeuble.

La principale innovation du promoteur fut par la force des choses d'avoir été obligé de mettre au point son système sur le site même sous le regard souvent peu amène des passants qui passaient à pied, frustrés de n'avoir pas accès au *people mover* dont la mise au point traîna en longueur pendant plus de deux ans (1974-1976), en raison d'ennuis financiers autant que techniques.

Les techniciens à la peine essuyaient de la part des passants des remarques sans indulgence du genre :

— Pourquoi vous obstiner, vous n'arriverez à rien...

ou :
— Vous vous apprêtez à remettre votre petit train à la Fnac «clefs en mains»...

Un client hargneux qui poussait un landau lança un jour au passage :
— Vous allez nous encombrer longtemps avec votre engin qui ne marchera jamais...
Notre technicien qui n'avait pas la langue dans sa poche tenta de l'amadouer :
— Vous avez là un beau bébé...
L'autre se rengorgea et sourit.
— Il ne marche pas...
L'homme s'éclipsa vite craignant le mauvais œil.

Fig 23. VEC vers le parking de la Fnac.

Ces difficultés contribuèrent beaucoup à effrayer les industriels intéressés par la promotion du système : ils ne concevaient pas qu'on puisse développer et mettre au point un système de transport nouveau ailleurs que dans un atelier fermé, loin du public ; et qu'on prenne ce qui leur apparaissait comme un risque très fâcheux pour leur prestige d'avoir à découvrir sur le site des défauts techniques à corriger sur place, et à affronter les «quolibets» de passants incompréhensifs, alors que c'était une nécessité pour l'insertion dans un site urbain compliqué d'un moyen de transport nouveau dont on n'avait aucune expérience ; nos concurrents étaient dans le même cas que nous et ne cachaient pas leur appréhension quand leur tour viendrait.

Mais quand le système a enfin fonctionné avec une bonne fiabilité, les usagers eux-mêmes se sont révélés des utilisateurs actifs, contribuant par leur comportement à nous aider à mettre au point un système qui a réellement eu l'occasion de transporter l'aveugle, le handicapé, la vieille dame et son cabas, la jeune femme et sa poussette avec un enfant, le client de la Fnac portant une télé ; sans compter la femme de ménage malienne qui s'en servait le matin à l'ouverture pour un autre usage : détournant à son profit le fait que les cabines étaient sans toit, munie d'une tête de loup au bout d'une longue perche qui atteignait le plafond, elle faisait debout le voyage aller-retour dans ces cabines le temps qu'il fallait pour faire tomber la poussière des hauteurs.

Le *people mover* VEC a été homologué en novembre 1976 dans cette version prototype à 96,7% de disponibilité par une commission RATP-IRT-Ministère des Transports, puis exploité pendant deux ans : en 1977 et 1978 à une disponibilité moyenne en service de 95%, en transportant environ un million d'usagers par an.

Le promoteur n'ayant pas obtenu d'autre commande a été victime d'une croyance illusoire en un marché inexistant : quoique faisant l'objet d'un grand nombre d'appels d'offre par divers pouvoirs publics, une demande de People Mover ne s'est pas concrétisée à l'époque, aucun financement n'ayant suivi les offres.

Quelle conclusion tirer de cette expérience ?

Le garage souterrain existait déjà, bien avant l'arrivée de la Fnac : le désir des commerçants de la rue de Rennes d'y attirer des usagers de l'automobile, conjugué au désir de ces usagers de s'y rendre a été suffisamment fort pour qu'un promoteur ait résolu de creuser un chemin d'accès des automobiles au sous-sol du collège, en surmontant une contrainte d'insertion dans le site urbain un peu moins contraignante, puisque l'usager de l'automobile reprenant son véhicule pouvait quitter le garage par un autre trajet débouchant dans une rue moins commerçante.

Le désir de la Fnac était tout d'abord de faire connaître au public le plus large l'existence du magasin qu'elle envisageait d'ouvrir rue de Rennes ; le *people mover* était à la fois un moyen technique de canaliser vers le magasin un flux d'usagers de l'automobile arrivant en sens inverse, et un

moyen de transport attractif par sa nouveauté. Il était impossible de le faire pénétrer ailleurs que par un chemin parallèle à celui d'entrée des véhicules, et encore plus tortueux.
La Fnac a accepté ce challenge. Elle a suivi avec philosophie les difficultés que le promoteur du people mover a rencontrées sur son parcours du combattant. Le directeur voyant François Giraud s'acharner sans se décourager, ce qui était l'essentiel à ses yeux, hochait la tête en murmurant : *«Ils sont fous ces inventeurs»*. Mais il avait atteint son but : la Fnac rue de Rennes existait, ses usagers l'avaient rencontrée, et ceux d'entre eux qui étaient arrivés en automobile et avaient trouvé désagréable après deux ans d'exploitation du VEC d'être contraints de sortir à pied du garage, se le tenaient pour dit et revenaient par les moyens de transport en commun existants dans la rue de Rennes.

Le créateur a rendu le service attendu par ce client, mais il n'a pas atteint la cible qu'il visait : montrer un People Mover en fonctionnement suffisamment longtemps pour que le public le désire et le réclame. Si le grain ne meurt…
L'exploitation à la FNAC a été arrêtée au bout de deux ans. L'infrastructure est encore visible aujourd'hui ; le «parcours du combattant» du People Mover dont elle garde le souvenir ne s'est pas représenté, et ne saurait constituer un marché. S'il se présentait une demande de People Mover sur un parcours en ligne droite, un système à convoyeur supporterait difficilement la concurrence avec un système à câble inspiré par les télécabines de montagne, qui bénéficierait de l'avantage d'être déjà connu du public. Les People Movers sont restés dans les montagnes enneigées.

Illusion créatrice d'une alternative à l'automobile

Le concept de Personal Rapid Transit PRT, a été présenté dans les années 1970 comme une «alternative valable à l'utilisation de l'automobile en zone urbaine à circulation dense». ARAMIS en était l'exemple français, de très haute technologie. Le PRT continue à faire rêver, alors qu'il est l'exemple parfait d'une *illusion créatrice* d'un objet artificiel auquel on a assigné un but hors d'atteinte en exploitation : interface entre un environnement interne porteur du rêve mais aussi de contraintes mal perçues, et un environnement externe inaccessible.
A tort ou à raison, l'automobile était perçue comme un transport porte à porte présentant l'avantage d'être «sans arrêt intermédiaire» entre une

origine et une destination quelconques qui lui seraient accessibles, à toute heure. C'est bien ce que son conducteur souhaiterait faire, son rêve, qui est à peu près réalisé aux heures creuses. En réalité son véhicule doit respecter les arrêts prescrits par le code de la route, les feux rouges, et il doit subir les arrêts causés par le trafic aux heures de pointe, les embouteillages, sans compter les nuisances annexes : bruit, pollution ; et le trajet n'est pas porte à porte si l'automobiliste peine à trouver un endroit où garer sa voiture à proximité de sa destination.

Le but assigné à un PRT est de le dissuader de se servir de son automobile en zone urbaine, en lui offrant un transport accessible à des stations pas trop éloignées de ses lieux d'origine et de destination, et où il pourrait accéder à un véhicule le transportant entre ces deux stations *sans arrêt intermédiaire* inutile pour lui à d'autres stations.

Or l'automobile roule très bien aux heures creuses sans s'arrêter. L'implantation d'un PRT en zone urbaine se justifie s'il rend *aux heures de pointe* le service d'un trajet sans arrêts intermédiaires : il faudrait qu'il soit accessible à un grand nombre de points d'accès couvrant la zone à desservir, et que le temps d'attente de ce taxi automatique aux heures de pointe ne soit pas excessif.

Contraintes d'exploitation d'un PRT

Le nombre de stations d'accès est critique : c'est lui qui détermine l'utilité d'un PRT. Appelons ce nombre : s.

Le système rend un service proportionnel au nombre de points d'accès s, qui est faible pour des applications spécifiques (aéroport, parc d'attraction, etc), mais élevé pour la desserte d'une zone urbaine dense.

Le PRT conçu pour le but qui lui est assigné est réalisé par un réseau de voies reliant un nombre s de stations dans la zone à desservir, parcourues par des véhicules dont la station de destination a été fixée par le premier usager qui y a pénétré à sa station d'origine, ou qui l'a appelé s'il n'a pas trouvé de véhicule disponible.

Pour que le véhicule puisse se rendre à cette destination sans s'arrêter à des stations intermédiaires, il faut que ces stations soient placées en dérivation sur les voies de circulation, de telle sorte que le véhicule puisse by-passer les stations intermédiaires sans les traverser (Fig 24).

Les véhicules lancés sur une voie s'y suivent sans arrêt intermédiaire, séparés par un *intervalle temporel* :

Δ secondes, supérieur à un minimum de sécurité anti-collision.

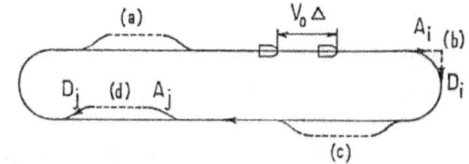

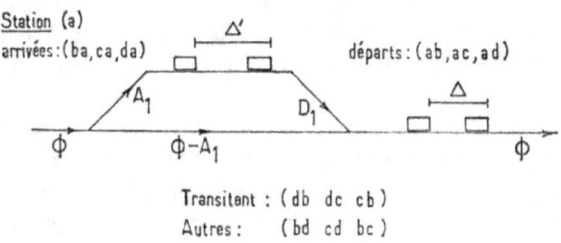

Fig 24. Boucle de PRT avec 4 stations en dérivation. Détail de la station (a)

Aux heures de circulation dense, un grand nombre de couples : origine-destination sont appelés, jusqu'à la totalité de ces couples, dont le nombre est : s(s-1) et si la voie de circulation est unique, elle est occupée par un peloton pouvant atteindre s(s-1) véhicules se suivant à D secondes au moins. L'avantage d'un transport «sans arrêt intermédiaire» est payé par divers inconvénients, dont le principal est le temps que l'usager devra attendre un véhicule disponible qui pourra atteindre, si toutes les destinations sont appelées: s(s-1) Δ secondes, et en moyenne à la moitié de ce temps.

Le temps d'attente croît comme le carré du nombre des stations.

Ce raisonnement élémentaire et d'autres similaires limitent sévèrement le nombre de points d'accès susceptibles d'être desservis sans arrêt intermédiaire. Ils ont été publiés il y a plus de quarante ans[182] : les

---

[182] KADOSCH M et GIRAUD F. : *Limites d'emploi imposées par la contrainte de sélectivité aux systèmes de transport guidé en site propre*, in RAIRO Recherche Opérationnelle, vol 8, V2(1974)p. 63-73.

promoteurs et les autorités publiques de l'époque en ont été dûment informés.

La limite du service susceptible d'être rendu par un PRT est détaillée en Annexe B.

Notre étude demandée par l'Institut de Recherche sur le Transport en France, et exposée dans des conférences au Transportation Research Institute aux USA, démontre qu'un système de transport *guidé*, *unidimensionnel* excepté aux stations munies d'une dérivation, donc parcouru par des véhicules formant des *pelotons* dont il faut attendre le passage, subit de ce fait une *contrainte,* qui limite à une demi-douzaine au plus le nombre de stations susceptibles d'être desservies sans arrêt intermédiaire avec un temps d'attente acceptable de trois minutes maximum.

Elle attire l'attention sur le fait que l'automobile en ville ne fait pas beaucoup mieux aux heures de pointe : c'est un système à *une dimension et demie* par sa capacité de dépassement, en tout point d'un parcours, des autres automobiles et des «stations» aléatoires constituées par les bords des trottoirs où les véhicules se garent.

Des systèmes parfois très perfectionnés sont ainsi nommés PRT par leur promoteur qui prétend réaliser en exploitation des performances hors d'atteinte. On parvient à les faire fonctionner au plan technique, mais la limitation de leur extension territoriale, interface entre leur environnement interne et leur environnement externe, les rendra vite incapables de rendre le service attendu d'un PRT en exploitation ; le prototype de l'ARAMIS ne pouvant assurer qu'un service omnibus a fini par être abandonné.

Deux PRT sont actuellement opérationnels : celui de Morgantown qui dessert l'université de Virginie Ouest a 5 stations ; et celui de Heathrow : le nombre de destinations intéressantes dans un très grand aéroport ne devrait guère dépasser 20, l'équivalent d'une petite ligne d'autobus. Le système de Morgantown ne fonctionne en PRT qu'en dehors des heures de pointe : l'usager choisit une destination parmi 4 en appuyant sur un bouton ; un véhicule lui est affecté au bout de 5 minutes pour cette destination. Aux heures de pointe, le système suit une route et un horaire affichés pour une demande connue. Il a atteint une disponibilité de 98,5%.

L'accueil des acteurs et du public

Une controverse technologique a bien eu lieu, dans les conditions socio-économiques rencontrées au cours des années 1960-1970 : confronté au problème évoqué, tout le gratin de l'industrie mécanique a cru en une solution technique qui au demeurant correspondait à ses intérêts, et a été pris d'une fièvre d'innovation, reposant le plus souvent sur une *illusion créatrice*.

Au passage on découvre un aspect négligé, sinon ignoré de la croissance de la population et de ses besoins, évoqué dans le dernier exemple. La croissance de la communication, de l'information réclame du temps et de l'espace. Quand la population concernée croît, la communication engéndrée a tendance à croître à peu près comme le carré de la population : si la population triple, la communication décuple.

On retrouve le même actant multiplié : *couple origine-destination activé* dans diverses situations, à commencer par les embouteillages de la circulation automobile causés par un nombre probable de couples origine-destination du même ordre que le nombre des véhicules présents dans le désordre au lieu de former un peloton. Mais il en existe d'autres : ainsi le nombre de postiers pourrait croître comme le carré du nombre des boîtes aux lettres des logements de destinataires qui reçoivent du courrier postal d'un expéditeur, celui des policiers et des juges comme le carré du nombre des justiciables : agresseurs et victimes, ou adversaires s'opposant l'un à l'autre. Le nombre de ces fonctionnaires croît effectivement beaucoup plus vite que la population.

Pourtant les contributions techniques des constructeurs ont moins importé que celles des autres acteurs, ou de leur absence. Ajoutons pour mémoire le public, dont l'attitude devrait jouer un rôle actif fondamental : en élaborant un système à son écart dans un atelier isolé, on risque fort de verser dans l'illusion et de le mettre au point pour rendre un service qui n'est pas celui que l'usager attend, à supposer qu'il en attende un.

La controverse automobile-transports en commun perdure depuis plus d'un demi-siècle : encore aujourd'hui, on entend les mêmes arguments avancés une fois de plus par les uns et les autres, les acteurs de la controverse étant un représentant d'association d'usagers, les journalistes, et un ou deux «experts», mais pas les constructeurs et à peine les exploitants.

Des controverses sur des alternatives technologiques par le public n'ont pas eu lieu, car les usagers, comme ceux des tournants Rovigo et du film de Marcel Gibaud, étaient préoccupés de s'approprier tant l'automobile que l'autobus, le métro, etc. comme objets familiers, «à portée de la main», dont la technologie n'intervenait pas dans le débat, sauf en cas de panne ; ils n'imaginaient pas qu'il puisse exister une autre solution que celles en service.

Le point de vue des exploitants de très grandes entreprises transportant des millions de voyageurs comme la SNCF et la RATP mérite tout de même d'être pris en considération. On a détaillé à propos de l'Aérotrain l'idée que la SNCF se faisait d'une rupture de charge et d'un réseau.

Comparativement la RATP, qui prolonge ses lignes de métro par des tramways et /ou des autobus, voire des batobus, pour une part en site propre et pour une autre en site banalisé, intègre la rupture de charge comme un élément incontournable de son exploitation, et se contente d'une solution médiocre de la liaison aéroports-centre ville.

En revanche ces grandes entreprises ne semblent pas très préoccupées par le temps d'attente des usagers : ce point litigieux est développé au sous-chapitre suivant. La fréquence du service de transport de chaque mode est présentée comme une donnée incontournable de l'environnement interne : à l'usager de s'y adapter. En cas d'innovation, si la demande nécessite l'emploi d'un grand nombre de véhicules de petite dimension ou allant à petite distance, dont la plupart circulent à vide, l'exploitant y voit d'abord une mauvaise gestion de son stock de véhicules mais un bon remplissage de son infrastructure, et a tendance à y chercher un *trade-off*, alors que les deux sont inséparables, comme l'aiguille et le fil, comme l'avion et son tourbillon lié.

Quant au public, il n'a tout simplement pas suivi les innovateurs : pis, il les a ignorés. Dans la controverse automobile-transports en commun, il se prononce en faveur de ces derniers, mais il réclame encore et toujours des autobus, des tramways, des métros, avec une station en bas de chez lui de préférence, et ne cite jamais aucun des systèmes nouveaux évoqués. Il a entendu parler des téléphériques et télécabines de montagne, et les a peut-être utilisés. Le public exprime des besoins, des aspirations, il est dépourvu d'imagination technique. Il n'a eu l'occasion d'utiliser que très peu de systèmes innovants, qui ont atteint le stade de l'exploitation et transporté un vrai public. Alors comment prendre en compte les usagers comme acteurs de la sociologie des controverses suscitées par ces systèmes de transport nouveaux mais délaissés, à moins de recueillir des témoignages sur ceux qui ont été utilisés au moins pendant quelque temps, ici et là à travers le monde ?

C'est ce qui incite à décrire au moins l'attitude des acteurs dont nous avons été témoins.

Le public ne s'intéresse à l'infrastructure que si elle est source d'inconfort. Comparant les véhicules présentés il ne perçoit pas vraiment l'automobile comme un moyen de transport sans arrêt intermédiaire, mais comme un véhicule où l'usager voyage seul, ou en compagnie de deux ou trois personnes qu'il connaît, et se dirige là où il veut aller avec la possibilité de changer d'avis en route.

Si son GPS l'informe qu'une autolib est disponible sur son parcours et une place d'autolib libre non loin de sa destination, il sera tenté de garer sa voiture pour prendre l'autolib sans se soucier de la rupture de charge.

Par comparaison les petits véhicules des systèmes nouveaux où il voyagerait avec deux ou trois inconnus sont plus inquiétants à ses yeux : il trouve et accepte cette proximité dans l'ascenseur, dans les télécabines fréquentées par des skieurs, mais sur une distance très courte. Il se montre réticent à l'idée d'un voyage avec des inconnus sur une distance «automobile». S'il prend les transports en commun, il voyage avec des gens plus nombreux, dont il ne sait rien si ce n'est qu'ils font un bout de chemin avec lui, et il croit que le véhicule est géré comme un Établissement Recevant du Public (E.R.P.), astreint à une réglementation assurant la sécurité, mais ce n'est le cas que pour les bateaux.

Nous sommes en 2017. Chacun peut voir quels sont les moyens de «transport de l'an 2000», quelle technologie s'est imposée à cette date : le tramway, modernisé, avec des marchepieds plus accessibles ; le vélo converti en Vélib à Paris et l'autolib.

Quel est le bilan à moyen terme ? Le public ayant adopté un TGV qui roule sur le bon vieux rail orienté aux branchements par des aiguilles, l'exploitant n'a pas cru devoir explorer d'autres solutions de la grande vitesse, à moins d'y être contraint par la concurrence. L'Aérotrain n'a fait l'objet d'aucune réalisation susceptible de genèse paradoxale d'une innovation, par exemple un service similaire à celui du métro. Le Concorde a été exploité un temps puis abandonné. Le public ignore l'existence des People Movers et des PRT, qui font l'objet de très modestes applications, mais dont il ne voit pas bien l'utilité, si ce n'est comme matière à rêver : aux dernières nouvelles en France un PRT autour du lac d'Annecy !

Il s'est bien produit une révolution technologique, un changement de paradigme, mais dans l'information, la communication, pas dans le transport. On a vu apparaître le microordinateur, Internet, les réseaux sociaux, et de nombreux gadgets électroniques qui facilitent la communication sans qu'il soit besoin de se transporter. À défaut de révolution, il s'est produit aussi une évolution sérieuse dans les déplacements urbains des piétons, rapportée à la fin du chapitre. Mais pour la technologie du transport on en reste au train, à l'automobile et à l'avion, ce qui suffit à créer des problèmes sociaux.

Nous ne savons pas encore si l'autolib est vraiment adoptée. L'automobile à pilotage automatique doit encore faire ses preuves. Le jour où un autolib à pilotage automatique apparaîtra sur le marché, il réalisera enfin le rêve du Personal Rapid Transit , sur site banalisé au surplus ! Il y a des avancées techniques, l'idée de base est que le conducteur est le maillon faible, qu'on ne peut que gagner en sécurité, en régularité de la circulation en le remplaçant par un robot, et il est possible que ce ne soit pas une illusion ; la réponse aux prescriptions du code de la route peut être automatisée, excepté peut-être les réponses à des initiatives humaines, comme une traversée intempestive de la chaussée ou les gestes d'un agent de la circulation ; on évite pour l'instant la circulation urbaine et on s'en tient aux autoroutes ; mais le plus important est l'accueil du public et la réaction des usagers, dont on ne sait à peu près rien en 2017.

Enseignements de Cytec

Cytec organisa en 1973 un séminaire pour exposer aux chercheurs du TRI (Transportation Research Institute) à Boston les résultats de nos réflexions et de nos réalisations dans le domaine des transports urbains automatiques.

Par la suite il me fut demandé en 1975 par Pierre Gilles de Gennes, nouveau directeur de l'Ecole de Physique et Chimie de la Ville de Paris d'exposer ces réflexions techniques aux élèves ingénieurs de cette Ecole.

Le même séminaire fut proposé aux cadres de la RATP, mais au contraire du TRI ils estimèrent ne pas avoir d'enseignement utile à recevoir de Cytec. Cependant son directeur de l'information, informé de nos études, me fit organiser à la RATP un séminaire sur les files d'attente.

J'ai cru naturellement que le personnel de la RATP s'intéressait aux files d'attente d'usagers de ses véhicules : autobus et rames de métro, que les nouveaux moyens de transport se proposent de réduire. Mais la plupart des auditeurs étaient des informaticiens : c'était encore l'époque des perforatrices-vérificatrices, des opérateurs qui chargeaient la nuit de lourds disques de programmes à traiter sur les dinosaures Bull et IBM 360, et les programmeurs s'inquiétaient de la file d'attente... des résultats des programmes en cours de traitement. Les exemples d'application ont été modifiés pour répondre à cette finalité.

Le temps d'attente d'un autobus ou d'une rame de métro par un usager arrivant au hasard a tout de même été évoqué à ma demande. Deux conceptions du hasard furent confrontées.

Les véhicules se suivent à des intervalles de temps aléatoires sans influence les uns sur les autres et sans influence de *l'instant* t à laquelle l'usager arrive «au hasard» sans information sur les véhicules quand il n'y a pas d'horaire affiché.

On m'a assuré que l'usager attendait le *demi-intervalle* (son *espérance mathématique*) entre deux véhicules, pour des raisons de symétrie. J'ai avancé un raisonnement simple expliquant que c'était l'espérance de *l'intervalle entier :* les intervalles successifs sont indépendants, n'ont pas de mémoire, et ne dépendent pas du tout de l'instant t, leur *espérance* non plus. On me répondit que ce temps d'attente avait été mesuré expérimentalement à Birmingham, et qu'on avait trouvé que c'était bien le demi-intervalle,... à multiplier par un coefficient correctif : 1,91. C'était donc bien l'intervalle entier à 4% près.

Le calcul, plutôt complexe, rappelé en Annexe C, montre que l'espérance de l'intervalle d'arrivée satisfaisant à la contrainte de contenir un instant t *fixé à l'avance* est le *double* de l'espérance de l'intervalle entre véhicules sans cette contrainte : intuitivement, un intervalle long a plus de chances de contenir l'usager et l'arrivée du véhicule qu'il va prendre qu'un intervalle court, qui a davantage de chances de se trouver ailleurs.

Finalement le temps d'attente théorique de l'usager qui arrive au hasard et non à une heure fixée est la moitié de ce double en moyenne ; il est le double de la moitié selon l'évaluation expérimentale de Birmingham. Accord malgré tout entre la théorie et les mesures : la morale est sauve, et le mythe du *demi-intervalle* peut perdurer. Il aura été l'objet d'une *illusion créatrice* dans le domaine des files d'attente, d'un bon exemple de « *temps qui est invention ou qui n'est rien du tout* ».

Peut-on imaginer un service de transport où le temps d'attente soit vraiment le demi-intervalle « moyen » de passage du transporteur ? Cela pourrait être le cas si l'exploitant assure un service à horaire annoncé, comme pour le chemin de fer, mais que l'usager ne connaît pas cet horaire : si l'usager le connaît, son temps d'attente est la latitude qu'il s'accorde pour arriver à la station à temps ; s'il a raté le train, c'est l'intervalle de temps entier jusqu'au passage du train suivant. Mais s'il ne connaît pas l'horaire ?

Lorsque je suis arrivé à Casablanca en 1937, la population était l'objet d'un important exode rural, et au surplus une épidémie de typhus sévissait, dont Albert Camus s'est inspiré pour le roman *La Peste*, qu'il a située à Oran. Elle n'a pas été grave au point de déclencher une mise en quarantaine de la ville, les communications n'ont pas été interrompues et la compagnie de chemins de fer devait assurer un trafic assez important de bédouins venant de leur campagne ou y retournant. C'était une population qui comme au Moyen Âge n'avait pas d'autre notion du temps qui passe que la succession des jours et des nuits et les moments où le *muezzin* appelait les fidèles à l'une des cinq prières obligatoires, selon des critères dont la compagnie des chemins de fer n'avait certainement pas tenu compte. Au surplus il n'y avait pas de minaret dans le voisinage audible de la gare. Les bédouins venaient donc au hasard, guidés par le soleil, sans savoir quand il y avait un train. Il arrivait souvent que le chef de gare leur annonce : — Le train pour Marrakech est déjà parti, revenez demain.

Ils allaient alors s'asseoir dans un coin de la gare avec leurs baluchons, sortaient une théière, un pain de sucre candi, et un réchaud méta, préparaient du thé à la menthe et s'installaient là jusqu'au passage du train suivant.

Dans les exemples précédents le temps d'attente est défini comme temps qui s'écoule entre le moment où l'usager arrive à la station et celui où un véhicule se présente pour le transporter : c'est une relation entre système de transport et usager.

Il est intéressant de définir en parallèle une relation de l'usager que nous appellerons son *temps disponible :* considérons le temps qui s'écoule entre le moment où il n'a plus rien à faire dans l'endroit où il se trouve et celui où il a quelque chose à faire dans un autre endroit éloigné desservi par un moyen de transport : le temps disponible hors transport est celui qu'il lui reste si on retranche de ce temps écoulé le temps du transport, le temps d'attente du transport, les temps terminaux de marche à pied. Il est d'autant plus important que la fréquence de la desserte est faible. L'usager dispose alors du temps qui reste pour tailler un crayon, visiter des magasins, lire un livre, préparer un travail, faire l'amour, tuer un ennemi, discuter pour changer le monde, boire du thé à la menthe... ou ne rien faire du tout.

ARCHITECTES ET TRANSPORTEURS.

Les concepteurs de mode nouveau de transport ont posé des problèmes d'architecture et d'urbanisme parce qu'ils devaient trouver des solutions pour insérer leur système dans un tissu existant : on leur demandait de ne pas le détériorer.

Quant aux architectes et urbanistes, ils s'interrogeaient sur l'architecture optimale pour un milieu à doter d'équipements de transport : qu'il s'agisse d'une rue piétonnière, d'un centre commercial, de l'espace dégagé autour de tours, d'insuffler la vie à une ville nouvelle, les partis choisis jusqu'à présent faute de mieux pour la circulation à pied, pour le transport des usagers à distance, n'étaient pas à recommander pour l'avenir : consommation élevée d'espace urbain dévolu à l'automobile dans les grands ensembles de bureaux ; distances excessives de marche à pied imposées aux piétons qu'on aurait pu éviter, nombre de piétons qui n'étaient que des usagers d'une voiture individuelle qu'il leur a fallu garer loin, etc.

Or architectes et urbanistes ne pouvaient plus ignorer à partir de 1970 qu'il existait de nouvelles possibilités de transport urbain, certaines opérationnelles, d'autres très avancées : ils n'étaient plus condamnés à l'automobile. De nouvelles structures étaient imaginables : qui sait quels types d'urbanisation seraient induits par l'existence de nouveaux moyens mis à disposition des citoyens pour modeler leur cadre de vie ?

Une préoccupation commune réunit architectes et urbanistes, et ingénieurs : avant tout organiser l'espace et le temps du plus grand nombre, satisfaire à des contraintes : coefficient d'occupation du sol, hauteur constructible, distance minimale entre activités différentes pour l'un ; et pour l'autre, diminution des temps d'attente, de la distance de marche à pied obligatoire, confort spatial du passager, emprise au sol minimale des transports ; distribution de la lumière, de l'air, accessibilité des lieux, lutte contre les nuisances bruit, pollution, insécurité, intrusion visuelle.

En termes d'espace-temps, la fonction de architectes et urbanistes consiste à pratiquer des *séparations* dans l'espace à l'aide de structures soit très perméables pour rendre accessible un lieu destiné à une grande fréquentation souhaitée (structure « squelette »), ou à l'extrême opposé très fermées pour isoler des espaces voués au silence, au repos, à l'usage privé (structure « troglodyte »)[183]. Ils cloisonnent donc l'espace, mais non sans y pratiquer des portes de communication : ils passent avant les transporteurs qui réunissent les parties cloisonnées par des liaisons entre les portes par

---

[183] FRIEDMAN Yona. : *Pour une architecture scientifique*, P. Belfond, pp. 63-65

des moyens de transport qui cloisonnent l'espace-temps (cf. Annexe D et fig. 30-31).

A l'inverse, la fonction des moyens de transport est de *relier* des espaces éloignés, en un temps acceptable et prévisible, dans des conditions supportables et pourquoi pas agréables si possible sans attente longue et incertaine, sans marche à pied pénible, en sécurité.

Pour restituer la ville au piéton, il fallait des moyens de transport capables de franchir les obstacles, notamment ceux créés pour assurer le passage de la circulation automobile traiter les différences de niveau ; déposer les usagers au plus près de leur «porte» au besoin en pénétrant un immeuble ; l'usager souhaitait des moyens de transport ouverts sur le paysage plutôt qu'enfermés dans des souterrains.

Des solutions de transport en site propre par véhicules ouverts et sans toit circulant dans une galerie ont été proposées, à l'origine pour des raisons économiques qui ont évolué comme le service à rendre.

Le raisonnement était le suivant : le seul moyen d'améliorer le service en diminuant le temps d'attente aux stations était de faire circuler des petits véhicules se suivant à très faible intervalle de temps, à quelques secondes, donc quelques dizaines de mètres. Il devenait alors économique de retirer des véhicules les moteurs, pour les placer dans la voie ; nous en avons cité un exemple avec le moteur linéaire ; un autre était le câble des télécabines.

On pouvait aussi retirer le toit des véhicules, en les faisant circuler à l'intérieur des immeubles mis en communication à un étage, ou en couvrant la voie par une galerie dans l'espace extérieur : une telle disposition présentait l'avantage décisif de protéger la voie des aléas de l'environnement en ville, rendant possible la haute précision nécessaire pour obtenir ces faibles intervalles de temps, car il fallait que leur accélération et leur freinage se fassent à une accélération- décélération constante.

Mais l'intrusion visuelle dans le paysage d'une voie à galerie plus grande qu'une voie ouverte, posait le problème d'insertion dans un site urbain. Parmi les solutions proposées, citons la voie semi-enterrée traversée par des pontets, à toit de béton sur lequel on pouvait circuler, planter des jardins, ouvrir des boutiques ; une voie enterrée soulèverait un tollé général.

Déplacement dans un centre commercial

Un centre commercial se présente comme un mail bordé de boutiques, protégé de l'environnement par une couverture.

L'homme moderne y retrouve le charme des *kissarias* orientales (césarées, *souks* couverts), ou des *souks* en plein air et des *soukkas*, quand la vue du ciel est recherchée. Le centre est agencé pour éviter de fatiguer le piéton en limitant sa longueur : une bien petite rue pour les besoins de la population de plusieurs centaines de milliers de visiteurs assurant sa subsistance ; le centre est construit pour loger les automobiles qui l'assiègent de toutes parts avant de repartir chargées d'achats.

Un centre plus étendu et digne du nom de rue pourrait requérir un moyen de desserte interne, et de liaison aux parkings automobiles qui ne seraient plus tenus d'etre proches du centre.

On pourrait lui faire assurer d'autres fonctions : desservir une agglomération voisine ; parcourir le mail à faible vitesse (1mètre par seconde) pour permettre à l'usager de regarder les vitrines ; s'arrêter souvent le long du mail, ou le traverser à une vitesse (0,35 mètre par seconde) qui permette d' y entrer et d'en sortir facilement (Fig 25).

Fig 25. Déplacement dans un centre commercial.

Le mode de transport le plus apte serait le transport semi-continu où les passagers sont assis perpendiculairement à la marche.

Un hôpital horizontal

Le problème du transport a une influence vitale sur une structure hospitalière. Le problème le plus apparent est de satisfaire le besoin de déplacement entre hôpitaux par le réseau d'ambulances traversant la ville : la liaison entre un hôpital ancien enserré dans des immeubles et son prolongement moderne qu'il a fallu installer plus loin dans des terrains disponibles.

On pourrait songer à des véhicules aménagés pour recevoir un lit de patient, une infirmière et un médecin, immobilisables pendant le temps de chargement et de déchargement, transportés par un système à forte capacité d'insertion dans un site urbain.

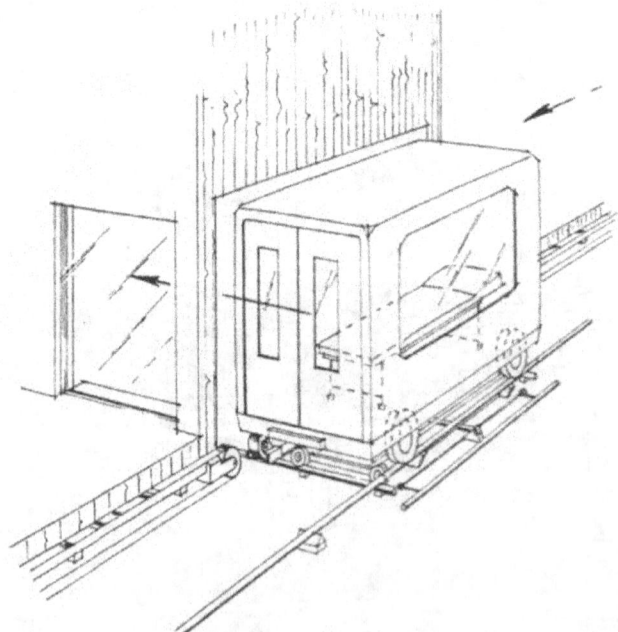

Fig 26. Cabine pour le transport dans un hôpital

Mais le plus important est de repenser la structure des hôpitaux. Le développement et l'accroissement de spécialités interdépendantes crée le besoin d'agencer tous les services pour les rapprocher les uns des autres, à moins de 60 mètres : c'est ce qui a conduit à construire autour d'ascenseurs un hôpital-tour, structure peu adaptative et peu accueillante.

Or c'est peut-être l'application idéale du concept PRT dans un hôpital-jardin horizontal et non vertical, un nombre élevé de stations placées en dérivation sur une ligne principale pour y faciliter le chargement et le déchargement de lits, accompagnés par des personnes qui par définition vont au même endroit que le patient, donc n'augmentent pas le temps d'attente, déterminé par le nombre des lits circulants et non celui des stations, sans interrompre le trafic sur la ligne principale, et sans s'arrêter aux stations intermédiaires quand le lit est transporté d'un service à un autre à la demande (Fig 26).

Le trafic interne serait élevé et l'intervalle entre véhicules de quelques secondes, aux heures des repas notamment, mais c'est encore une destination commune où les usagers peuvent être groupés.

C'est la structure ordonnée de la demande dans cette application qui rendrait possible et attrayante l'utilisation d'un PRT.

La cité du piéton

Le problème des déplacements de piétons obligés, vu par le transporteur animé du souci d'y apporter une aide, et le cas échéant au fait de l'existence de moyens nouveaux de transport a fait l'objet de l'analyse géométrique rapportée en Annexe D : Calcul des déplacements de piétons.

Elle met en évidence la forme la plus favorable des réseaux de transport urbain apportant une aide au piéton, tenant compte uniquement d'une distance maximum parcourue à pied. Les figures 30 et 31 représentées dans cette annexe en donnent une idée.

Le piéton vu par les transporteurs

Le réseau cellulaire de transport suggéré par l'analyse de la marche à pied dans les cheminements de piétons créés par l'urbanisation naturelle diffère du tout au tout du réseau familier de voies perpendiculaires divisant la ville en blocs appelé « réseau de Manhattan », qui n'est en aucune façon optimal : il contient un nombre excessif d'intersections, sources de congestion de trafic ; la limitation du temps d'attente d'un véhicule libre dans le cas d'un système de transport PRT conduisait à la même conclusion. Le système constitué de dessertes de zones où la marche à pied est limitée, interconnectées par des liaisons interzones semble de beaucoup préférable, et il est voisin de celui établi empiriquement en fonction des besoins de la population : les chemins piétonniers pris dans leur infinie diversité bifurquent, se rejoignent, forment un minimum d'intersections, retrouvent à l'occasion des formes anciennes de voirie : piazettas, traboules, passages. Les chemins piétonniers sont les moins chers, les moins encombrants, et à la limite négligent les notions d'origine et de destination de l'usager s'il préfère suivre un chemin plus agréable, mieux adapté à ses désirs.

Pour justifier ce point de vue, certains promoteurs de moyens de transports nouveaux ont affirmé que les chemins tracés dans la nature par l'homme sauvage pour ses besoins primitifs étaient ainsi constitués : des forêts plutôt civilisées, quadrillées par un réseau de pistes destinées à des gens ayant des besoins différents : chasseurs, guerriers, messagers, familles de villageois ; des chemins qui n'avaient pas pour seule utilité d'aller d'un endroit à un autre, mais servaient de lieu de promenade, de rencontre entre garçons et filles, de bavardage, de repos ; qui formaient un système de transport où l'on se trouvait partout comme à son domicile.

Paradis perdu rousseauiste ? Création illusoire ? Matière dont les rêves sont faits ? Une explication rationnelle a été avancée :

«Tous ces chemins avaient environ 0,50 mètres de largeur, ce qui est assez : un homme qui avance d'un pas balaie un volume inférieur au mètre cube, alors que nos automobiles s'approprient un volume quinze fois supérieur d'espace urbain pour déplacer d'autant une personne et demie qu'elles transporte[184]».

Mais les moyens de transport alternatifs étudiés ne font guère mieux, à l'exception du trottoir roulant.

C'est là un facteur limitatif de l'environnement interne de la société de rêve considérée, comme de la nôtre, traité dans ce qui précède comme une contrainte d'adaptativité imposée à son environnement externe. Le nôtre a une histoire et une structure différente, évoquée plus loin.

Retenons ici que le piéton qui circule dans l'espace urbain ne dépasse pas 0,50 mètres en largeur mais occupe une longueur un peu supérieure à un pas s'il pousse ou traîne une poussette ou une valise à roulette. La piétonne qui pousse un landau dépasse le mètre. On ne voit pratiquement

---

[184] HAZARD LELAND ON TRANSPORTATION. : Carnegie Mellon University, T. R. I. Report n°4

personne qui pousse un caddie en ville. L'interdiction pure et simple de circuler en ville avec un caddie sous peine de contravention pourrait être un article de *code de la rue* susceptible de rencontrer une faible résistance de la population urbaine, alors qu'elle contribuerait à encourager les achats dans les commerces de proximité et à diminuer la circulation automobile.

Le piéton vu par l'architecte urbaniste

Au lendemain de la guerre, le rêve de liberté s'est concrétisé en partie par le désir de conduire une automobile, vers des lieux d'évasion dont l'accès était facilité par la construction d'autoroutes.

En 1950 presque tout le monde rêvait d'une automobile ; en 1970 presque tout le monde y avait accès en Occident, ce qui a engendré les nuisances que l'on sait dans les villes.

L'espace public dans une ville est l'ensemble des lieux accessibles *intra muros* hors l'espace privé, structuré par ceux qui s'en emparent. En théorie tous les usagers sont libres et égaux en droit d'en user, pour le traverser ou pour se l'approprier en y restant. Haussman l'a élargi à certains endroits après les barricades avec l'intention secrète, dit-on, d'y faire passer le canon…il l'a ouvert à l'automobile, et aux manifestants.

Il en est résulté la nécessité d'instaurer des impératifs de sécurité. La stratégie dominante a été la segregation de l'espace entre les piétons et les engins motorisés. Mais d'autres solutions que l'espace public segrégatif sont possibles : un *espace semi-segrégatif* et un *espace partag*é ont fait l'objet d'études, d'expérimentations en cours et de réalisations partielles.

Vers la fin du vingtième siècle la soif de vitesse s'est calmée et on a été conduit à revoir le concept de mobilité dans l'espace public. La ville s'en est emparée, et l'a adaptée au piéton en favorisant la marche[185] : ça ne coûtait pas cher, c'était bon pour la santé, et c'était susceptible de créer des liens sociaux, et même de favoriser une sérendipité créatrice. Le regard sur la ville s'est métamorphosé au détriment de la vitesse. On a reconnu des vertus à la lenteur, elle donne à la mémoire le temps de se manifester : la Tortue se rappelle quand Achille oublie.

Le Petit Prince à qui on avait fait gagner une heure de temps ne l'utilisait plus pour faire du jogging, ni pour participer à des marathons. Il voulait l'employer à marcher doucement vers le fleuve qui traversait la ville, à flâner le long de ses berges, à s'y arrêter pour regarder passer les péniches.

---

[185] TERRIN JJ. : *op. cit.*

Dans un mouvement qui a débuté dans les grandes villes de l'Europe du Nord, on a développé des politiques visant à favoriser les déplacements des piétons dans la ville, notamment en organisant la plus grande extension possible de l'espace urbain, en réduisant au maximum l'emprise au sol de mobiliers urbains gênant la circulation (lampadaires, sémaphores) puis en opérant à l'aide de marques au sol un partage équitable entre les différents modes de déplacement : marche à pied, roller, vélo propriétaire ou de location, automobiles et autres engins motorisés, bus, trams ; mais aucun moyen de transport nouveau « de l'an 2000 », les quelques réalisations que nous avons mentionnées étant confinées dans des sites propres éjectés de cet espace : devons-nous le regretter, nous lamenter ? Leur promoteur avait eu pour souci de réduire les temps d'attente et l'incertitude sur ce temps, de diminuer le temps passé en transport d'un endroit à un autre, d'augmenter le temps disponible, bref de faire gagner du temps à son usager, qu'il a cru pressé, mais il ne s'est pas préoccupé des autres.

En se limitant aux réalisations en cours d'espace partagé, est-on en mesure de poser une question importante : l'idée de ne pas privilégier à l'excès les déplacements domicile-travail, de favoriser les déplacements du piéton flâneur, a-t-elle été une *illusion créatrice* ? Son rival qui s'est octroyé la place du lion, à savoir l'usager de la chaussée, le conducteur d'automobile, mais aussi de moto et de mobylette sera-t-il détrôné, accepte-t-il seulement de se pousser un peu sur le côté, la réduction de largeur de la chaussée ayant pour but d'élargir les trottoirs, l'espace dévolu aux piétons, d'aménager une piste cyclable séparée, mais aussi de réduire la circulation automobile en la ralentissant, voire la dissuader ? Ou viendra-t-il y stationner y compris sur les trottoirs comme mobilier urbain intempestif et encombrant, si l'on n'a pas prévu que c'est sa vocation initiale et terminale, celle du conducteur qui a réussi à se garer étant alors métamorphosé en piéton *lambda* ne se distinguant pas des autres ? A contrario, des emplacements nécessaires pour le stationnement des vélos peuvent être disposés en longueur et utilisés pour séparer les circulations des piétons, cylistes et engins motorisés, et contribuer ainsi à leur harmonie.

La réponse des experts se limite pour l'instant à mesurer le pourcentage des déplacements suivant les différents modes : on se félicite d'observer une augmentation significative de la part des piétons, mais on déplore une augmentation des collisions et accidents corporels.

Une caractéristique significative de nature culturelle est la *proxémie* [186] : distance physique qui s'établit entre des personnes prises dans une

---

[186] HALL E. : *La dimension cachée,* Points, Essais 1978

interaction. E. Hall qui l'a étudiée a montré qu'elle était beaucoup plus grande dans la civilisation anglo-saxonne et germanique, où les gens se tiennent à des mètres de distance, que dans les civilisations méditerranéennes et orientales, où cette distance se compte en décimètres.

C'est peut-être une des raisons pour lesquelles les expériences de partage de l'espace public entre piétons et machines ont été engagées d'abord dans des villes du Nord de l'Europe, quoique les rigueurs de leur climat surtout en hiver les rendent peu propices à la marche à pied ; mais d'un autre côté une proxémie faible accroît les risques de collision en espace partagé.

Le piéton de l'an 2000 avec son parapluie et son sac à dos, équipé d'un walkman, puis d'un Ipod, puis d'un smartphone, mais pas d'un caddie, est un vrai multimedia : il peut lire, écouter de la musique, prendre des photos, des films, téléphoner, interroger Internet, être renseigné sur son chemin, sur ce qu'il y a à voir et à entendre par une signalisation appropriée. Il supplante le conducteur d'automobile métamorphosé en conducteur de caddie dans un supermarché lointain après avoir garé son véhicule dans un parking géant hors les murs de la ville.

On enregistre cependant une conséquence fâcheuse : le développement des moyens d'information, Internet en particulier, a poussé des palanquées de piétons naturels ou conducteurs transformés en piétons à déserter les magasins, à rester chez eux et commander la livraison à domicile de l'objet de leur désir. D'où une augmentation significative du nombre de livreurs et des engins souvent pétaradants et polluants qu'ils utilisent.

Comment prendre en compte la diversité des groupes d'utilisateurs de l'espace public hommes et femmes, enfants, personnes âgées, handicapées, de mobilité réduite, comment traiter leurs besoins et désirs, leurs situations corporelles, comment distribuer l'espace et le temps entre les piétons, les vélos, les automobiles, et les transports en commun en respectant des règles de sécurité et autant de confort que possible ? Des innovations techniques ont-elles apporté une contribution à ces projets ?

Passons en revue quelques réalisations en cours ou en projet[187], parmi bien d'autres d'ambitions comparables.

Londres a engagé une expérimentation d'espace partagé, fondée sur le respect mutuel des différents modes de mobilité, et une attention particulière à la protection des handicapés, des mal-voyants, en s'asurant de l'absence d'obstacles et de la présence de moyens de repère à leur portée.

---

[187] TERRIN JJ. : *op. cit.*

Les villes de Copenhague et d'Amsterdam ont entrepris de dégager un maximum d'espace pour les cyclistes et les piétons, dont les touristes. Elles ont réduit de 20% la circulation automobile en dix ans dans le centre ville, la reportant ailleurs.

À Amsterdam le Tapis Rouge sur le Damrak qui traverse la ville du nord au sud ; à Copenhague la rue piétonne Stroget, la rue Straedet partagée entre piétons et vélos, le projet sur la rue commerçante Amargerbrogade d'un espace partagé sans séparation et sans contrainte par des réglements, où cohabitent piétons vigilants, vélos, bus, automobiles ayant un but à y atteindre et ralentis par retrécissement de la chaussée ou passage autorisé entre bus : autant de réalisations phares, dont d'autres métropoles qui cherchent à les imiter suivent attentivement les résultats. La tendance est à distribuer l'espace en le réservant aux différents groupes sociaux en fonction du temps : heures, jours ou semaines.

Paris, Lyon et Bordeaux sont des métropoles traversées par un grand fleuve : l'aménagement des berges, allant jusqu'à la construction d'îlots accessibles, leur organisation en espace partagé entre voitures et piétons dans le temps a été la première expérience tentée, suivie de projets d'espace ouverts aux piétons dépassant l'ambition d'une zone piétonnière ; à Paris la transformation de la voie sur berge droite en été en «Paris-Plage», et l'opération «Paris respire» fermant le dimanche l'accès à l'automobile dans certains quartiers pour y créer des voies réservées aux cylistes, aux rollers et aux piétons ; à Lyon les berges piétonnières du Rhône, l'espace en terrasse de la Guillotière, et le projet de réseau express Real de transport collectif dans un schéma de cohérence territoriale, pour faciliter l'accès aux gares et au centre de tous les usagers de la région ; à Bordeaux le Miroir d'eau et le jardin des Lumières.

En résumé les piétons dans l'espace public, dans leur grande diversité de catégories sociales, de besoins et de désirs d'êtres humains, exprimés dans de nombreuses associations, forment un ensemble chaotique, plus compliqué que complexe : c'est un système comportemental défini par le but plutôt simple de trouver sa place et celle de sa mobilité en harmonie avec les autres modes de déplacements ; de ce fait sa complexité apparente n'est le plus souvent que le reflet de celle, ô combien plus complexe, de l'espace-temps public et des autres modes formant son environnement externe[188].

---

[188] SIMON H. : *op.cit.* p.107.

X

Les armées célestes

Apparition du sacré

Jusqu'ici la plupart des objets artificiels évoqués étaient des objets matériels. Dans ce chapitre il sera question d' «objets» artificiels conçus par des êtres humains individuels ou en collectivité : un théoricien en action, une société en situation de défense, une idéologie partagée, une religion pratiquée. Leur finalité sera d'être des objets sacrés.

René Girard développe un rapport entre le *sacré* et la *violence*. Selon René Girard, le sacré fait partie «des choses cachées depuis la fondation du monde» : *kekrymmena apo katabolis kosmou,* selon Matthieu. René Girard explique pourquoi *homo sapiens* qui s'est formé il y a quelques millions d'années a instauré des sacrifices d'êtres humains, qu'il a mangés ; puis les a remplacés par des sacrifices d'animaux, qu'il a domestiqués à cet effet avant d'en faire une partie de sa nourriture ; pour finir par se contenter souvent de sacrifices végétaux, comme ceux qui font l'objet des principaux rites de la Pâque juive, ainsi que du pain et du vin de l'eucharistie chrétienne.

Il s'agit là d'objets artificiels par excellence. Le pain est un mélange finalisé de farine, d'eau et de temps : le temps du travail de la pâte, de l'espoir. Le vin est aussi un mélange finalisé de raisin écrasé, d'eau et de temps de travail : c'est mon sang, dit Jésus. Lors de la Pâque juive, on en boit quatre coupes qui rappellent le sang de l'agneau pascal, signe qui a servi à épargner les Hébreux pendant la dernière plaie d'Egypte. Mais on mange du pain azyme, mélange de farine et d'eau sans le temps, qu'on n'a pas, car il faut fuir pour survivre, un pain sans espoir immédiat : c'est mon corps, dit Jésus. Et pourtant il faut aussi manger pour vivre, car vivre c'est manger du temps.

Les faits les plus anciens n'ont pu avoir de témoins : ils ont fait l'objet de mythes portés par une tradition orale, jusqu'à l'apparition de l'écriture qui a changé leur destin. Mais la relation du sacré à la violence est apparue d'une autre manière. Les concepts de sacré, de tabou intouchable, rapportés à l'incommunicable inspirent les réflexions suivantes.

Plusieurs auteurs contemporains semblent s'accorder sur un point : ils retiennent du sacré son caractère d'incommunicabilité séparatrice ; la marque du sacré serait la *non-communication*, le contraire de la communication, qui est pourtant la condition même d'existence de toute vie, et une marque profonde de la condition humaine : « on ne peut pas ne pas communiquer ». La transgression, la révélation de certains secrets (en grec *apo-calypse*) serait la source de grands maux. Le fruit défendu du jardin d'Eden, le feu volé par Prométhée dans l'Olympe, etc. en sont des exemples mythiques, mais des exemples se rapportant à notre société actuelle abondent : l'ADN ne saurait retransmettre l'information recueillie par un être vivant dans son environnement, les caractères acquis, sous peine de destruction de l'espèce ; notre corps ignore la manière dont notre esprit acquiert une information, et dont il forme des images ; l'accès au bouton sur lequel appuyer pour déclencher une attaque nucléaire est un secret sévèrement gardé...

Il existerait alors un lien entre la notion de sacré, qui remonte à l'origine même de l'humanité, et celle de communication, dont l'envahissement actuel, source de désacralisation ou son aboutissement, ne nous permet plus de négliger la modernité, ni la technicité. Qu'est-ce qui n'est pas communiqué de nos jours, après les efforts conjugués de Steve Jobs, de Bill Gates et de leurs émules et continuateurs pour tout mettre en communication dans toutes sortes de réseaux sociaux : quelques mots de passe pour communiquer secrètement avec les puissances de la société indispensables à notre survie ? un sésame de quatre chiffres pour accéder à notre caverne d'Ali Baba personnel ?

Origine sociale du sacré

René Girard est l'éminent théoricien du *désir mimétique*, qui est pour lui à l'origine de la violence et du sacré.

René Girard a énoncé sur ce caractère mimétique la loi de nature scientifique évoquée à propos de *La Frégate l'Incomprise* : tout désir est l'imitation du désir d'un *Autre*, que le *Sujet désirant* prend pour *modèle* et que René Girard appelle *médiateur*.

Le médiateur peut être divinisé s'il est paré de toutes les vertus : il est admiré et haï à la fois par le sujet qui se déprécie, se fait esclave, dans une relation sado-masochiste.

Le sujet est lié à *l'objet du désir* par un rapport triangulaire : il croit que le modèle désire lui-même l'objet, et il est attiré par le modèle à travers l'objet. Le sujet désirant recherche l'être du modèle, il l'admire, il désire *être* l'autre tout en restant lui-même, animé par *«l'envie, la jalousie, la haine impuissante»* suivant l'expression de Stendhal. On assiste alors à une forme de *totem* et *tabou*, évoluée ou dégénérée suivant l'angle de vue. René Girard qualifie ce désir de *métaphysique*

A mesure que le médiateur se rapproche, le désir métaphysique, la passion, le rêve augmente, et le désir physique, celui d'*avoir* l'objet diminue, finit par disparaître.

La violence et le sacré

Pour illustrer l'exposé de sa thèse, dans un premier temps sur les automatismes des comportements individuels par imitation d'un modèle, René Girard a avancé des représentations *géométriques,* avec une prédilection pour le triangle isocèle.

Le *désir mimétique selon l'autre* devient en succession rivalité mimétique, imitation d'un acte d'appropriation, puis *violence mimétique* qui se propage à tous les membres d'un groupe humain ; à ce stade l'objet du désir finit par être oublié et une violence s'empare du groupe, s'amplifie, le voue à un enchaînement de vendettas similaires et le menace de destruction.

La violence mimétique *uniformise* les conduites entre les gens :

« il n'y a plus de différences car les violents se ressemblent d'autant plus qu'ils veulent se distinguer les uns des autres[189] ».

C'est la loi du désir mimétique en société : tous se dressent contre tous sur un seul niveau commun, toute hiérarchie disparaît.

Imaginons un groupe humain comprenant un nombre n de sujets désirants indifférenciés : la violence à son paroxysme finit par engendrer un nombre considérable d'agressions symétriques d'intensité comparable

---

[189] DUPUY J-P. : *La marque du sacré*, Champs Flammarion, 2010, p. 58

(n fois (n-1)) entretenues par des vendettas qui se copient : si cette situation chaotique mais déterminée, aboutit à une lutte de *tous contre tous*, elle engendre la destruction du groupe qui disparaît.

Ne peut survivre qu'un groupe dont les membres, par l'action même du désir mimétique, auront découvert le *mécanisme victimaire :* une *victime émissaire* porteuse d'un signe distinctif est repérée par les sujets désirants, qui sont fascinés par elle. La lutte de tous contre tous se transforme alors en l'attaque de *tous (sauf un) contre un :* les n x (n-1) agressions symétriques se réduisent à : (n-1) agressions unidirectionnelles contre une seule victime à défense faible, qui provoquent sans peine *l'expulsion*, ou le *lynchage* ou le *meurtre collectif* de la victime ; la crise s'arrête par miracle, le calme est rétabli, les membres du groupe peuvent revivre ensemble.

Le groupe surpris d'être apaisé est persuadé que la victime est la *cause* à la fois de la violence qui a failli détruire le groupe et du prodige de sa disparition. Pour le moment elle apparaît comme porteuse d'un pouvoir miraculeux de pacification, elle devient *sacrée*, et peut finir par être *divinisée*.

Comparée aux représentations géométriques des comportements individuels, la représentation arithmétique de cette situation collective met en évidence un aspect intéressant de la répétition. Elle est réalisée dans la figure 27, où l'on s'est arrêté à n = 5, mais c'est assez pour en rendre compte : l'extension progressive du désir de 1 à n membres, fait penser à sa réalisation musicale et chorégraphique par le boléro de Maurice Ravel où Maurice Béjart fait interpréter par Jorge Donn le rôle de la victime émissaire. La répétition du thème symbolise l'imitation d'un désir ; elle n'est pas linéaire mais pyramidale : on n'imite pas que le dernier imitateur, mais tous les imitateurs précédents, d'où l'uniformisation. Le boléro se déroule comme un hymne au mimétisme. La découverte du bouc émissaire ne rétablit pas une linéarisation, mais engendre une innovation : la vectorisation en une meute. Cependant l'image donne à penser aussi que la victime émissaire pourrait être le modèle primitif qui n'a pas de médiateur.

Le désir mimétique initié par l'imitation est devenu rivalité puis violence mimétique : le mécanisme mimétique vu ainsi est le fait d'un automate.

Des animaux s'assemblent en meutes régies par la dominance d'un animal, mais le cerveau grandissant tous les animaux veulent dominer, le nombre de dominateurs augmente et la meute tend à disparaître parce qu'ils s'entretuent.

La mimésis conflictuelle serait une conséquence de l'agrandissement du cerveau, dont le crâne n'est pas soudé à la naissance : l'homme naît prématurément inachevé, dépendant de sa relation à l'autre.

Elle rend compte du processus d'hominisation en termes d'évolution adaptative : capacité de dominer les instincts par substitution de la culture à la nature, par adaptation plastique, par exemple à un modèle.

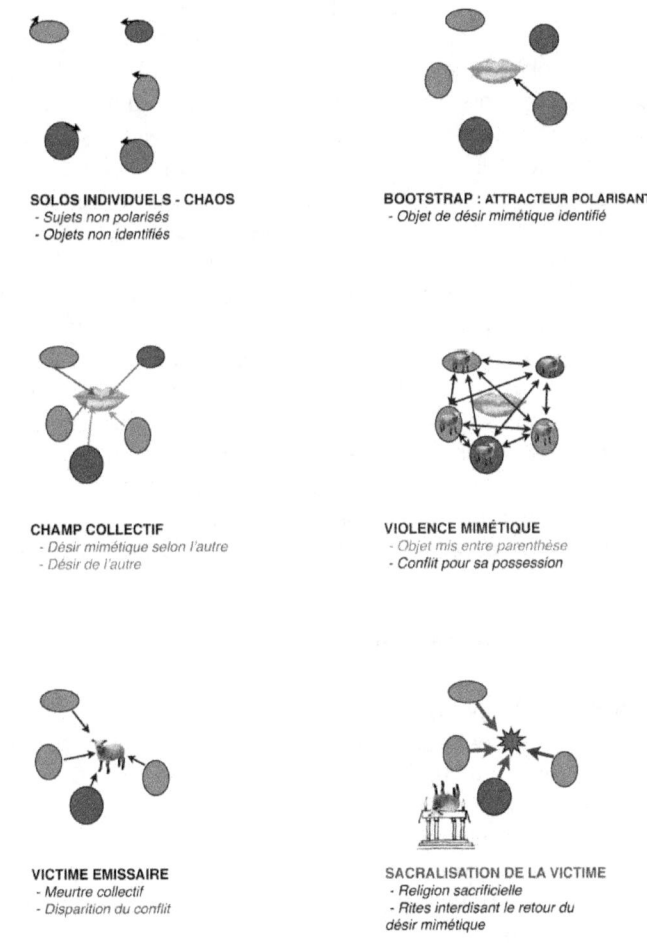

Fig 27. Le bolero de Girard

Le passage au sacré quand la violence s'arrête par le mécanisme victimaire est un autre processus de sélection naturelle, qui a permis la survie de l'espèce.

Pour survivre il faut que la société respecte des contraintes : obligations et interdits, tabous et totems, en adorant un Dieu : l'ex victime émissaire.

L'objet qui survit, c'est la société avec les obligations et les interdits qui l'environnent. La croyance en un être surnaturel en est une simple conséquence, qui ne donne prise à aucune contestation.

Pour préserver son existence menacée par la violence, le groupe a découvert avec le mécanisme victimaire un moyen d'adaptation à cet environnement ; par sélection naturelle il réussit à survivre, s'il l'utilise pour mettre en place les moyens d'empêcher le retour de la violence mais il n'y parviendra pas si l'environnement est détruit. Ce qui peut survivre c'est le groupe *plus* son environnement, si l'un s'adapte à l'autre.

La notion de *sacré* est le ciment originel d'une société humaine, qui lui a servi à évacuer la *violence* et à s'en protéger par des Dieux : il détermine des *interdits* et *obligations* que s'imposent ses membres sous la forme de *rites* ; les interdits ont pour objet d'empêcher l'accès aux objets susceptibles de produire le désir mimétique ; le rôle des obligations est de leur rappeler la crise mimétique ; des *textes mythologiques* jouent le rôle de mémoire de la crise, et des *rituels* en donnent une représentation théâtrale en simulant sous la forme d'un *sacrifice* le thème du *lynchage fondateur*. La crise est présentée du point de vue des lyncheurs unanimes, comme causée par une victime *coupable :* ce mensonge est une *méconnaissance* indispensable à l'efficacité du sacrifice.

Remarques sur les représentations

Pour illustrer les comportements collectifs qu'on vient de décrire, automatiques au sein d'une société primitive avant la culture, risquons une représentation *physique*, qui sera utile pour éclairer la suite.

La forme des mécanismes invoqués appelle une interprétation *thermodynamique :* on peut associer à la société primitive des propriétés analogues à celles d'un système de cet ordre : elle possède un *volume* (par sa population n) ; une *température* (la violence mimétique) ; une *pression* (celle exercée par le sacré, qui impose obligations et interdits) ; un *métabolisme, énergie interne* (la cohésion sociale qui maintient ensemble ces éléments). Son degré d'organisation, de résistance à un désordre, qu'on appelle *néguentropie*, mérite une attention particulière : il dépend de l'information qu'elle échange avec son environnement pour survivre et qui participe à sa mémoire, selon les mécanismes que nous essaierons d'expliciter.

L'intérêt de cette analogie est de mettre en évidence la violence et le sacré comme des conséquences matérielles du désir physique *d'avoir*, si la société primitive est assimilée à une machine thermique, sujette à des forces aveugles, des causes qui produisent des effets obéissant aux lois de la physique et agissant sur la société en utilisant une énergie extérieure pouvant tendre à sa destruction.

Mais cette société est composée d'êtres vivants, dont l'attirance vers l'objet du désir aboutit au désir métaphysique *d'être* le modèle médiateur, ce dont cette analogie ne rend aucun compte, pas plus que de l'imitation à l'origine du désir mimétique ni du miracle de la victime émissaire. Elle ne retient que les aspects matériels.

Le désir mimétique, réponse à un stimulus engendrée par l'imitation d'un modèle perçu, qu'il soit physique ou métaphysique, présente bien les propriétés d'un processus mental déclenché par une information, une différence perçue dans l'environnement, et alimenté en énergie par son propre corps.

De même, le signe distinctif par lequel le groupe repère et identifie une victime émissaire dans l'indifférenciation ambiante renvoie typiquement à la nouveauté, la «*différence créée par une différence*» pour la survie du système dans son environnement.

En revanche l'uniformisation des conduites, la disparition des hiérarchies, l'indifférenciation produite par la violence sont les éléments qui font basculer l'action vers le monde illustré par *l'analogie thermodynamique*.

Applications à des sociétés primitives

Simone Weil[190] a soutenu que contrairement à la science des grecs anciens, développée comme une religion, la science moderne s'est réveillée comme la Belle au Bois Dormant après des millénaires de léthargie, complètement changée, incompatible avec tout esprit religieux : du coup la science aurait vidé les églises.

Or une religion instituée est bien obligée de s'appuyer sur ceux qui vont au Temple, et non sur ceux qui restent en dehors de l'enceinte sacrée. Préoccupé par un problème mi-religieux, mi-scientifique en apparence, j'ai donc fait un pas dans cette direction, pour m'informer.

---

[190] WEIL S. : *op. cit.*

Les textes mythologiques avancés par René Girard à l'appui de sa thèse se rapportent aux époques préhistoriques où l'homme émerge de l'animalité et où le religieux archaïque, le tabou, et peut-être le totémisme apparaissent.

Si l'on se tourne vers les textes bibliques, on y repère de nombreuses ressemblances qui confirment la thèse, mais aussi des singularités qui semblent s'en écarter.

Le plus grand écart est la lecture non sacrificielle que René Girard fait du Nouveau Testament, des Évangiles, donc de la messe (*en latin*), à ses yeux désacralisée : l'intervention éventuelle d'anges célestes est alors bienveillante ; ils ne sont pas sacrés mais saints, et ils communiquent ! Plus encore que leur vocation, c'est leur fonction.

Mais notre perplexité se rapporte à l'origine à l'Ancien Testament, qui invoque en premier lieu des visions du prophète Isaïe au temps d'Achaz l'impie : il avait vu un *Dieu des armées : Adonaî Sabaoth,* empêcher Israël de redevenir Sodome et Gomorrhe ; préparer sa vengeance ; prophétiser que le peuple jetterait les idoles ; punir Juda ; annoncer sa mise en captivité ; et être élevé Dieu Saint par la justice[191]. Mais dès la fin du règne précédent d'Ozias Isaïe savait que c'était avec un Dieu des Armées que son peuple avait fait alliance. Il avait entendu les séraphins s'interpeller :

« Saint, Saint, Saint est Adonaï Sabaoth, sa Gloire emplit toute la terre[192] ».

D'où viennent ces armées ? Figureraient-elles la trace perdue de la violence d'une collectivité, canalisée lors d'une lointaine crise sacrificielle en une troupe de tueurs, une « multitude organisée » à cette occasion, unanimement ordonnée contre une victime émissaire, anonyme comme les tueurs, mystérieuse, arbitraire ? Cette unanimité même ne la transfigure-t-elle pas en sacré ? L'invocation serait alors comprise comme Seigneur créé par des armées anonymes, qui auront au préalable massacré, dépecé une victime émissaire ensuite divinisée.

Les armées de Dieu seraient l'instrument extérieur qui a opéré le lynchage : pour qu'un *meurtre collectif* ait eu lieu on ne sait comment ni sur qui, qu'il soit scandaleux ou sublime, il a bien fallu qu'une collectivité ait été présente et mise en action : pourquoi pas « les armées », multitude organisée pour la survie d'une société cimentée par le sacré.

Selon les exégètes de la Bible, Isaïe n'est lui-même l'auteur que de la première partie du Livre d'Isaïe (1-39) où il annonce que son peuple sera

---

[191] ISAÎE 1. 9, 1. 24, 2. 12, 3. 1, 5. 9, 5. 16.
[192] ISAÎE 6. 3.

puni pour être rendu coupable d'idolâtrie, d'injustices et de meurtres, serait mis en captivité, aura donc connu la violence destructrice, puis se redresserait, grâce à l'alliance avec le Dieu des armées. Il prédit l'arrivée d'un messie.

Une deuxième partie dite Deutéro-Isaïe (40-55) qui est l'œuvre d'un auteur anonyme a reçu le nom de *Livre de la consolation d'Israël* : il contient quatre pièces appelées *Chants du Serviteur* qui décrivent un héros acceptant de mourir pour résoudre la crise et sauver les autres.

« Adonaï fait retomber sur lui les crimes de nous tous[193] ».

Il ressemble à une victime émissaire, désignée comme telle : « *Nous l'avons considéré comme puni, frappé par Dieu et humilié[194]* » ; il a plu à Dieu de le briser par la souffrance. Cependant le héros, sorte de Messie, n'est pas victime d'un meurtre, il s'est livré lui-même à la mort, et aucun de ces chants du Serviteur ne mentionne un Dieu des armées.

Le Dieu des armées réapparaît une dernière fois, d'une manière curieuse[195] pour épouser le peuple, assimilé à une femme délaissée puis reprise, protégée et couverte de bijoux : les armées y figurent peut-être comme témoins de l'alliance. Il n'est nulle part question d'un meurtre collectif.

Une troisième partie dite Trito-Isaïe (56-66) due à un auteur anonyme ne fait plus cette fois aucune mention d'un Dieu des armées, définitivement escamoté.

René Girard insiste sur un point qui lui paraît essentiel : la violence collective doit prendre place dans un contexte d'indifférenciation ; aucune hiérarchie entre les violents qui se ressemblent tous : n'est-ce pas le cas des guerriers d'une armée, des armées, rangés autour du futur Dieu ? Siegmund Freud a présenté la même idée dans son livre *Totem et Tabou* : il est vrai qu'il y défend la thèse, rejetée par tous comme invraisemblable, du Père de la horde primitive qui fut assassiné ; mais il retient que ses fils, frères ennemis, se ressemblent comme des jumeaux :

« une foule de personnes portant toutes le même nom et pareillement vêtues[196], se tient autour d'un seul homme : c'est le Chœur rangé autour de celui qui primitivement était le seul à représenter le héros ».

---

[193] ISAÏE 53,6
[194] ISAÏE 53,4
[195] ISAÏE 54,5
[196] FREUD S. : *Totem et Tabou*, Payot, 1965, p 232

Il désigne ainsi le Chœur de la tragédie antique, rangé autour du Héros qui doit payer une faute ; chœur qui aurait donc une fonction similaire à celle des Armées d'Isaïe qu'on vient de décrire et à celle des séraphins qui les annoncent : le personnage ainsi introduit dans la tragédie est le langage, le *logos*. René Girard rejette le Père et le complexe d'Œdipe, mais retient l'assassinat : Freud a bien eu l'intuition d'un meurtre collectif d'une victime émissaire, origine de tout le religieux[197].

Que dit la bande des frères ennemis, le Chœur, confronté à la tragédie qu'il a causée lui-même, et qui se délivre de ses responsabilités en les rejetant sur le héros promu rédempteur malgré lui ? Il pleure sur ses souffrances, il manifeste sa sympathie.

Freud définit la tragédie comme une représentation tendancieuse : les événements qui se déroulent sur la scène représentent une déformation hypocrite et raffinée d'événements « historiques[198] ». — *Polla ta deina*, dit le Chœur d'Antigone : « *Nombreuses sont les merveilles, traduisait-on au lycée, mais aucune n'est plus merveilleuse que l'homme !* » Cependant le contexte appelait plutôt à traduire par une mise en garde semblable à celle qu'on trouve au zoo de Bronx sous un miroir, désignant au visiteur l'animal le plus dangereux de la création : — « *Nombreux sont les sujets de crainte, mais aucun n'est plus redoutable que l'homme !* » Traduction assez voisine de celle mot à mot que propose Heidegger, mais qui débouche sur le sens diamétralement opposé, impossibilité de quiétude, réaction instinctive à un danger menaçant notre existence, souci : — « *Multiple l'in-quiétant, mais rien au-delà de l'homme plus in-quiétant !* »

L'histoire des couples de frères ennemis ou de jumeaux : Rémus et Romulus, Étéocle et Polynice, Jacob et Esaü, a peut-être ressemblé à celle de Caïn et Abel. Le récit biblique introduit une famille caïnique : Caïn est vengé sept fois, et son descendant Lamek septante sept fois. La violence mimétique a dégénéré en vendetta. Or le schéma numérique met en évidence une anomalie : un couple n'est pas une armée, il correspond à :

$n = 2$. La lutte de *tous contre tous* se réduit à celle *d'un contre un*. Le mécanisme se réduit à l'agression de : $n-1 =$ un, contre un : Caïn le meurtrier, contre Abel la victime, la lutte n'est plus asymétrique. Pour qu'il s'agisse d'un meurtre collectif, il faudrait que Caïn représente symboliquement une collectivité, des armées, une multitude organisée.

---

[197] GIRARD R. : *La Violence et le Sacré*, Grasset, ch. VIII, p 277
[198] FREUD S. : *op. cit.* p. 233

René Girard à l'aise dans la mythologie grecque éprouve quelque difficulté à trouver des exemples dans l'Ancien Testament à l'appui de sa théorie, et s'en tient à une lecture semi-sacrificielle.

Encore faut-il ne la prendre, pour commencer, qu'après que Dieu ayant créé l'homme, ait commis le premier acte de violence en l'expulsant du Paradis ! Avant que l'homme n'introduise à son tour l'indifférenciation avec la violence, la création du monde a plutôt commencé par des différences, des séparations, qui ont engendré des classes, et de la nomination : Dieu sépara la lumière et les ténèbres. Dieu appela la lumière «Jour» et les ténèbres Il les appela «Nuit». Quand on sépare il faut donner des noms différents à ce qui est à la main gauche et à la main droite, à ce qui monte et à ce qui tombe. Il sépara les eaux qui sont en dessous du firmament des eaux qui sont au dessus. Dieu utilise un crible : le firmament ; et des classeurs : dessus, dessous, sec, mouillé ; des étiquettes : Jour, Nuit, Mer, Terre. Par là même Il crée la Multiplicité des combinaisons d'étiquettes et leur Variété, qui est le nombre des classements.

Ce Dieu-là serait un Grand Ordinateur. S'Il est une substance consistant en une infinité d'attributs, il s'agit d'une infinité numérique. Quand le monde est détruit par le Déluge, Noé introduit à son tour du classement pour le repeupler d'animaux.

René Girard a pu repérer quelques grands moments de sa théorie : la confusion de la tour de Babel, la corruption de Sodome et Gomorrhe, le déluge évoquent bien l'indifférenciation, l'effacement des hiérarchies lors de la lutte de *tous contre tous* ; l'élaboration d'interdits (*cacherout*) et de rituels (les fêtes, dont la Pâque), à partir du récit d'une suite d'expulsions (du Paradis), de meurtres fondateurs (Abel), de la violence collective de tous contre un (Joseph), de persécutions (l'exil à Babylone), où une victime émissaire est tenue par le persécuteur pour un coupable, un fauteur de désordre : autant d'épisodes qui confortent sa vision.

Les rédacteurs de la Bible semblent d'abord avoir suivi ce mécanisme victimaire : Caïn a tué Abel ? Dieu protège sa vie par un signe, une différenciation qui arrête la violence mimétique ; Joseph plus ou moins divinisé pardonne à ses frères de l'avoir vendu comme esclave.

Mais dans l'Ancien Testament qui naît à Babylone pendant l'exil la mythologie en cours est contestée puis est abandonnée par la suite, peut-être par esprit de résistance du faible (le peuple juif exilé) au fort (le grand empire environnant) qui présente la crise du point de vue du persécuteur.

Le sacrifice humain (Isaac) est alors remplacé par le sacrifice animal, puis supprimé, la victime émissaire est réhabilitée, déclarée innocente, et n'est plus sacrée, elle est humaine (Abel, Joseph, Moïse, le peuple juif dans l'Exode), et ce sont ses persécuteurs qui sont culpabilisés : Caïn est bien un criminel.

Cette inversion des valeurs va influer sur l'institution religieuse, et amorcer une désacralisation de la société : en contrepartie elle est désormais moins bien protégée contre le retour de la violence destructrice.

Comment ne pas voir dans ces secousses vétéro-testamentaires, les tribulations d'un appareil, d'un système fondé sur une *idée* très puissante : le désir et la violence mimétiques, mais qui dans le long cours peine à rendre le service qu'en attend son environnement externe.

Pourquoi sabaoth ?

Au départ l'invocation hébraïque des séraphins d'Isaïe m'avait interpellé par sa traduction en latin (oserai-je dire de cuisine ?) dans la messe par :

Sanctus, Sanctus, Sanctus, Dominus Deus Sabaoth

J'ai interrogé des amis versés dans les Écritures, leur posant les questions suivantes :

— Pourquoi et surtout quand *Sanctus, Sanctus, Sanctus* trois fois saint, prescrit par un acte religieux, pur, l'a-t-il emporté sur *Sacer, Sacer, Sacer* trois fois sacré, impur, trois fois tabou, interdit et inviolable ? Vos séraphins ont-ils crié Saint, ou Sacré ? quels sont ces *Sabaoth* non traduits en latin ? Pourquoi ne les a-t-on pas traduits en latin, langue militaire par excellence qui ne manque pas d'armées ? Peut-être pas par *Legiones* ni par *Militiae*, armées au sens poétique. Mais *Exercitus*, l'armée ordinaire ? *Acies*, l'armée en ordre de bataille comme une pointe acérée ? *Copiae*, la troupe, abondance d'hommes ? N'a-t-on pas proposé Dieu des multitudes ?

— Parce que précisément ce ne sont plus des multitudes, des foules, des hordes, mais des organisations, des sociétés régies par des lois. On ne disposait à l'époque que de la notion d'armée pour désigner une multitude organisée.

— Il n'empêche : *Sabaoth*, c'est de l'hébreu ! Pourquoi le chrétien qui prie désormais en français depuis Vatican Deux abandonne-t-il *Sabaoth* pour Seigneur des forces célestes, ou même Seigneur Tout Puissant ? Zéro pour la traduction !

— C'est une question néo-testamentaire, et même secundo-vaticanaire : interroge un Nazaréen ! ajoutèrent mes amis avec impatience, et ils continuèrent :

— Tu es vraiment comme le *tam*, le simple d'esprit de l'Ecriture, qui demande : *c'est quoi ça* ? *What's the matter* ? Quelle importance qu'il y ait un mot hébreu dans la messe des chrétiens ? Il y a aussi du grec : *kyrie eleison*.

Ils m'expliquèrent que *Sabaoth* avait donné lieu à une discussion bien plus grave entre de grands esprits : la philosophe Simone Weil, adoptant l'attitude du *rachah,* le «mécréant», s'en tenait au sens actuel du mot armée, et soutenait que l'appellation Dieu des Armées était *scandaleuse* ; tandis que le psychiâtre Henri Baruk, dans le rôle du *haham*, le «croyant savant», un peu fayot, inspiré par Isaïe, la trouvait *sublime*[199] : il y a des méchants ; le Dieu des Armées surgit pour les *contenir :* les mettre hors d'état de nuire ? Reconnaissons que l'explication la plus simple était que, par définition, armée était synonyme de violence, les guerriers ont toujours eu tendance à demander l'aide de Dieu pour leur combat : *Gott mit uns ! Praise the Lord and pass the ammunition !* *Allahou akbar !* Les Hébreux n'ont pas fait exception, toutes les religions doivent avoir un Dieu des Armées.

— Amen pour les Hébreux, répliqua le *tam*, mais quelle lumière cela jette-t-il sur la présence de *Sabaoth* dans un texte en latin ? Et à la question c'est quoi ça ? j'ajoute : comment vivre avec ? Au moins le rite orthodoxe a-t-il résolu cette difficulté dans sa liturgie, qui lui tient lieu de messe : *Hagios hagios hagios*, se contente-t-on d'invoquer en grec, sans appeler des armées à la rescousse.

Le biophysicien Henri Atlan, éminent théoricien de la complexité, est aussi connu pour sa grande érudition biblique et talmudique. Informé de ma préoccupation à propos de *Sabaoth*, Henri Atlan me répondit que *Sabaoth* n'avait pas d'autre signification que les armées, mais qu'il ne savait rien sur la messe ; travaillant à l'Hôtel Dieu, il me conseilla de m'adresser à son voisin de la Place du Parvis, le cardinal Lustiger, ce que j'ai fait. Le cardinal ne m'a jamais répondu.

Mais Henri Atlan m'a également aiguillé vers le livre d'Emmanuel Levinas : *Du Sacré au Saint*[200]. Pour cet auteur, le sacré est l'impureté et le saint la pureté, dont on a vu plus haut (ch VIII) l'intervention curieuse dans la création d'objets artificiels : il a été une sorte d'*illusion créatrice*. La magie, la sorcellerie est la sœur du sacré.

---

[199] LEVINAS E. : *op.cit.* p. 162
[200] LEVINAS E. : *op.cit.*, pp.116 et 162

La sainteté ne peut séjourner que dans une société désacralisée. Levinas commente à ce propos l'enseignement de Rabbi Eliezer, grand sage du Talmud : pour atteindre la sainteté, il aurait expérimenté autrefois la magie afin de comprendre et d'enseigner le sacré, et sa dégénérescence qui a produit le monde désacralisé.

Entre temps, je lus l'ouvrage de René Girard consacré à Job[201] dont le chapitre quatre intitulé *Les armées célestes,* soutient « *qu'elles ne sont aucunement célestes mais n'en sont que plus réelles* ». Je lui demandai pourquoi *Sabaoth* n'avait pas été traduit en latin, et si cela « cachait des choses ». Il me répondit qu'il regrettait son ignorance à ce propos, mais il était certain que dans la messe il n'y avait pas de censure : ce serait un anachronisme de voir une peur de la violence, et le langage qui l'exprime, dans les passages des Livres saints traduits en latin.

Peu au fait de la sainte messe, peut-être n'ai-je pas bien compris cette réponse, mais comment entendre le *Sanctus* de la *missa solemnis* en ré sans en subir l'envoûtement, ce *Sanctus* jamais exécuté du vivant de Beethoven, qui n'en a entendu que sa voix intérieure : des cuivres ouvrent la porte à trois solistes qui se recueillent l'un après l'autre pour évoquer dans une ambiance irréelle le Dieu Saint des armées ; caché ou non le sortilège est là, sanctifié par Beethoven, qui n'a pas craint de pénétrer cette contrée, où « *l'armée des anges n'ose pas mettre le pied[202]* » ; dont le *Benedictus* qui suit s'efforce de convaincre à force de répétitions accompagnées par un seul violon qu'il y a de la bénédiction dans la solitude des êtres-là, dans l'obscure clarté de la nuit.

---

[201] GIRARD R. : *La route antique des hommes pervers*, Grasset, Paris, 1985 pp. 29 et 35
[202] BATESON G. et M. C. : *La peur des anges*, Seuil, Paris, 1989, p. 1

XI

Illusions créatrices musicales

La recherche scientifique et technique a été présentée dans ce qui précède comme un mode de conception et de création de systèmes artificiels. À première vue on pourrait en dire autant de la *recherche artistique*, en particulier musicale : elle est un artefact, produit par des cordes vibrantes, des embouchures de flûte, des battements sur des peaux amplifiés par des caisses de résonance. La musique est capable de provoquer dans son environnement de fortes émotions, différentes suivant les populations : les fosses nasales des asiatiques diffèrent de celles des occidentaux, les cordes vocales des africains sont plus longues. Elle fait intervenir quelques structures formelles, quelques archétypes d'apparence universelle : certains singes reconnaîtraient l'intervalle d'octave. Mais la plupart d'entre nous ne savent pas ce que disent les oiseaux quand ils chantent : on peut supposer qu'ils communiquent par mimétisme pour persévérer dans leur être.

Quant à l'environnement dont on estime qu'il commande le but de l'activité de recherche d'un compositeur, ou qu'il exerce une influence déterminante sur elle, si on retient d'abord le *milieu professionnel* au sein duquel il évolue, il n'est pas très différent en nature de celui d'un ingénieur cherchant à créer un système adapté à ses buts : la meilleure preuve en est l'empressement qu'il a mis à utiliser les moyens de conception assistée et même automatisée par ordinateur. Le compositeur et l'ingénieur, et probablement le sculpteur et le peintre, l'autiste, ou un Chaman, rencontrent des problèmes analogues de représentation de ce qu'ils ont en tête, de conception de l'architecture d'ensemble de l'œuvre, et les mêmes difficultés de création, s'ils doivent faire face au milieu professionnel en place, dans ses préjugés, aussi destructeurs sinon plus qu'un parterre d'auditeurs insensibles.

Des questions telles que les suivantes sont abordées dans ce chapitre : peut-on considérer une *œuvre d'art* quelle qu'elle soit comme un objet artificiel, et quel pourrait être alors le but assigné à l'œuvre d'art, à quel environnement externe serait-elle destinée ? quelle sera la nature des embûches rencontrées en chemin ?

Des philosophes, des historiens, des critiques d'art, et parfois mais moins souvent des artistes eux-mêmes ont émis à ces propos des opinions, qui ont parfois donné lieu à des controverses très vives. Ne pouvant invoquer moi-même aucune expérience personnelle ni compétence en ce domaine qui m'est étranger, je me limiterai à rapporter, dans ce qui a été avancé sur la conception, la création des œuvres d'art et le but qui leur est assigné, ce qui est susceptible d'éclairer les questions posées.

Tous les artistes cherchent à exprimer une forme de vérité sur leur monde, dans des langues différentes de celle utilisée dans les sciences pour chercher à établir une concordance entre le monde sensible et le monde intelligible. Cependant le monde des artistes comme le monde scientifique cherche à atteindre une finalité humaine : quelles ressemblances, quelles différences résultent de cette identité de but dans des objets conçus et créés pour cette finalité.

N'étant pas moi-même musicien, je ne puis parler que comme témoin des musiques qui me «parlent» et de leurs auteurs. Je tenterai d'identifier des *illusions créatrices* qui ont pu animer leurs compositeurs, diriger leur oeuvre, participer à son environnement interne : illusions artistiques, qui sont masquées par l'énorme illusion économique que ces artistes subissent pour des raisons exogènes.

Embûches de la création musicale

Le vingtième siècle a vu l'avènement de la musique sérielle, objet d'un système construit, puis d'une musique concrète objet de découverte, ne dépendant pas d'un interprète : c'est une culture, qui a fait suite à la précédente, et a bénéficié de l'apport des techniques et inventions. Mais depuis la fin de la deuxième guerre, le destin de la musique a été modifié en profondeur par la révolution numérique.

Des nouveaux instruments sont arrivés : le synthétiseur, le séquenceur MIDI, l'échantillonneur, et les musiciens bénéficient de l'aide de logiciels de traitement audionumériques de plus en plus performants, dédiés au mixage et à la transformation du son.

Du coup la musique a explosé : un fossé s'est creusé entre une musique culturelle et un marché anarchique de show business, Main Stream, variétés, musiques du monde, qui ne laisse qu'une toute petite place aux musiciens désireux de faire une musique créative, résolument engagés dans la pratique de leur art, sans pour autant négliger de se former aux techniques nouvelles de la musique numérique.

La plupart des compositeurs qui suivent cette voie forment une espèce en danger de disparition, heureux s'ils arrivent à être joués au moins une fois. Ils évoluent dans un monde imbibé de musique, mais c'est rarement la leur. Ils n'en vivent guère et doivent le plus souvent exercer un autre métier pour subsister.

Un musicien peut subir aussi des embûches très ordinaires. Une corde de son instrument qui casse, les pages de sa partition qui s'envolent, le téléphone qui sonne : l'inspiration interrompue tarde à revenir. S'il essayait autre chose ? Des logiciels facilitent sa création ; mais la « perle » créée a le destin d'une goutte d'eau perdue dans l'océan Internet, où il lui appartient de créer au surplus sa « communication » pour que le public la découvre, à travers les réseaux sociaux, à l'aide de vidéos, d'outils graphiques, pendu à son téléphone pour trouver des concerts : le musicien qui veut se faire connaître cumule les travaux d'une maison de disques à lui tout seul.

Des rencontres musicales inattendues où les notions de distance dans le temps et l'espace prennent un sens nouveau, autorisant la réunion en un seul lieu musical de voix issues de cultures, de générations, d'horizons différents.

Le monde est alors devenu étrangement semblable à l'île-labyrinthe enchantée où Shakespeare a situé sa pièce féérique : *La Tempête*. L'île est habitée par Caliban, être monstrueux et difforme, mais également artiste de grand talent. Il fait la rencontre de deux rescapés d'un naufrage: les ivrognes Stephano et Trinculo, et se met à leur service, alors qu'une douce musique était en train de leur faire perdre la raison :

—N'ayez pas peur, leur disait-il. L'île est remplie de sons, d'airs délicieux, qui donnent du plaisir et ne font aucun mal. Parfois mille instruments vibrent dans mes oreilles et aussi quelquefois des voix qui si je me réveille après un long sommeil doucement me rendorment[203]...

---

[203] SHAKESPEARE W. : *La Tempête*, Acte III, Scène 2

Le développement des communications a fait pénétrer la musique partout : radio, télévision, enregistrements sous des formes sans cesse renouvelées. Mais encouragée par une demande illimitée, elle est devenue objet de consommation. Les marchands de musique enregistrée ont fait fortune, puis l'ont augmentée encore en utilisant la musique qui plaisait au public ; jusqu'au jour où il a suffi d'appuyer sur un bouton pour avoir toutes les musiques à disposition, comme l'air qu'on respire, dès qu'on avait acquis l'appareil porteur. Ce sont alors les vendeurs de ce support qui ont fait fortune. Stephano répondit à Caliban :

— Cela me fera un joli petit royaume, où j'aurai ma musique pour rien !

Nous y sommes : Stephano précurseur du téléchargement MP3 gratuit pour entendre la musique des autres, mais aussi des pilleurs de musiques reproduites par des disk jockeys sur échantillonneur pour procéder à des collages à la manière des surréalistes, prétendant constituer un travail constructif de compositeur.

Une locution proverbiale assure que «*la preuve du pudding est dans sa consommation*», qu'il soit bon ou mauvais. La preuve du «tube», c'est son succès, celle de son support matériel également.

Mais la réciproque n'est pas forcément vraie : le producteur sceptique demande au créateur : — « *Si t'es si malin, pourquoi t'es pas riche ?* »

L'un d'eux a répondu : — « *Supposons qu'on ait l'argent, ET qu'on soit intelligent...*», et imaginé sans peine les conditions d'une catastrophe réunies, par *feedback* positif.

Dès 1935 déjà, le danger de la diffusion, à la radio pour commencer, de la possibilité d'accéder à la musique en tournant un simple bouton n'avait pas échappé à Stravinsky [204]. Elle implique, écrit-il, le renoncement à tout effort actif : l'auditeur écoute sans entendre, acquiert des habitudes automatiques, est saturé de sons et de leur combinaisons ; pas besoin de faire soi-même de la musique, d'apprendre un instrument ; l'effort actif n'étant pas exercé s'atrophie. Les gens sont abrutis, incapables de juger une musique qui ne leur parle pas. On a tout lieu de penser que les moyens modernes de diffusion provoquent l'indifférence à toute musique créative.

Mais les amateurs ne se contentent pas de consommer avec passivité la musique de leur choix sous une forme enregistrée. Ils éprouvent le besoin

---

[204] STRAVINSKY I. : *Chroniques de ma vie*, 1935.

de se rendre dans des salles de concert, ou autres lieux de rassemblement, pour partager l'écoute de leur musique préférée, de leurs interprètes favoris, en communication, ou plutôt en communion devrait-on dire, avec ceux qui éprouvent des sentiments voisins des leurs.

Le concert est alors vécu par les uns comme un rite, répondant à une quête de sacralité, et par d'autres comme une fête, elle aussi sacrée. La musique est devenue une sorte de religion, un refuge du sacré. Aux deux pôles extrêmes des sensibilités exprimées on retrouve les catégories nietzschéennes, de la musique apollinienne à la musique dionysiaque[205] : celles-là même que Shakespeare a opposées dans sa pièce *La Tempête* évoquée plus haut, la musique dyonisiaque exprimée le monstre Caliban, la musique apollinienne exprimée par Ariel, esprit de l'air emprisonné dans un arbre.

Caliban s'est choisi un nouveau maître, l'ivrogne Trinculo dont il a adopté l'amour du vin. Compositeur dionysiaque, il est doué d'un sens artistique, capable de faire jaillir du chaos la musique originelle, violente, le Sacre du Printemps. L'auditeur dionysiaque entrera en «transe», s'agitera dans une volonté de libération de son moi, d'intégration à un groupe et d'oubli de tout. Il aime le bruit, les percussions, recherche les rythmes syncopés, les mesures impaires, se complaît dans le jazz, le rock, la techno.

Délivré de l'arbre qui l'emprisonnait, Ariel, compositeur apollinien, symbolise l'ordre, la paix, la sérénité. L'auditeur apollinien exprimera une préférence pour des musiques religieuses, des *spirituals*, dans un désir d'*extase* mystique, contemplative, et pour la musique modale ancienne (jusqu'au *Sacre du printemps* exclusivement). Il cherchera à s'en souvenir en retenant une ligne mélodique.

C'est l'environnement où le compositeur doit se faire entendre s'il tente de créer une musique nouvelle s'adressant à ses contemporains.

En 1830, romantiques et classiques se sont battus à la Comédie Française autour d'Hernani. En 1861, les membres du Jockey Club arrivant en retard à l'Opera de Paris après le ballet *La Bacchanale de Venusberg*, ont copieusement sifflé *Tannhauser*. Le 31 mars 1913, à la Musikvereinsaal de Vienne, des pièces de Webern déclenchèrent le rire, puis un concerto de Schöenberg et des lieder de Berg donnèrent lieu à des scènes de violence et de colère du public.

Le 29 mai 1913, il y a plus de cent ans, la représentation du *Sacre du printemps* au Théâtre des Champs Elysées déclenchait la fureur des

---

[205] AUBERT L. : *La musique de l'autre*, Georg, Genève 2001 p 87

spectateurs. Peu après, la civilisation où de tels événements ont pu se produire s'est effondrée, engloutissant quatre vieux Empires.

Ce monde a disparu : de nos jours, répondant au souhait de Stravinsky, les musiques jouées aux concerts suscitent l'un ou l'autre des « efforts actifs » suivants :

— Assieds-toi et ferme ta gueule... ou bien :
— Lève-toi et bouge ton cul...

Les exemples évoqués dans ce chapitre illustrent a contrario la vision particulière de deux musiciens de ma connaissance qui ont bien voulu me l'exposer. Ils préfigurent un grand nombre d'aspects communs à tous les arts, évoqués dans un ouvrage précédent[206].

Création par des contraintes

Daniel Goyone est un compositeur qui a pris conscience de lacunes dans l'enseignement de la musique et tenté de faire évoluer les mentalités : auteur de Cahiers du Rythme très appréciés par les instrumentistes, et de nombreux autres livres pédagogiques, il n'y parle pas de son travail de compositeur, mais ce travail en est une conséquence.

Il a mis l'accent dans le domaine artistique sur la notion de *contrainte*, dont le rapport avec *l'illusion créatrice* saute aux yeux : c'est presque la même chose, avec une ardente obligation canalisée par une ardeur obligatoire. Le créateur se fixe une règle, dans le but d'en tirer des idées nouvelles, pour sortir des automatismes, des sentiers battus : règle imposée de l'extérieur (comme celle des trois unités, ardente obligation chez les classiques), ou choisie par le compositeur comme combinaison de son vocabulaire différente de celles auxquelles son auditoire est sensibilisé (comme les contraintes d'écriture suggérées par l'Oulipo, Ouvroir de Littérature Potentielle).

Une contrainte qui fonctionne amène le créateur sur des terrains inattendus. Les contraintes les plus productives sont celles qui procèdent d'une réflexion sur le langage musical, rationnelle (exemple : la fugue, la sonate) ou non (un motif mélodique construit sur les notes correspondant aux lettres du nom, comme B-A-C-H donnant Si♭,La,Do,Si ; ou les Langues Vierges du compositeur Philippe Kadosch présentées plus loin) ; l'inspiration reste un phénomène mystérieux où l'imagination, les croyances font surgir l'irrationnel du fond d'une «boîte noire».

---

[206] KADOSCH M. : *Avatars de la vérité*, CreateSpace 2015

La différence entre l'artiste et l'inventeur pourrait venir du but qu'ils s'assignent, pour atteindre des publics n'ayant pas les mêmes préoccupations : le compositeur est enclin à chercher plutôt des idées qui le surprennent et pourraient peut-être surprendre son auditoire. Il est vrai que celui-ci a du mal à comprendre l'intérêt de musiques différentes de ce qu'il attend. Mais nous avons vu qu'il en est de même du public auquel un objet utilitaire est proposé: l'inertie et la routine commandent la première réaction.

La musique est un moyen de communication puissant, un media qui apporte du plaisir et qui suscite aussi des résonances chez ses auditeurs, mais sa conception n'englobe comme auditoire qu'une partie de l'humanité : il existe *des* musiques, et chacun de nous ne reconnaît que celles qui parlent à sa sensibilité, à son univers ; par conséquent une musique est porteuse de significations, elle parle, même si son créateur, le compositeur, n'a cru faire entrer aucune signification dans son œuvre et ne s'est proposé que de combiner mélodies, rythmes et harmonies, ou de produire des sons nouveaux.

Pour transmettre cette signification par des moyens rationnels, elle utilise un langage avec son vocabulaire propre : échelles musicales, gammes, harmonies, métrique rythmique, etc. ; et une grammaire variable selon les cultures : hauteurs organisées sous forme de tonalité, de modalité ou de séries ; rythme organisé avec la mesure, la carrure ; structure formelle, etc.

L'aspect émotionnel est irrationnel, mais le fait qu'on ne puisse guère en parler à l'aide d'un langage structuré ne doit pas faire oublier son importance. Pour un compositeur ces deux composantes sont indissociables et interactives, même si lorsqu'on «parle» de la musique, on privilégie sa composante rationnelle, exprimable par un langage qui facilite la communication de ce que le compositeur avait dans l'esprit.

De ce fait il existe des relations entre ces musiques dans le contexte de leur création, et les sociétés diverses dont les membres les écoutent de façons diverses.

Il y a toutefois dans le langage musical des structures formelles, des archétypes qui semblent universels, applicables à toutes les musiques. C'est une évidence dans le domaine du rythme, dont certaines figures sont communes à la plupart des traditions : quelques figures de claves, le balancement binaire, le rythme ternaire, souvent associé à un mouvement circulaire, comme la valse ; bien que selon mon interprétation le troisième temps de cette danse n'amorce qu'une déviation du balancement, décrite précèdemment comme «effet Candelas»(cf. fig12, p. 187)

Le signe produit par la suite de deux balancements perpendiculaires comme dans la direction d'orchestre est une croix archétypale, qui représente une rencontre de chemins, s'il est réalisé avec une mesure rythmique appropriée : mais ce n'est qu'un signe parmi une grande quantité d'autres que le langage musical peut réaliser. De même, dans le rond archétypal il n'y a pas de mouvement circulaire : c'est un signe d'enfermement, qui distingue une figure d'un fond, et dans la musique **un** *son* du *silence* ; mais aussi la musique produite « dans le temple », cachée dans le disque, qui en franchit l'enceinte pour être captée à l' extérieur.

Sont quasi-universels certains intervalles basiques : l'octave (2/1), la quinte (3/2), et certaines gammes (pentatonique et diatonique), tandis que la gamme chromatique s'est répandue par la domination de la culture occidentale. La perception de ces archétypes par des auditeurs issus de cultures différentes a, peut-être, l'explication acoustique ou physiologique évoquée au début du chapitre.

On ne peut donc négliger dans la musique son aspect binaire, à ceci près que « le Bit qui produit le It » évoque dans le domaine musical « le Beat qui produit le Hit !», associé au mouvement de balancement ; dans le domaine des intervalles, « deux » engendre l'octave, qui détermine l'espace où vont se développer les gammes, comme l'octet (le *b-eight*, le *bhuit*) qui représente tout ce qu'on peut écrire avec un clavier d'ordinateur.

Un autre aspect binaire dans l'environnement interne comme externe de la musique est illustré par la dualité horizontal / vertical : aspect basique.
Est horizontal ce qui se déroule dans le temps, diachronique : la mélodie, l'action, l'appel à la mémoire de l'auditeur ; est vertical, synchronique, ce qui est perçu comme instantané : l'harmonie, le timbre.
Ces deux aspects peuvent entrer en conflit, conduire le compositeur à les concilier en jouant sur la fréquence, la hauteur des notes, en prenant en considération l'interaction entre la perception instantanée et les reconnaissances ou associations agissant sur la mémoire.

Un compositeur doit aussi bien entendu réfléchir sur son langage : il est lié à une culture, à une forme de réception de la musique par ses auditeurs. L'enjeu pour lui consiste à faire évoluer son auditoire sans le déstabiliser, à comprendre sa propre culture, et à essayer d'élargir son champ. Dans le domaine des échelles musicales, la musique occidentale a deux pôles de référence : la tonalité (en particulier la gamme majeure) et la gamme chromatique, celle que l'on obtient sur un clavier de piano avec les 7 touches blanches et les 5 touches noires. Chacun de ces deux pôles a pour origine un mode de pensée et un modèle mathématique différents. Par une coïncidence remarquable les nombres de ces modèles se recoupent à peu près, mais avec une précision acceptable pour l'oreille. C'est sur cette base que s'est construit l'univers harmonique spécifique à la musique occidentale. Par rapport aux autres musiques du monde, on perd en précision de l'intonation, mais cela permet de construire des polyphonies et des harmonies complexes.

Ce système a favorisé dans la musique occidentale une approche discrète, «digitale», de la musique, avec une division de l'octave en 12 demi-tons présumés égaux, qui peuvent donc facilement être manipulés, additionnés, transposés, permutés comme c'est le cas pour les nombres. On peut contester la pertinence du tempérament égal, mais c'est une réalité très présente dans l'écriture musicale, dans la théorie, dans la conception des instruments de musique, dans l'informatique musicale et au final dans notre façon occidentale de percevoir la musique. Il faut bien prendre ce système tel qu'il est, comme nous sommes pris par le système décimal parce que nous avons 2 mains de 5 doigts pour jouer, alors que 8 ou 12 auraient présenté d'autres avantages, et inconvénients. La musique sérielle à 12 sons a constitué une façon de pousser au bout cette approche. Force a été de constater ses limites, les auditeurs n'ayant pas beaucoup suivi. C'est un enjeu pour des compositeurs contemporains que de trouver une alternative, en essayant de concilier certains fondements de la musique occidentale avec la capacité à toucher des auditeurs.

Une de voies explorées par le compositeur Goyone a consisté à considérer les échelles musicales, les gammes ou les harmonies sous forme de cycles d'intervalles, dont la structure présente un caractère rythmique. Cette approche rythmique liée au nombre, un des aspects de la musique le plus facile à numériser, est bien adaptée à la nature de la gamme chromatique : d'une part c'est une construction synthétique, quelque peu déconnectée de l'acoustique ; d'autre part certains archétypes musicaux (accord parfait, gamme pentatonique, gamme diatonique etc.) s'inscrivent de façon remarquable dans la structure de cette gamme.

BabelEyes, Ethn'opera des Langues en danger

Philippe Kadosch est un compositeur qui fréquente un petit cercle de compositeurs dont il partage les sensibilités, les préoccupations, et doit contourner les mêmes embûches pour parvenir à la création.

Il s'est demandé un jour : pourquoi chercher des paroles exprimant du sens sur ses compositions chantées, puisque il n'a fait entrer aucun sens dans sa musique, mais seulement des notes, des rythmes et des sons particuliers ? Il a entendu parler de langues en voie de disparition faute d'interlocuteurs et de sens à leur communiquer. Et s'il utilisait le son de ces paroles inutilisées, abandonnées, à la fois comme forme et comme matière première acoustique et phonétique **?**

Illusion créatrice : ce matériau et cette forme sonore lui ont permis de sculpter la plastique des mots et d'orchestrer leurs syllabes en jouant sur leur seule musicalité. En même temps il participait à la prise de conscience publique de ce que représente la disparition d'une langue tous les quinze jours, et à l'action pour la sauvegarde des Langues en Danger et des Cultures en voie de disparition. Mais pourquoi s'en inquiéter ? objecte l'environnement externe : les langues sont mortelles, et autant de langues nouvelles naissent jour après jour, la vie continue, croit-il...

Peut-être : mais quelle vie, et quelle pauvreté dans ces langues ! Il est facile de créer une langue nouvelle, pour répondre à des besoins élémentaires de communication à l'intérieur d'un groupe ; il suffit d'avoir envie de communiquer, et la langue disparaît en même temps que l'envie.

Mais les civilisations et les cultures aussi sont mortelles, et quand elles disparaissent, la mondialisation laisse derrière elles un désert indifférencié. C'est la diversité de ce monde qui est en cause : elle s'exprime par la pluralité des langues ; un groupe humain tend à se différencier par une langue, expression de son identité.

La bonne santé de cette langue reflète celle du peuple qui la parle : le plus souvent elle n'est pas écrite, elle est un code par lequel les contes, les remèdes, les recettes, les proverbes, les us et coutumes, les connaissances acquises par ce peuple se transmettent, ou disparaissent avec lui.

La parole actualise le code, elle fait passer la langue de son état virtuel de code à une réalité. Elle ne peut naître que de la destinée d'un peuple, pas d'un esperanto, pas d'un logiciel robotique.

La crise de la diversité linguistique a retenu l'attention des spécialistes, qui l'ont abordée par des approches rationnelles, mais elles ne suffiront pas à conjurer le péril : la disparition de la diversité entraîne celle d'une culture, d'un mode de vie ; au delà de la raison, de la simple information, une langue exprime de la beauté, de l'émotion. L'art, et en particulier la musique, sont d'autres ouvertures susceptibles de combattre des comportements destructeurs, l'indifférenciation.

Philippe Kadosch a tenté d'amener les langues là où elles ne vont pas, où elles perdent leur sens pour les faire renaître sous une autre forme, musicale, au lieu de disparaître : comme s'il voyageait dans un pays étranger dont il ne connaissait pas la langue, et cherchait à communiquer avec cet environnement externe par d'autres sens. Musicien sensible à toutes les sonorités, il s'est laissé guider par leur attraction phonique, sans souci de considérations linguistiques. Ces sonorités l'ont guidé jusqu'à la création d'un Ethn'opéra des Langues en danger, baptisé : *BabelEyes*[207].

La musique de BabelEyes est chantée dans un langage multimedia que le compositeur appelle des Langues Vierges : elles sont, comme la musique, vierges de ce qu'on appelle sens dans les langages de la communication ; elles créent des symboles en jouant sur la matière acoustique, phonétique, voire graphique des langues du monde.

Un sens n'apparaît que dans les vidéo-rythmes de *BabelEyes* : des Manipulations Assistées par Ordinateur de Syllabaires produisent des effets rythmiques, de coupe, créent des mots nouveaux mêlant toutes les syllabes. Les techniques de cryptage, l'utilisation de mobiles sonores à partir de conventions musicales définissant des gammes, le recours à des poésies phonétiques dadaïstes, à la poésie concrète, lettriste, l'invention d'un langage magnétique où les voyelles gravitent par attraction phonique autour de consonnes immobiles, l'application des règles de la musique sérielle à des syllabes : autant de pistes stimulant l'imagination pour lutter contre la monoculture imposant une même tonalité, sans nuances sur le même rythme et à un tempo identique.

Chaque syllabe ayant un lien direct avec une note, cela conduit à créer des langues tonales, chromatiques et rythmiques comme le langage tambouriné du Banda Linda. Ce sont des langues chantées dans des langues imaginaires, obéissant à une grammaire implacable : la Musique.

---

[207] KADOSCH P. : *BabelEyes, Ethn'opera des Langues en danger*, www. Babeleyes.com et babeleyes. free. fr

Pix'Elles Rhapsody

Dans une nouvelle aventure musicale hors frontières, abolissant les notions de distance, de temps et d'espace, Philippe Kadosch joue le puzzle spatio-temporel de la rencontre entre l'imaginaire musical du compositeur et le design de ses arrangeurs sur ses architectures, les univers d'origines multiples de paroliers, de chanteurs et de musiciens réunis au même lieu par la magie des ondes hertziennes en un orchestre sinfonietta : *Pix'Elles Rhapsody* mêle paroles françaises, anglaises, italiennes, portugaises, réunit quatorze voix d'horizons différents, de cultures éloignées, s'inspire d'une grammaire cinématographique : montages, travellings, flash-backs, cuts, zooms, volets et fondus enchaînés. Des *Pix'Elles* (ponctuations orchestrales) rythment, isolent, annoncent, interrogent, encadrent quinze compositions originales, en un univers inspiré par des mélodies orientales, les rythmes impairs des Balkans, une musique classsique médiévale ; porté par des grooves jazzy, des pulsations indiennes, teinté de couleurs brésiliennes.

Illusion arithmétique

Daniel Goyone a construit un univers de compositeur bien personnel, à l'écart des classifications musicales habituelles. Pianiste issu du monde du jazz, il a été influencé par sa pratique de musiques latino-américaines (cubaine et brésilienne) et indiennes.

Sa musique conjugue une grande attention à l'aspect mélodique et à l'écriture avec une recherche sur l'utilisation de modes, de cycles rythmiques. Il a d'abord cherché en combinant au hasard gammes et accords, en retenant ce qui marchait musicalement, avant de tenter de mettre ses idées en ordre. Utilisant des contraintes comme déclencheur d'idées, il est revenu à des procédés plus classiques pour la mise en forme.

Un exemple de ce travail : le compositeur qui part des douze demi-tons de la gamme chromatique cherche à les combiner et se demande par exemple comment diviser l'octave en cycles de 7 ou 5 intervalles. Il constate que les cycles proches d'une division équilibrée sont ceux qui engendrent la gamme diatonique : 2 2 1 2 2 2 1, et la gamme pentatonique : 2 2 3 2 3.

Goyone prolonge cette constatation en expérimentant d'autres cycles en fonction de la succession d'intervalles qui les composent : choisir un accord ou une gamme à l'intérieur de la gamme chromatique revient alors à définir un rythme qui n'est pas temporel, mais un *rythme d'intervalles*.

Une observation facile à faire illustre cette façon de voir à partir des touches blanches d'un clavier (gamme diatonique) et des touches noires (gamme pentatonique) : si l'on remplace «demi-ton» par «croche» (fig 28), on obtient deux archétypes rythmiques omniprésents dans la musique africaine.

Daniel Goyone vise à harmoniser les rythmes et à rythmer les mélodies : la musique repose sur une rencontre presque parfaite entre l'arithmétique et la combinatoire, qui a constitué pour lui une *illusion créatrice*, à l'origine de beaucoup de ses compositions, encore qu'il déclare n'y avoir réfléchi qu'incidemment, sans continuité.

Il lui semble que cette appréhension de la gamme chromatique réconcilie l'approche tonale traditionnelle, les consonances chères à l'environnement externe apollinien, avec l'approche de la musique à 12 sons.

Fig 28.

Daniel Goyone s'est préoccupé de cycles mélodiques, harmoniques et rythmiques, et de toutes dimensions musicales variées par répétition, comme celles utilisées par les musiques indiennes, indonésiennes, et africaines ; il a utilisé les représentations de gammes, ou plutôt d'échelles, par des roues. On appelle « échelle » un ensemble de notes, et «gamme» une échelle avec une tonique définie.

Avec une telle échelle, si on place par exemple la note Do à midi, et que l'on parcourt la séquence d'intervalles dans le sens des aiguilles d'une montre, on obtient la gamme Do Réb Mi Fa Sol Lab Si Do (fig 29). Les gammes utilisées dans la musique occidentale sont construites sur un petit nombre d'échelles : gammes majeure, mineure harmonique, mineure mélodique, quelques autres gammes utilisées dans le jazz.

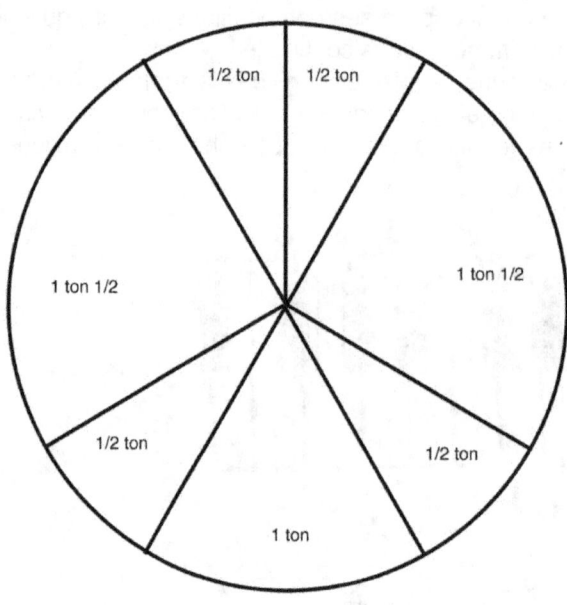

Fig 29. Roue d'intervalles

C'est très peu par rapport au nombre d'échelles que l'on peut obtenir à partir de la gamme chromatique, à savoir : 66 échelles de 7 notes, autant de 5 notes, 80 échelles de 6 notes, etc..Il a donc exploré d'autres possibilités d'échelles en fonction de leur structure.

À cet effet il représente ces échelles sous la forme de roues : d'autres chercheurs, comme le mathématicien Edmond Costère, qui ont exploré toutes les possibilités d'échelles qui divisent l'octave[208], contenues dans la gamme chromatique, sont arrivés au même résultat.

Dans sa musique, des nombres simples (2,3,5,7) sont utilisés pour la construction d'harmonies, de motifs mélodiques et aussi dans le domaine du rythme, comme nombres de temps ou de divisions du temps ; ce sont souvent des nombres premiers, mais ils sont plutôt appréhendés et utilisés comme des nombres « petits », car des nombres plus grands sont considérés comme des sommes de petits :

13 temps = 2+3+2+3+3 dans les musiques des Balkans intuitivement mémorisées comme des figures de groupes, comme les points sur une face de dé ou sur un domino. Le compositeur se trouve concerné ici par la manière dont son esprit structure ce qu'il perçoit : en apparence des nombres, mais en fait des mots très courts.

La quantité d'information qu'un être humain peut maintenir dans sa mémoire à court terme, appelée familièrement la « constante de l'annuaire de téléphone » (environ 10) et le temps pendant lequel il parvient à la fixer sont des limites physiques de notre environnement interne à l'adaptabilité d'un être humain à ses buts ; un goulot d'étranglement dans la manipulation des nombres tient à la faible capacité de stockage d'information d'accès rapide dans la mémoire à court terme [209]. Le compositeur utilise beaucoup la répétition pour permettre à l'auditeur de s'y retrouver, d'entretenir sa sensibilité immédiate. Il n'empêche que cette faible capacité de la mémoire à court terme est la seule propriété de l'environnement interne qui limite l'adaptation de sa pensée à la complexité de l'environnement externe, déterminée par le problème qu'il a à résoudre : la longueur des cordes vocales et la volume des fosses nasales ne font rien à l'affaire.

L'approche non rationnelle intervient ensuite lorsque, face aux possibilités ouvertes le compositeur décide de privilégier l'une plus que l'autre. Entrent alors en jeu l'intuition, la sensibilté, et aussi quelques convictions sans vrai fondement rationnel. C'est ainsi qu'il reconnaît avoir utilisé pour la composition des roues numériques, par exemple en divisant un nombre par 7 ou 17. Il s'agit alors d'une contrainte de composition, d'une sorte de jeu.

---

[208] COSTÈRE E. : *Lois et styles des harmonies musicales*, P. U. F.
[209] SIMON H. : *op. cit.*, pp 106-108 et 118-130

Mentionnons à titre d'exemple ses compositions dans d'autres gammes :

SUR HUIT NOTES

Les accords de la partie main gauche sont construits sur un mode de 8 notes.

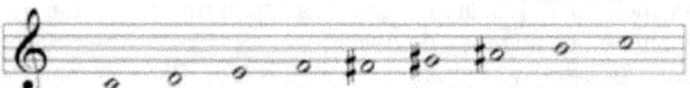

La partie main droite est construite sur la même gamme ou sur un autre mode à transposition limitée de 8 notes appelé gamme diminuée.

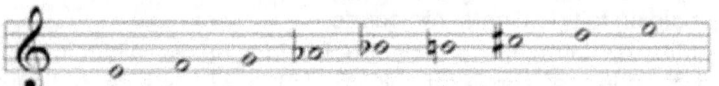

Les modes à transposition limitée consistent à répéter une même séquence d'intervalles. La gamme diminuée est : ton, demi-ton, ton, demi-ton, ton, demi-ton, ton, demi-ton.

Le terme de *mode à transposition limitée* est dû au compositeur Olivier Messiaen, qui a souvent utilisé certaines gammes de 6, 8 ou 9 notes issues de la gamme chromatique, reproduisant plusieurs fois une même séquence d'intervalles : par exemple, une gamme ne comprenant que des intervalles de tons.

LES GENS

La gamme de 9 notes, utilisée dans ce thème produit 4 accords majeurs et 5 accords mineurs.

Elle donne ici l'impression d'une foule de tonalités possibles dont on ne saisit pas à l'audition la structure qui les relie. Le thème ainsi inspiré au compositeur est celui d'une *foule anonyme et indifférenciée :* les « gens », qui composent aujourd'hui son environnement externe

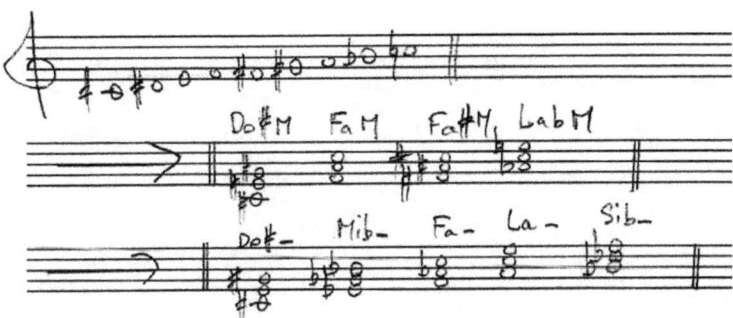

AMBRE

Un autre thème qui a retenu son attention est celui de « fractal » concept dont la propriété considérée est qu'on retrouve une même structure reproduite à des échelles différentes.

La structure utilisée est un accord de 3 sons. Le thème est développé par le compositeur, selon son inspiration musicale, en reproduisant la même structure sur une échelle de croches, une échelle de noires pointées, et une échelle d'une longueur de 2 mesures.

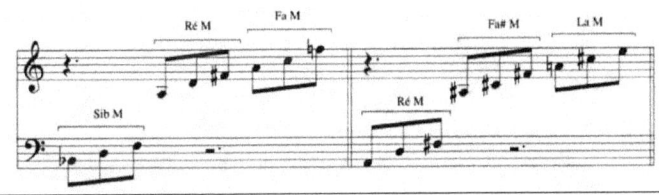

BARCAROLLE

Des triades sont construites sur chacun des degrés de la gamme pentatonique de Ré bémol (D♭), alternativement mineures puis majeures. On obtient ainsi un cycle de 10 triades

$$D\flat m / E\flat / Fm / A\flat / B\flat m / D\flat / E\flat m / F / A\flat m / B\flat$$

L'emploi de triades majeures ou mineures et l'utilisation de la gamme pentatonique apportent un sentiment de consonance et de stabilité, tandis que l'alternance inattendue du majeur et du mineur fait naître un coté ambigu et surprenant.

XII

Incerto tempore incertisque locis.

Lieux incertains

Arrivé à Paris le 2 mai 1945, je n'ai plus changé de résidence jusqu'à aujourd'hui, plus de soixante dix ans après, passés à m'être occupé de science et technique, fier à ce titre au moins d'avoir rejoint mon domicile en Occident[210].
Des événements attendus ou non m'ont fixé sur place. À défaut de sabots qui s'enfoncent dans la glèbe comme ceux des paysans de l'angelus de Millet, je commence à sentir des racines qui poussent entre les pavés de mes chemins urbains.

« En vain quelques centaines de milliers d'hommes, entassés dans un petit espace, s'efforçaient de mutiler la terre sur laquelle ils vivaient ; en vain ils en écrasaient le sol sous des pierres, afin que rien ne pût y germer ; en vain ils arrachaient jusqu'au moindre brin d'herbe ; en vain ils enfumaient l'air de pétrole et de houille ; en vain ils taillaient les arbres ; en vain ils chassaient les bêtes et les oiseaux : le printemps, même dans la ville, était toujours encore le printemps[211]...Seuls les hommes estimaient que ce qui était important et sacré, ce n'était point cette matinée de printemps,... c'était ce qu'ils avaient eux-même imaginé pour se tromper et se tourmenter les uns les autres ».

Le sédentaire consigné dans un espace restreint est moins un paysan transplanté dans un autre champ qu'un ancien nomade contraint de réduire son mouvement à de l'agitation.

---

[210] WEIL S. : *op. cit.*
[211] TOLSTOÏ L. : *Résurrection*, ch.1

La ville est un *«liquide en ébullition dans quelque récipient fait de la substance durable des maisons, des lois, des prescriptions et des traditions historiques[212]»* : une description convenable de l'environnement interne !

Robert Musil laisse entendre que depuis les temps des nomades où il fallait garder en mémoire les lieux de pâture le migrant qui arrête sa course surestime la question de l'endroit où l'on est[213], du nom par lequel on le désigne, écrit avec une majuscule : Place Tien An Men, Tahrir, Taksim, ou de la République. D'autant que la capacité de la mémoire à court terme est fort limitée. La longitude et la latitude contiennent plus d'information, croit-il. Un point de vue plutôt réducteur : la carte n'est pas le territoire.

J'ai visité la France, vérifié sa géographie : j'ai voulu voir de près le bocage, la garrigue, le maquis et la prairie, dont on m'avait enseigné jadis au Maroc qu'elle se composait.

J'ai parcouru l'Europe. L'occasion de visiter l'Hémisphère Sud ne s'est pas encore présentée : j'admets son existence de confiance, de même que celle de la route de la soie, comme les contemporains de Marco Polo. Je n'ai pas été plus loin à l'est que Moscou. Mon Far West s'est arrêté à Minneapolis. Le chauffeur de taxi d'origine suédoise m'a demandé :

— *Where you come from* ? — *France,* ai-je répondu. — *Ah France !* soupira-t-il, *Vienne, Venise...*

Cette géographie américaine a renforcé ma confiance en l'Europe, bien qu'elle ressemble de plus en plus à l'ex Autriche-Hongrie, surnommée Cacanie : jusqu'à quand ses anciens parapets résisteront-ils aux orages, aux invasions qui la menacent ?

Le pire n'est pas toujours sûr

Au cours de mes recherches, on m'a informé assez tôt de la loi de la chute des tartines de confiture qui tombent toujours par terre côté confiture. En fait cette loi supposée, qu'un certain Murphy aurait découverte au lendemain de la guerre, était déjà connue au XVIIè siècle au moins.

Dans une comédie de Calderon de la Barca[214], Don Carlos dit à Doña Leonor :

— Temo que en cualquier suceso, siempre es cierto lo peor.
«Je crains que dans n'importe quel événement le pire soit toujours sûr».

---

[212] MUSIL R. : *op. cit.*, I p. 10.
[213] MUSIL R. : *ibidem*
[214] CALDERON DE LA BARCA P. : *No siempre lo peor es cierto*, Linkgua, Barcelona, 2009

C'est la loi de Murphy, soi-disant basée sur le deuxième principe de la thermodynamique : l'entropie qui augmente toujours.
À quoi Doña Leonor répond :

— Pues yo en mi inocencia espero, que ha de haber suceso en que, no siempre lo peor es cierto.
«Et moi dans mon innocence j'espère qu'il doit y avoir un événement où le pire n'est pas toujours sûr».

L'anti-loi de Murphy reposerait sur l'innocence, l'espoir.
Paul Claudel en a fait le sous-titre de sa pièce : *Le Soulier de satin,* qui dure au total onze heures ! réduites à quatre heures par Jean Louis Barrault lors de sa première représentation en 1943 : difficile de faire moins.
Sacha Guitry aurait quand même soupiré à la sortie du théâtre, confirmant le jugement de Doña Leonor et le sous-titre :
— *Heureusement qu'il n'y avait pas la paire !*

Qui a raison ? Les deux, mes seigneurs, ont tort : Carlos et Leonor semblent croire que « le pire » est le résultat d'un manque d'information, d'emprise sur la réalité.
Le deuxième principe de la thermodynamique a bon dos : il s'applique au cas où il existe un très grand nombre d'éventualités, plus de dix millions de milliards de même probabilité parce qu'on manque d'information, et par extension au cas d'un nombre quelconque d'éventualités de probabilité estimée ; la non-information est source de hasard, d'entropie, mais pas de différence entre le normal et l'anormal, le sain et le pathologique, entre le bien et le mal, entre le meilleur et le pire, comme le présage Carlos, mais aussi Léonor espérant qu'une information se présentera qui pourrait écarter le pire : elle ne valorisera pas la confiture.
On pourrait entrevoir au contraire une certaine parenté entre le pire et la désacralisation, le désenchantement, la révélation d'une information capable de modifier la société qui était tenue secrète pour la préserver de la destruction ; autrement dit l'ouverture de la boîte de Pandore : le pire n'est pas toujours sûr si l'espérance est restée au fond de la boîte.

304

REMERCIEMENTS

Je désire remercier ici les personnes avec lesquelles j'ai discuté les questions qui font l'objet de ce livre, et qui m'ont aidé à l'élaboration du manuscrit.

En raison de mon âge, ma gratitude pour l'aide que j'ai reçue va d'abord à beaucoup de disparus : de Jean Bertin qui nous a quittés trop tôt il y a quarante ans, à François Paris parti il y a deux ans, François Giraud il y a un an. Ils m'ont accordé leur confiance, leur amitié et une entière liberté d'action. C'est avec une peine immense que j'ai appris au printemps 2015 à deux mois de distance la disparition de mes deux amis les plus anciens et les plus chers, avec qui j'ai depuis toujours eu des atomes crochus, les mêmes choix culturels, les mêmes réactions à l'actualité, les deux personnes avec lesquelles je conversais virtuellement en écrivant ce livre et le précédent : Léon Rapoport aux U.S.A., enfin Marcel Pauthier dans ce pays. À son tour, sa compagne du silence a décidé qu'il était temps de partir : le soleil n'avait plus rien à lui dire de clair.

J'ai toujours travaillé à la fois en équipe et en franc tireur dans des laboratoires équipés d'un matériel sommaire, j'ai eu la chance de bénéficier du grand talent technique de Jean Liermann, qui en a tiré le meilleur parti, et de la présence d'esprit de Robert Beaucire, qui trouvait le moyen d'être là quand il y avait une photo intéressante à prendre.

Mon passage à l'École des Mines pendant les années de guerre a été tourmenté. Un quart de siècle plus tard, j'ai eu la chance de recourir à la science la plus récente acquise par de nombreux élèves ingénieurs : Claude Dahan, Guy Ruckebusch et une demi-douzaine d'autres, qui jointe à ce que j'avais pu apprendre juste après la guerre nous a permis d'élaborer des études prévisionnelles que nous avons eu l'occasion d'enseigner au personnel de la NASA, affecté au transport après la fin du programme Apollo.

Roland Lantner, que j'ai rejoint avec profit lorsque j'ai adopté une activité de consultant, a eu le talent de me persuader que j'étais capable autant qu'un autre d'écrire. Il s'est fortement investi, en même temps que mon ami Jacques Badoz, pour me guider dans le choix de ce qui méritait d'être rapporté au titre du thème de ce livre, en sabrant sans pitié la plupart des digressions.

Mon fils Philippe et mon petit cousin Benjamin Caraco en ont fait autant, me prêchant qu'entre deux mots il faut choisir le moindre. J'ai accepté de les écouter, parfois à regret.

Je dois à Philippe et à son ami Daniel Goyone la quasi-totalité des idées exprimées dans le chapitre sur les illusions créatrices dans le domaine musical.

Mes petits enfants Alix et Dimitris qui manipulent les logiciels avec la dextérité de leur âge, et mon fils qui enseigne l'informatique, ont pris en charge la mise en page de l'ouvrage et la construction des meilleures figures possibles à partir de photos et dessins produits souvent au hasard, au fil des ans, et de l'inspiration.

Marcel Kadosch
Arcueil, mai 2017

Annexes

A. Capacité de débit du transporteur VEC

cf. Fig 21. À gauche une cabine quittant le convoyeur est portée par une courroie de freinage jusqu'à l'arrivée.
À droite une cabine au départ est portée par une courroie d'accélération pour être transférée au convoyeur.

Quelques milliers de mesures de l'accélération montrèrent une dispersion d'écart type 2%. De ce fait, si les véhicules successifs étaient jointifs en station, séparés par leur longueur L= 2 m, et lancés à intervalles

L/0,35 = 5,7 secondes,

ils étaient déposés avec confiance sur le convoyeur à l'intervalle minimum :

5,7 secondes x 5 mètre par seconde (+ 6%)= 30 mètres, augmentés par prudence sur ce prototype d'une distance de sécurité par un relais de retard au lancement.

L'intervalle temporel entre véhicules déterminait le trafic maximum réalisable 630 véhicules/heure avec des quais fixes. On pourrait par la suite tripler le trafic dont ce système était capable, soit 1800 véhicules/heure, en recevant les usagers sur des quais mobiles équipés d'un trottoir roulant, ce qui permettrait d'obtenir un intervalle temporel de deux secondes entre véhicules déposés sur le convoyeur à la distance de 10 mètres. Mais les quais devraient être triplés de longueur pour donner aux usagers le temps de monter dans le véhicule.

Symétriquement à l'arrivée, le véhicule soulevé du convoyeur était déchargé sur une courroie lente à 0,35 mètre par seconde à laquelle la roue freinée le décélérait selon le même principe, puis il défilait dans la station pour le débarquement des usagers à 0,35 mètre par seconde.

B. Limite du service d'un PRT

Cf Fig 24. Boucle de PRT avec 4 stations en dérivation

Deux solutions extrêmes :
- ou bien les stations sont reliées deux à deux par des voies en site propre pour une liaison « navette », auquel cas le temps d'attente peut être limité à Δ secondes, mais on doit construire un énorme réseau de s(s-1) voies !
- ou bien les stations sont en dérivation sur une voie unique en boucle, auquel cas le temps d'attente d'un véhicule disponible peut atteindre : s(s-1) Δ secondes.

Pour fixer les idées, imaginons que les lignes aériennes du métro parisien Etoile- Nation par Denfert et par Barbès soient remplacées par un PRT à voie double accessible à chaque station par l'un ou l'autre quai soit 50 stations en boucle avec 2 quais. Le temps d'attente aux heures de pointe d'un véhicule dont le premier occupant pourrait choisir librement la destination pourrait monter à 50 x49 x Δ /2 secondes, soit : 1225 Δ secondes, une à deux heures dans l'état de la technique (Δ = quelques secondes). De plus il faudrait installer sur chaque quai de station l'équivalent de 49 abribus à la destination bien reconnaissable préprogrammée. Ou bien, pour relier les stations par des navettes en site propre il faudrait construire 2450 voies !

A ce jour, ce handicap considérable n'a été ni vérifié ni «falsifié» par l'expérience, aucun PRT avec un nombre conséquent de stations n'ayant atteint le stade d'exploitation.

Imaginons l'implantation d'un PRT de type Morgantown ou Heathrow dans une zone urbaine dense, avec s points d'accès et supposons un nombre de stations s = 20, 40 ou 60.

À l'heure de pointe s'il se présente à chaque point au moins un usager voulant aller à chacune des (s-1) autres stations, le nombre maximum de véhicules appelés sera s(s-1) soit :
390 si s = 20 ; 1560 si s=40 ; 3540 si s= 60.

Si on ne limite pas le trafic appelé, il faut faire circuler pour acheminer la demande maximale : s(s-1) véhicules formant un peloton, et le temps d'attente s(s-1) x Δ (intervalle de sécurité entre véhicules) pourra atteindre des heures.

Même si on réussit à rendre opérationnel un intervalle temporel :
Δ =1 seconde, ce temps pourra atteindre 7 minutes pour s= 20 ; 26 minutes pour s=40 ; une heure pour s=60.

L'usager préférerait sûrement des arrêts intermédiaires de durée inférieure.

Avec plusieurs voies on diminue l'attente mais c'est plus cher, et si on voulait supprimer totalement l'attente, il faudrait
s(s-1) navettes : déjà 20 voies si s= seulement 5!
Impraticable dans tous les cas.

C. Temps d'attente des transports en commun

On commence par évaluer le temps d'attente d'un usager arrivant à une heure précise[215] t, disons 8h 47 pile, 9h, 11h 44, etc.

Si (n-1) véhicules sont déjà passés, et que cet usager attend le n-ème il n'arrive pas dans n'importe quel intervalle au hasard, mais dans le n-ème, tel que la somme des (n-1) premiers intervalles soit inférieure à t et que la somme de n intervalles soit égale ou supérieure à t, et c'est l'espérance de ce n-ème qui importe. En calcul des probabilités il s'agit d'un *processus stochastique de renouvellement*.

Le calcul montre que l'espérance de l'intervalle d'arrivée satisfaisant à la contrainte de contenir un temps t fixé est le *double* de l'espérance de l'intervalle entre véhicules sans cette contrainte ; et le temps d'attente théorique de l'usager qui arrive au hasard et non à une heure fixe est bien *la moitié de ce double, donc égal à l'espérance de l'intervalle entier.*

D. Calcul des déplacements de piétons

La répartition des points d'accès à un système de transport rendant le service d'être à une distance de marche à pied la plus petite possible pour l'ensemble des usagers est un problème de géométrie dont les solutions méritent d'être prises en considération[216] : on part d'une « carte de l'aire à desservir », sur laquelle on marque les « centres d'intérêt » y compris les accumulations de domiciles, entre lesquels la population est susceptible d'effectuer des déplacements locaux à pied en grand nombre,

---

[215] FELLER W. : *op.cit.* II pp. 12-13
[216] DAHAN C. et KADOSCH M. : *Etude des déplacements de piétons par la méthode des agrégats*, in : RAIRO Recherche Opérationnelle vol14, n°2,1980, p. 193-210

le long de « cheminements » de piétons qui sont indiqués : rues, allées, couloirs, escaliers ; et si possible on fait une estimation de la « demande potentielle » entre tout point A et tout point B. On choisit enfin comme paramètre une distance maximale «d» de marche à pied souhaitée par la majorité de la population ; étant entendu que certaines catégories, comme les personnes à mobilité réduite, les handicapés, doivent faire l'objet d'un traitement spécifique...

Appelons *agrégat* un ensemble de centres d'intérêt voisins, tels qu'on puisse aller d'un centre à l'autre de cet ensemble par les cheminements répertoriés en parcourant une distance inférieure à d : une station du système de transport placée en un centre d'intérêt assure le service de collecte des usagers partant de l'un des centres situés dans l'agrégat contenant la station, et de desserte des usagers descendant à cette station pour se rendre à un centre situé dans l'agrégat. Il est donc inutile de placer deux stations dans un même agrégat, et il est efficace d'en placer une dans un centre commun à plusieurs agrégats.

En faisant varier la distance d, on constate que le meilleur emplacement possible pour une station peut changer de place, et que le nombre nécessaire de stations varie en sens inverse de la distance d (fig 30).

Les agrégats peuvent être groupés à leur tour en un ensemble d'agrégats formant une *zone Z,* qui a les propriétés suivantes : tout agrégat d'une zone a au moins un centre commun avec un autre agrégat de la zone (connectivité) ; un agrégat de la zone n'a aucun centre commun avec les agrégats qui ne sont pas dans cette zone.

Donc pour aller d'un centre contenu dans une zone Z_1 à un centre contenu dans une zone Z_2, on est obligé de parcourir à pied une distance supérieure à d : un système de transport est utile.

Le système de transport envisagé doit assurer une liaison entre les zones où la demande potentielle est importante, et il peut y avoir plusieurs stations dans une même zone si la distance d est petite comparée à l'étendue de la zone. Les emplacements privilégiés pour une station sont : soit des points d'accumulation de la population active, ou amenée à faire des déplacements longs à partir de la station, soit des centres d'intersection de plusieurs agrégats (fig 31).

Le système de transport correspondant est constitué de boucles ou de dessertes d'une zone, interconnectées par des liaisons interzones. Il est assez voisin du réseau établi empiriquement par un transporteur en suivant l'urbanisation, dont l'efficacité dépend de la gestion intermodale de la mobilité au passage d'un moyen de transport à un autre (rupture de charge). En revanche il diffère du tout au tout du réseau de voies perpendiculaires divisant la ville en blocs appelé « réseau de Manhattan », qui n'est en aucune façon optimal : il contient un nombre excessif d'intersections, sources de congestion de trafic ; la limitation du temps d'attente d'un véhicule libre dans le cas d'un système de transport PRT conduisait à la même conclusion.

Si d = 100 m :
    8 agrégats isolés, A, B, C, D, E, F, G, P.
Si d = 100 m :
    8 agrégats ; 4 zones ; 5 stations, par exemple, A, E, F, G, P.
Si d = 200 m :
    6 agrégats ; 2 zones ; 3 stations, C, G, P.

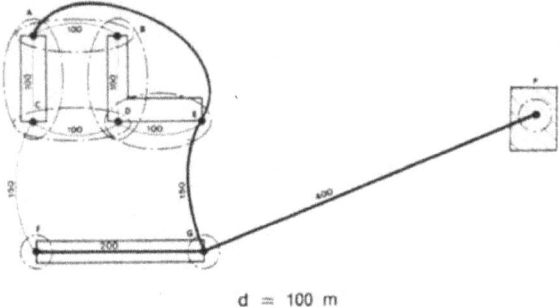

d = 100 m

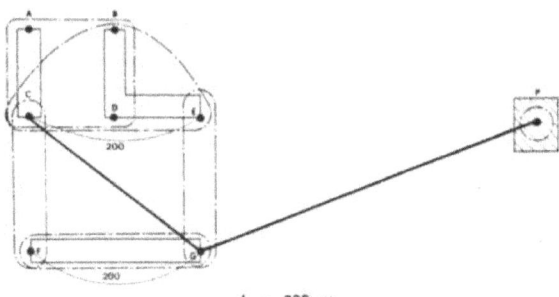

d = 200 m

Fig 30. Agrégats, Zones, et système de transport

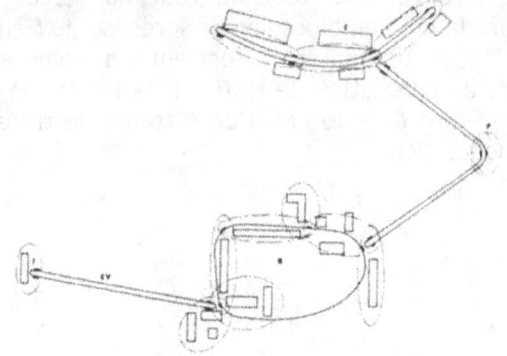

Fig 31. Système de transport interzones

Index de créations sujettes à embûches

(n° chapitre ; <u>objets matériels soulignés</u>)
<u>Aérotrain</u> : VIII.
Babeleyes, Ethn'opera des langues en danger : XI.
Femme idéale : (visions de Toutara, Pascal) VI.
<u>Fluidique</u> : VIII.
Graviton de Birkhoff : IV.
<u>Inverseur de poussée sans pièce mobile</u> : VII.
<u>Jet flap</u> : VII.
Les Lumières dans une loge maçonnique : VI.
Lumière fatiguée : IV.
<u>People Mover, transport hectométrique</u> : I, IX.
<u>Personal Rapid Transit</u> : IX. ; alternative à automobile : IX.
<u>Premier vol d'avion</u> : oiseau d' Ader : V. ; Langley : V.
<u>Pulsoréacteur sans pièce mobile</u> : V.
<u>Respirateur artificiel sans pièce mobile</u> : VII.
Temps d'attente dans les transports en commun : IX.
<u>Trottoir roulant accéléré</u> : I ; IX.

314

Index d'objets artificiels

(Objets matériels soulignés)

<u>Aérotrain</u> : VIII.
Babeleyes, Ethn'opera des langues en danger : XI.
<u>Déviateur de jet sans pièce mobile</u> : VII.
<u>Écuelle</u> : I ; <u>Rame</u> : I.
Graviton de Birkhoff : IV.
<u>Inverseur de poussée sans pièce mobile</u> : VIII.
<u>Jet flap</u> : VIII.
Loge maçonnique pour les Lumières : VI.
<u>Marteau</u> : I.
Musique à la rencontre arithmétique –combinatoire : XI.
<u>People Mover VEC</u> : IX.
<u>Personal Rapid Transit</u> : IX.
<u>Pulsoréacteur sans pièce mobile</u> : V.
<u>Pure fluid amplifier and flip flop</u> : VII.
<u>Respirateur artificiel sans pièce mobile</u> : VII.
<u>Trottoir roulant accéléré</u> : I, IX.

TABLE DES MATIÈRES

I LA FIN ET LES MOYENS	7
DOMAINES EXPLORES	9
LA RUE DE L'AVENIR	12
LA FIN DU MARTIN PÉCHEUR	19
PREMIÈRES RENCONTRES D'OBJETS	22
GENÈSE D'UN OBJET ARTIFICIEL	29
EXTENSION ET LIMITES DES FINALITES	30
EXEMPLES D'APPARITION D'OBJETS ARTIFICIELS	32
OBJET TECHNIQUE ET OBJET CULTUREL	33
AU FAIT, QU'EST-CE QU'UN OBJET, UNE CHOSE ?	34
« ILS SONT FOUS CES ROMAINS ! »	38
INDIVIDUALISATION PAR *FEEDBACK* DANS UN MILIEU ASSOCIE	43
ON NE PEUT PAS NE PAS COMMUNIQUER	46
QU'Y A-T-IL DANS L'ENVIRONNEMENT ?	48
MODELE DE LA BOITE NOIRE	49
LE MONDE FAIT PAR L'HOMME	50
STRUCTURE SPATIALE DU THEME	50
HOMEOSTASIE	51
STRUCTURE TEMPORELLE DU THEME	51
LE MONDE DEFAIT PAR L'HOMME	53
LE MONDE REFAIT PAR L'HOMME	54
EMBUCHES RENCONTREES	59
II CONCEPTION ET CRÉATION	**61**
QU'Y A-T-IL A EXPLIQUER?	61
QU'EST-CE QUE CONCEVOIR, CREER ?	69
CREATION HUMAINE	70
CREATEURS HUMAINS	70
III COLLECTION DE MODÈLES	**77**
RÔLE DE L'IMITATION	77
DESIR MIMETIQUE ET CREATION	78
STRUCTURE ET PROCESSUS	81
L'ANALOGIE, MODELE DE L'ABDUCTION	81
MODELES DE LA TRANSDUCTION : NOTIONS DE BASE	90
INFORMATION ET COMMUNICATION	96
MODELES D'EVENEMENTS	96
INTERVENTION D'UNE AUTO-ORGANISATION	100

Etres communicants et objets circulants	102
Communication entre objets a leurs contours	103
Forme, matière et énergie	110
Modele du moule a briques	111
Modele de la cristallisation metastable	114
Description physique des modeles de la transduction	117
Interpretation par des objets communicants	122
Stagnation d'un concept dans un domaine evolutif	124
Circulation d'un concept d'un domaine a l'autre	127
IV RECHERCHE SCIENTIFIQUE	**131**
Origines	131
Professeur Cosinus	136
Le graviton qui expliquait tout en 1945	138
La Lumiere fatiguee	139
V RÉALITÉS ET RÊVES DE VOL	**141**
Apparition du moteur d'aviation	142
Histoire du moteur d'aviation Clerget	143
Problemes specifiques du moteur a piston	145
Apparition du turboreacteur	147
Premières recherches pour l'aviation	150
L'avion, le poete, le philosophe et le dragon	151
Les embuches du pulsoreacteur	157
Le but d'un objet est ce qu'il fait	162
VI GÉOGRAPHIES	**169**
Les embûches d'une loge	169
Dieu habite au cinquieme	170
Une géographie bachelière	171
Decouverte de la France et peut-etre de l'Europe	174
Première rencontre avec le désir	176
Croisiere sur la Fregate l'Incomprise	176
Reapparition du modele	179
Première rencontre avec l'impureté	180
Drôle de paix	183
Ordre de mission	183
Dernieres tribulations geographiques	185
VII COMMENT ARRETER UN CHEVAL EMBALLÉ	**187**
Effet candelas	189
Les embûches d'une création	194
Propos de l'heure derniere	195
Genese de la Fluidique	199
Du pulsoreacteur au respirateur artificiel	201

VIII AVATARS DU RÊVE DE VOL — **205**
ORIGINES DU COUSSIN D'AIR — 205
LES FRERES WRIGHT A LA MAISON A NOËL — 206
LES EMBÛCHES DE L'AÉROTRAIN — 211
INTERMEDE JAPONAIS — 211
NAISSANCE DE L'AEROTRAIN — 211
L'AEROTRAIN ET LA SNCF — 213
UN MODELE MATHEMATIQUE — 217
LE PROJET CO3 DU TGV — 220
LE RECIT DE L'AEROTRAIN SUBURBAIN — 227
UN CONTE MERVEILLEUX — 229
UN TRAIN PAS COMME LES AUTRES — 230

IX RÊVES DE TRANSPORT POUR L'AN 2000 — **231**
CYBERNETIQUE TECHNIQUE — 231
TRANSPORTS NOUVEAUX EN ZONE URBAINE — 232
QU'EST-CE QU'UN TRANSPORT DE PERSONNES ? — 236
LES PEOPLE MOVERS — 240
UNE TECHNOLOGIE SIMPLE : LE VEC — 241
LE VEC A LA FNAC — 245
ILLUSION CREATRICE D'UNE ALTERNATIVE A L'AUTOMOBILE — 249
CONTRAINTES D'EXPLOITATION D'UN PRT — 250
L'ACCUEIL DES ACTEURS ET DU PUBLIC — 252
ENSEIGNEMENTS DE CYTEC — 256
ARCHITECTES ET TRANSPORTEURS — 259
DEPLACEMENT DANS UN CENTRE COMMERCIAL — 261
UN HOPITAL HORIZONTAL — 262
LA CITE DU PIETON — 263
LE PIETON VU PAR LES TRANSPORTEURS — 263
LE PIETON VU PAR L'ARCHITECTE URBANISTE — 265

X LES ARMÉES CÉLESTES — **269**
APPARITION DU SACRE — 269
ORIGINE SOCIALE DU SACRE — 270
LA VIOLENCE ET LE SACRE — 271
REMARQUES SUR LES REPRESENTATIONS — 274
APPLICATIONS A DES SOCIETES PRIMITIVES — 275
POURQUOI SABAOTH ? — 280

XI ILLUSIONS CRÉATRICES MUSICALES — **283**
EMBUCHES DE LA CREATION MUSICALE — 284
CREATION PAR DES CONTRAINTES — 288
BABELEYES, ETHN'OPERA DES LANGUES EN DANGER — 292

PIX'ELLES RHAPSODY	294
ILLUSION ARITHMETIQUE	294
XII INCERTO TEMPORE INCERTISQUE LOCIS	**301**
LIEUX INCERTAINS	301
LE PIRE N'EST PAS TOUJOURS SUR	302
REMERCIEMENTS	**305**
ANNEXES	307
A. CAPACITE DE DEBIT DU TRANSPORTEUR VEC	307
B. LIMITE DU SERVICE D'UN PRT	308
C. TEMPS D'ATTENTE DES TRANSPORTS EN COMMUN	309
D. CALCUL DES DEPLACEMENTS DE PIETONS	309
INDEX DE CREATIONS SUJETTES A EMBUCHES	**313**
INDEX D'OBJETS ARTIFICIELS	314

www.ingramcontent.com/pod-product-compliance
Lightning Source LLC
Chambersburg PA
CBHW070222190526
45169CB00001B/53